普通高等教育"十一五"国家级

U0633079

上海市教育委员会高等学校重点课程建设教材

高等院校计算机应用技术规划教材

实 用 技 术 教 材 系 列

新编汇编语言程序设计

杨文显 主编

宓双 胡建人 副主编

清华大学出版社
北京

内 容 简 介

本书以 80x86 指令系统和 Borland 公司 TASM 5.x 软件为主要背景,系统介绍了汇编语言程序设计的基本概念和方法。内容包括汇编语言程序设计基础、存储器数据定义与传送、数据运算和输入输出、选择与循环,子程序,字符串和文件处理,显示程序设计以及输入输出与中断。

作者在长期的教学和科研实践中,以亲身积累的教学经验为基础,借鉴了国外许多优秀教材,探索出"以程序设计为中心",而不是"以语言为中心"展开本课程教学的方法,取得了显著的成效。本书正是在多年积累的基础上,精心编写而成。读者学完本书前两章,就可以编写完整的汇编语言程序。此后,学习新知识的过程,就是不断地进行程序设计训练的过程,在多次"螺旋式"上升的过程中,牢牢地掌握汇编语言程序设计的基本方法。

本书是为计算机及相关专业本、专科的"汇编语言程序设计"课程而编写的,它也特别适合于用作计算机工作者学习汇编语言程序设计的自学教材。

图书在版编目(CIP)数据

新编汇编语言程序设计/杨文显主编. —北京:清华大学出版社,2010.3(2019.9 重印)
(高等院校计算机应用技术规划教材·实用技术教材系列)
ISBN 978-7-302-22048-0

Ⅰ. ①新… Ⅱ. ①杨… Ⅲ.①汇编语言－程序设计－高等学校－教材 Ⅳ. ①TP313

中国版本图书馆 CIP 数据核字(2010)第 026061 号

责任编辑:汪汉友
责任校对:焦丽丽
责任印制:李红英

出版发行:清华大学出版社
　　　　网　　　址:http://www.tup.com.cn,http://www.wqbook.com
　　　　地　　　址:北京清华大学学研大厦 A 座　　　邮　　编:100084
　　　　社 总 机:010-62770175　　　　　　　　　邮　　购:010-62786544
　　　　投稿与读者服务:010-62776969,c-service@tup.tsinghua.edu.cn
　　　　质 量 反 馈:010-62772015,zhiliang@tup.tsinghua.edu.cn
印 装 者:北京九州迅驰传媒文化有限公司
经　　销:全国新华书店
开　　本:185mm×260mm　　印　张:18.75　　字　　数:434 千字
版　　次:2010 年 3 月第 1 版　　　　　　　　印　　次:2019 年 9 月第 7 次印刷
定　　价:34.00 元

产品编号:034302-02

序

《高等院校计算机应用技术规划教材》

进 入 21 世纪,计算机成为人类常用的现代工具,每一个有文化的人都应当了解计算机,学会使用计算机来处理各种的事务。

学习计算机知识有两种不同的方法:一种是侧重理论知识的学习,从原理入手,注重理论和概念;另一种是侧重于应用的学习,从实际入手,注重掌握其应用的方法和技能。不同的人应根据其具体情况选择不同的学习方法。对多数人来说,计算机是作为一种工具来使用的,应当以应用为目的、以应用为出发点。对于应用型人才来说,显然应当采用后一种学习方法,根据当前和今后的需要,选择学习的内容,围绕应用进行学习。

学习计算机应用知识,并不排斥学习必要的基础理论知识,要处理好这二者的关系。在学习过程中,有两种不同的学习模式:一种是金字塔模型,亦称为建筑模型,强调基础宽厚,先系统学习理论知识,打好基础以后再联系实际应用;另一种是生物模型,植物并不是先长好树根再长树干,长好树干才长树冠,而是树根、树干和树冠同步生长的。对计算机应用型人才教育来说,应该采用生物模型,随着应用的发展,不断学习和扩展有关的理论知识,而不是孤立地、无目的地学习理论知识。

传统的理论课程采用以下的三部曲:提出概念—解释概念—举例说明,这适合前面第一种侧重知识的学习方法。对于侧重应用的学习者,我们提倡新的三部曲:提出问题—解决问题—归纳分析。传统的方法是:先理论后实际,先抽象后具体,先一般后个别。我们采用的方法是:从实际到理论,从具体到抽象,从个别到一般,从零散到系统。实践证明这种方法是行之有效的,减少了初学者在学习上的困难。这种教学方法更适合于应用型人才。

检查学习好坏的标准,不是"知道不知道",而是"会用不会用",学习的目的主要在于应用。因此希望读者一定要重视实践环节,多上机练习,千万不要满足于"上课能听懂、教材能看懂"。有些问题,别人讲半天也不明白,自己一上机就清楚了。教材中有些实践性比较强的内容,不一定在课堂上由老师讲授,而可以指定学生通过上机掌握这些内容。这样做可以培养学生的自学能力,启发学生的求知欲望。

全国高等院校计算机基础教育研究会历来倡导计算机基础教育必须坚持面向应用的正确方向,要求构建以应用为中心的课程体系,大力推广新的教学三部曲,这是十分重要的指导思想,这些思想在《中国高等院校计算机基础课程》中作了充分的说明。本丛书完全符合并积极贯彻全国高等院校计算机基础教育研究会的指导思想,按照《中国高等院校计算机基础教育课程体系》组织编写。

这套《高等院校计算机应用技术规划教材》是根据广大高校的迫切需要而精心组织的,其中包括 4 个系列:

(1) 基础教材系列。该系列主要涵盖了计算机公共基础课程的教材。

(2) 应用型教材系列。适合作为培养应用型人才的本科院校和基础较好、要求较高的高职高专学校的主干教材。

(3) 实用技术教材系列。针对应用型院校和高职高专院校所需掌握的技能技术编写的教材。

(4) 实训教材系列。应用型本科院校和高职高专院校都可以选用这类实训教材。其特点是侧重实践环节,通过实践(而不是通过理论讲授)去获取知识,掌握应用。这是教学改革的一个重要方面。

本套教材是从 1999 年开始出版的,根据教学的需要和读者的意见,几年来多次修改完善,选题不断扩展,内容日益丰富,先后出版了 60 多种教材和参考书,范围包括计算机专业和非计算机专业的教材和参考书;必修课教材、选修课教材和自学参考的教材。不同专业可以从中选择所需要的部分。

为了保证教材的质量,我们遴选了有丰富教学经验的高校优秀教师分别作为本丛书各教材的作者,这些老师长期从事计算机的教学工作,对应用型的教学特点有较多的研究和实践经验。由于指导思想明确、作者水平较高,教材针对性强,质量较高,本丛书问世 7 年来,愈来愈得到各校师生的欢迎和好评,至今已发行了 240 多万册,是国内应用型高校的主流教材之一。2006 年被教育部评为普通高等教育"十一五"国家级规划教材,向全国推荐。

由于我国的计算机应用技术教育正在蓬勃发展,许多问题有待深入讨论,新的经验也会层出不穷,我们会根据需要不断丰富本丛书的内容,扩充丛书的选题,以满足各校教学的需要。

本丛书肯定会有不足之处,请专家和读者不吝指正。

全国高等院校计算机基础教育研究会会长　　谭浩强
《高等院校计算机应用技术规划教材》主编

2008 年 5 月 1 日于北京清华园

前言

我国计算机程序设计语言课程的教学,经历了如下两个阶段。

在我国计算机教育的早期,计算机语言种类少,学习一门语言可以用上许多年,学好、学透一门语言,是该课程教学的主要目标。至于程序设计能力,则有待于在实践中逐步提高。该教学体系的特点就是以"语言"为主线,从这种语言的"字、词、句、章"出发,系统地理解该语言的语法、语义规范,在这个基础上,再展开程序设计的教学。学完这门课程,学生可以获得该程序设计语言较为系统、完整的知识。但是,由于"语言"和"程序设计"的教学被人为地"割裂"开来,学生的程序设计能力没有得到充分的锻炼,最终的课程目标往往不能顺利地实现。

进入 20 世纪 90 年代,新的计算机程序设计语言不断推出。人们发现,花大力气"系统"学习的一种语言,还没有充分地得到使用,功能更强,使用更方便的新的程序设计语言又诞生了,人们不得不一次又一次地"弃旧从新"。有了上次的经验,他们会按照程序设计的需要,跳跃性地学习"语言"知识,也就是围绕着"怎样编写程序"这个中心来展开语言的学习。新的教学体系根据程序设计由易到难的次序,选择对应的语言元素进行教学,不再强调"语言"本身的完整性。这种方法可以较快地进入"程序设计"的主题,目前大多数程序设计语言的教学都采取这种模式。

但是,十分遗憾的是,到目前为止,国内大多数汇编语言教材内容的组织仍然可以归属为上面所叙述的第一种类型。产生这种局面的原因大致有两个方面。

首先是因为汇编语言是一种面向"机器"的低级语言。较之其他语言,它的语言元素"粒度"小,一个最简单的有意义的程序,也需要约 20 行的代码,涉及十余种符号指令和伪指令,各知识点之间的"关联度"较高。想"绕过"众多的语言成分,直接进入程序设计主题,教学组织的难度较大。

另一个原因则是因为,早期的处理器相对简单,指令总量有限,相对完整地介绍汇编语言的语言元素还是能够做到的。

但是,现在的情况发生了许多的变化。

首先,我国的高等教育得到了快速的发展,在校学生总量成倍地增加,高等教育从"精英教育"向"大众教育"变迁。加上汇编语言自身的一些特点,使得以"语言"为中心展开教学的难度越来越大,学生普遍感到汇编语言程序设计难学,难掌握。

此外,由于80x86微处理器事实上的市场主导地位,目前汇编语言教学均围绕着该系列处理器进行。但是,不幸的是,80x86处理器属于复杂指令系统计算机(complex instruction system computer, CISC)类型,为了市场利益采取的"向下兼容"策略使它的指令系统越来越庞大,完整地介绍它的指令系统几乎已经不可能了。这对采用以语言为主线的教学模式提出了极大的挑战。

由于上述原因,沿袭多年来传统方法的教学变得越来越困难,汇编语言的教学改革势在必行。

目前,国内的汇编语言教材都是先学习寻址方式和指令系统,然后讲解汇编语言程序的语法结构和伪指令,此后才开始程序设计的教学,这种方法必然造成知识和应用的严重脱节。可以设想,对于一名初学者,要从几百条指令和几十条伪指令中挑选出适当的指令来编写程序,这绝不是一件轻松的事情,感到茫然和不知所措就是不可避免的了。

综上所述,在汇编语言教学中采用以程序设计为主线的教学模式是该课程教学改革的主要方向。在这方面,国外的一些教材已经有了许多成功的探索,如国内多次翻译和出版的 IBM PC Assembly Language and Programming。

本教材是作者在30多年进行本课程教学研究和科研实践的基础上,广泛吸纳国内、外优秀教材的成功经验,历时多年,精心编写而成。它的主要特点如下。

(1) 明确了本课程的教学目标。普通程序设计语言的教学目标无疑是掌握一门语言;培养使用该语言进行程序设计的初步能力。汇编语言是计算机的"母语",是"硬件"、"软件"知识的"交汇点"。所以,本课程除了上述基本目标之外,还肩负着培养一名计算机专业技术人员所需要的更多的任务。具体特点如下:

① 通过本课程学习,建立完整的计算机工作模型。

② 深入理解高级语言程序的实现原理;

③ 体验没有操作系统支持的、直接面向硬件的程序设计。

(2) 精心地分割汇编语言的元素。围绕着"程序设计"的需要学习相应的知识点,做到"学一点"、用一点、巩固一点"。学习指令和相关知识的同时,就是不断进行程序设计训练的过程。课程的教学过程,呈现出知识结构的"螺旋形上升"的形态,符合循序渐进的学习规律。

(3) 精选实例。通过典型例题使学生充分理解汇编语言程序设计的特点,把小"粒度"的众多知识点融化在应用实例中,避免喋喋不休式的"注意事项"。

(4) 精选80x86的"核心指令集"。计算机的出现总共才短短的60多年,如果把立足点还停留在30年前出现、至今踪迹难觅的16位微处理器上,实在是有点说不通了。但是,完整的80x86指令集包含近千条指令、近百条伪指令,这又实在不是一个初学者所能够承受的。出于本书的基本思想,没有对庞大的 80x86 指令系统作全面的介绍,而是选择了两类 32 位指令:

① 由原 8086 的 16 位指令自然扩展得到的 32 位指令;

② 对原 16 位指令功能进行改进和提升的 32 位指令。

这两组指令构成了 32 位指令系统的"核心",称作"80x86 核心指令集"。这些指令完全能够满足培养在校学生"汇编语言程序设计能力"的需要。这样做,一方面不再把学生关在 32 位 CPU 的门外,同时也不要分散精力,把时间过多地消耗在学习、记忆相对不太常用的指令上面。至于 64 位指令,目前并未真正投入使用,不属于"初学者"应该马上学习的范畴。

(5) 提供了简单而又实用的输入输出库函数(YLIB.LIB),降低使用汇编语言进行程序开发的"门槛",同时也避免了使用"宏"给初学者带来的程序调试困难。需要的读者可以通过 E-mail 与作者联系(xhywxywx@163.com)。

在 Windows 保护模式下,汇编语言要和其他高级语言一样,利用 API 这类的应用程序接口进行编程。这时候,程序设计的重点转变成为对 API 的应用,汇编语言将失去"面向硬件"的主要特色和优势。所以,并不提倡在 Windows 下用汇编语言编写完整程序,本书也因此未涉及到该内容。但是,在 Windows 下用汇编语言编制一些核心函数,充分发挥它"短小高速"的特点;利用汇编语言知识进行系统的安全性研究(例如,对病毒传播和致病机理的研究);对程序进行底层层面上的开发调试等。这些方面,汇编语言仍然有着它强大的生命力。

本书由杨文显主编,胡建人、宓双副主编(排名不分先后)。杨文显在长期的本课程教学实践中,逐步摸索出一套以程序设计为主线的汇编语言教学体系,拟定了本书的大纲。本教材第 1 章～第 8 章由杨文显、宓双、胡建人合作编写,附录 C 由杨晶鑫提供。本书初稿完成后,主编对全书进行了多遍认真的统稿和修订。

总之,这是一本全新结构、全新思路的新教材。作者多年来按照这一思路组织教学,取得了比较理想的效果,希望也会对使用本教材的教师和学生有所裨益。

虽然本书的教学体系经过多年的教学实践已经证明是行之有效的。但是作为一本崭新体系的教材,难免存在着疏漏和缺陷,敬请使用本书的教师、读者不吝指出,作者将不胜感激。

使用本书的教师如果需要本书习题参考答案和例题源程序可以与作者联系。

作 者
2009 年 7 月

目录

▶ **第1章　汇编语言基础** ………………………………………………………… 1

　1.1　计算机内数据的表示 ………………………………………………… 1

　　1.1.1　进位计数制 ………………………………………………………… 1

　　1.1.2　数据组织 …………………………………………………………… 3

　　1.1.3　无符号数的表示 …………………………………………………… 4

　　1.1.4　有符号数的表示 …………………………………………………… 5

　　1.1.5　字符编码 …………………………………………………………… 7

　　1.1.6　BCD 码 ……………………………………………………………… 8

　1.2　计算机组织 …………………………………………………………… 8

　　1.2.1　计算机组成 ………………………………………………………… 9

　　1.2.2　中央处理器 ………………………………………………………… 9

　　1.2.3　存储器 ……………………………………………………………… 10

　　1.2.4　总线 ………………………………………………………………… 12

　　1.2.5　外部设备和接口 …………………………………………………… 13

　1.3　指令、程序和程序设计语言 ………………………………………… 14

　　1.3.1　指令和程序 ………………………………………………………… 14

　　1.3.2　机器语言和汇编语言 ……………………………………………… 15

　　1.3.3　高级语言 …………………………………………………………… 16

　1.4　80x86 寄存器 ………………………………………………………… 16

　　1.4.1　数据寄存器 ………………………………………………………… 16

　　1.4.2　地址寄存器 ………………………………………………………… 17

　　1.4.3　段寄存器 …………………………………………………………… 17

　　1.4.4　专用寄存器 ………………………………………………………… 17

　　1.4.5　其他寄存器 ………………………………………………………… 18

　1.5　80x86 CPU 的工作模式 ……………………………………………… 19

　　1.5.1　实地址模式 ………………………………………………………… 19

　　1.5.2　保护模式 …………………………………………………………… 19

      1.5.3　虚拟8086模式 ……………………………………… 21

习题一 …………………………………………………………… 21

第2章　数据定义与传送 …………………………………… 23

2.1　数据的定义 ……………………………………………… 23

      2.1.1　数据段 ……………………………………………… 23

      2.1.2　数据定义 …………………………………………… 24

2.2　数据的传送 ……………………………………………… 26

      2.2.1　指令格式 …………………………………………… 27

      2.2.2　程序段 ……………………………………………… 30

      2.2.3　基本传送指令 ……………………………………… 32

      2.2.4　其他传送指令 ……………………………………… 36

      2.2.5　堆栈 ………………………………………………… 37

      2.2.6　操作数表达式 ……………………………………… 41

2.3　汇编语言上机操作 ……………………………………… 43

      2.3.1　编辑 ………………………………………………… 43

      2.3.2　汇编 ………………………………………………… 44

      2.3.3　连接 ………………………………………………… 45

      2.3.4　运行和调试 ………………………………………… 45

习题二 …………………………………………………………… 48

第3章　数据运算与输入输出 ……………………………… 50

3.1　算术运算 ………………………………………………… 50

      3.1.1　加法指令 …………………………………………… 50

      3.1.2　减法指令 …………………………………………… 52

      3.1.3　乘法和除法指令 …………………………………… 54

      3.1.4　表达式计算 ………………………………………… 57

3.2　循环 ……………………………………………………… 58

      3.2.1　基本循环指令 ……………………………………… 58

      3.2.2　程序的循环 ………………………………………… 58

      3.2.3　数据的累加 ………………………………………… 59

      3.2.4　多项式计算 ………………………………………… 61

3.3　十进制数运算 …………………………………………… 63

      3.3.1　压缩BCD数运算 …………………………………… 63

      3.3.2　非压缩BCD数运算 ………………………………… 65

3.4　逻辑运算 ………………………………………………… 67

3.5　控制台输入输出 ………………………………………… 69

     3.5.1　字符的输出 ……………………………………… 69

     3.5.2　字符的输入 ……………………………………… 73

     3.5.3　输入输出库子程序 ……………………………… 76

  3.6　移位和处理器控制 …………………………………… 79

     3.6.1　移位指令 ………………………………………… 79

     3.6.2　循环移位指令 …………………………………… 84

     3.6.3　标志处理指令 …………………………………… 86

     3.6.4　处理器控制指令 ………………………………… 86

  习题三 ……………………………………………………… 87

第4章　选择和循环 ……………………………………… 90

  4.1　测试和转移控制指令 ………………………………… 90

     4.1.1　无条件转移指令 ………………………………… 90

     4.1.2　比较和测试指令 ………………………………… 93

     4.1.3　条件转移指令 …………………………………… 94

  4.2　选择结构程序 ………………………………………… 97

     4.2.1　基本选择结构 …………………………………… 97

     4.2.2　单分支选择结构 ………………………………… 102

     4.2.3　复合选择结构 …………………………………… 103

     4.2.4　多分支选择结构 ………………………………… 104

  4.3　循环结构程序 ………………………………………… 107

     4.3.1　循环指令 ………………………………………… 107

     4.3.2　计数循环 ………………………………………… 108

     4.3.3　条件循环 ………………………………………… 112

     4.3.4　多重循环 ………………………………………… 116

  4.4　程序的调试 …………………………………………… 124

     4.4.1　程序调试的基本过程 …………………………… 124

     4.4.2　语法错误的调试 ………………………………… 124

     4.4.3　程序测试 ………………………………………… 125

     4.4.4　程序逻辑错误的调试 …………………………… 126

  习题四 ……………………………………………………… 129

第5章　子程序 ……………………………………………… 132

  5.1　子程序结构 …………………………………………… 132

     5.1.1　CALL 和 RET 指令 ……………………………… 133

     5.1.2　子程序的定义 …………………………………… 136

     5.1.3　子程序文件 ……………………………………… 139

　　　　5.1.4　子程序应用 ………………………………………… 140
　　5.2　参数的传递 ……………………………………………… 142
　　5.3　嵌套和递归子程序 …………………………………… 146
　　　　5.3.1　嵌套子程序 ……………………………………… 146
　　　　5.3.2　递归子程序 ……………………………………… 147
　　5.4　多模块程序设计 ………………………………………… 150
　　　　5.4.1　段的完整定义 …………………………………… 151
　　　　5.4.2　简化段定义 ……………………………………… 153
　　　　5.4.3　创建多模块程序 ………………………………… 156
　　5.5　汇编语言与 C 语言混合编程 ………………………… 159
　　　　5.5.1　C 语言源程序编译为汇编源程序 ……………… 159
　　　　5.5.2　C 语言调用汇编子程序 ……………………… 162
　　　　5.5.3　汇编语言调用 C 语言函数 …………………… 163
　　5.6　DOS 和 BIOS 调用 ……………………………………… 164
　　　　5.6.1　BIOS 功能调用 ………………………………… 165
　　　　5.6.2　DOS 功能调用 ………………………………… 168
　　习题五 ……………………………………………………… 168

第 6 章　字符串与文件处理 ……………………………… 172

　　6.1　串操作指令 ……………………………………………… 172
　　　　6.1.1　与无条件重复前缀配合使用的指令 …………… 173
　　　　6.1.2　与有条件重复前缀配合使用的指令 …………… 175
　　6.2　文件的建立和打开 …………………………………… 179
　　　　6.2.1　文件 ……………………………………………… 179
　　　　6.2.2　文件的建立、打开和关闭 ……………………… 181
　　6.3　文件读写 ………………………………………………… 183
　　　　6.3.1　文件写 …………………………………………… 183
　　　　6.3.2　文件读 …………………………………………… 185
　　　　6.3.3　文件指针 ………………………………………… 187
　　6.4　设备文件 ………………………………………………… 192
　　习题六 ……………………………………………………… 194

第 7 章　显示程序设计 …………………………………… 195

　　7.1　宏指令 …………………………………………………… 195
　　　　7.1.1　宏指令的定义 …………………………………… 196
　　　　7.1.2　宏指令的使用 …………………………………… 197
　　7.2　字符方式显示程序设计 ………………………………… 200

　　　7.2.1　文本显示模式和字符属性 ·················· 200
　　　7.2.2　直接写屏输出 ····················· 201
　　　7.2.3　BIOS 显示功能调用 ··················· 203
　7.3　图形显示程序设计 ······················ 207
　　　7.3.1　图形显示模式 ····················· 207
　　　7.3.2　用 BIOS 功能调用设计图形显示程序 ············ 207
　　　7.3.3　图形方式下的显存组织 ·················· 210
　　　7.3.4　动画程序设计 ····················· 210
　习题七 ····························· 218

第 8 章　输入输出与中断 ······················ 220

　8.1　外部设备与输入输出 ····················· 220
　　　8.1.1　外部设备和接口 ···················· 220
　　　8.1.2　输入输出指令 ····················· 221
　　　8.1.3　程序控制输入输出 ··················· 224
　8.2　中断 ··························· 227
　　　8.2.1　中断的概念 ····················· 227
　　　8.2.2　中断服务程序 ····················· 229
　　　8.2.3　定时中断 ······················ 232
　　　8.2.4　驻留程序 ······················ 234
　8.3　.COM 文件 ·························· 238
　　　8.3.1　.COM 文件和.EXE 文件 ················· 238
　　　8.3.2　.COM 文件 ······················ 239
　习题八 ····························· 240

附录 A　标准 ASCII 码字符表 ···················· 242

附录 B　键盘扫描码表 ······················· 244

附录 C　汇编语言课程设计——文本阅读器 ··············· 246
　C.1　课程设计的目的 ······················· 246
　C.2　课程设计的任务 ······················· 246
　C.3　课程设计报告要求与内容 ···················· 246
　C.4　汇编语言源程序清单 ····················· 247

▶ **附录 D　80x86 指令系统** ································· 258

    D.1　指令符号说明 ································· 258
    D.2　16/32 位 80x86 基本指令 ··········· 258
    D.3　MMX 指令 ································· 265
    D.4　SSE 指令 ································· 266

▶ **附录 E　汇编程序伪指令和操作符** ········· 269

    E.1　伪指令 ································· 269
    E.2　操作符 ································· 270

▶ **附录 F　DOS 功能调用** ················· 271

▶ **附录 G　BIOS 功能调用** ················· 277

▶ **参考文献** ································· 282

第1章

汇编语言基础

汇编语言是一种面向机器的"低级"语言,它和机器语言一样,是电子数字计算机的"母语"。要真正理解计算机的工作过程,理解计算机程序的执行过程,就必须学习汇编语言。学习汇编语言程序设计是走向优秀程序员的重要一步。

由于汇编语言是面向机器的语言,所以,使用汇编语言进行程序设计,就必须对需要处理的对象(各种数据)、处理的工具(计算机)有所了解。可以从不同的角度来描述计算机的结构,作为汇编语言程序员,必须了解计算机的逻辑结构。

本章主要介绍学习汇编语言必备的基础知识,包括计算机内数据的表示和计算机的逻辑结构。

1.1 计算机内数据的表示

现代计算机可以处理各种各样的信息:数值数据、文字、声音、图形等,这些信息在计算机内都是用一组二进制代码来表示的,统称为数据。本节重点介绍数值数据和文字在计算机内的表示方法。声音和图形数据,则由一组数值数据来表示。

1.1.1 进位计数制

进位计数制是现代人类普遍使用的表示数的方法。进位计数制具有 3 个基本特征。

(1) 有限个数字符号:$0,1,2,\cdots R-1$,R 称为该进位计数制的基数。

(2) 数值达到 R,不能用一位数字表示时,向左进位,称为逢 R 进 1。

(3) "权"展开式:不同位置上的数字具有不同的"权"。

从小数点出发,向左各位数字的"权"分别是 $R^0,R^1,R^2,R^3,\cdots$。从小数点出发,向右各位数字的"权"分别是 $R^{-1},R^{-2},R^{-3},\cdots$。

于是,一个 R 进制数

$$D = d_{n-1}d_{n-2}d_{n-3}\cdots d_2 d_1 d_0 . d_{-1}d_{-2}\cdots d_{-m}$$
$$= d_{n-1}\times R^{n-1} + d_{n-2}\times R^{n-2} + \cdots + d_1 \times R^1 + d_0 \times R^0$$
$$+ d_{-1}\times R^{-1} + d_{-2}\times R^{-2} + \cdots + d_{-m}\times R^{-m}$$

日常生活中普遍使用十进制($R=10$)计数。计算机内部一般使用二进制($R=2$)。编制计算机程序时可以使用十进制、二进制、十六进制($R=16$)或者八进制($R=8$)。

1. 十进制计数法

十进制计数法是进位计数制的一种,它的基数为 10。按照进位计数制的基本特征:

(1) 有十个基本数字符号:$0,1,2,\cdots,9$;

(2) 采用"逢十进一"规则;

(3) 从小数点出发,向左各位数字的权分别是 $10^0,10^1,10^2,10^3,\cdots$。从小数点出发,向右各位数字的"权"分别是 $10^{-1},10^{-2},10^{-3},\cdots$。

有了上面 3 个基本特征,可以用 10 个数字符号表示各种大小的数。例如,十进制数 $328.61=3\times10^2+2\times10^1+8\times10^0+6\times10^{-1}+1\times10^{-2}$。

在汇编语言中,十进制数用它原来的形式表示,如 123,-36 等,也可以在数值后面加上字母"D"或"d",把十进制数和其他进制的数区分得更明显一些,例如 123D,-36d 等。

2. 二进制计数法

电子数字计算机内部用"开关电路"来表示数据,这些电路只有两种状态,分别表示"1"和"0"。由于这个原因,计算机内部采用二进制表示数据。和十进制一样,二进制也有 3 个基本特征。

(1) 2 个数字符号:0,1。

(2) 逢二进一:用"进位"的方法表示大于 1 的数;

(3) 权展开式:从小数点出发,向左各位数字的权分别是 $2^0,2^1,2^2,2^3,\cdots$。从小数点出发,向右各位数字的"权"分别是 $2^{-1},2^{-2},2^{-3},\cdots$。

从二进制数的权展开式出发,很容易把一个二进制数转换成和它大小相等的十进制数。例如:

$$(10011.011)_2 = 1\times2^4+0\times2^3+0\times2^2+1\times2^1+1\times2^0$$
$$+0\times2^{-1}+1\times2^{-2}+1\times2^{-3}=19.375$$

把一个十进制数转换成大小相同的二进制数稍微复杂一些,它需要把十进制数的整数部分和小数部分用不同的方法分别处理:整数部分不断地被 2 除,先得到的余数是转换结果的低位,后得到的余数是转换结果的高位。小数部分不断地乘上 2,每次乘法得到的整数保留,不再参加下一次的乘法。把保留的整数数字顺序排列,就是小数部分对应的十进制值。小数部分转换的结果可能是"无限循环小数",可以根据需要进行取舍。图 1-1 展示了十进制数 215.35 向二进制数的转换过程,经转换,$(215.35)_{10}=(11010111.01011)_2$。

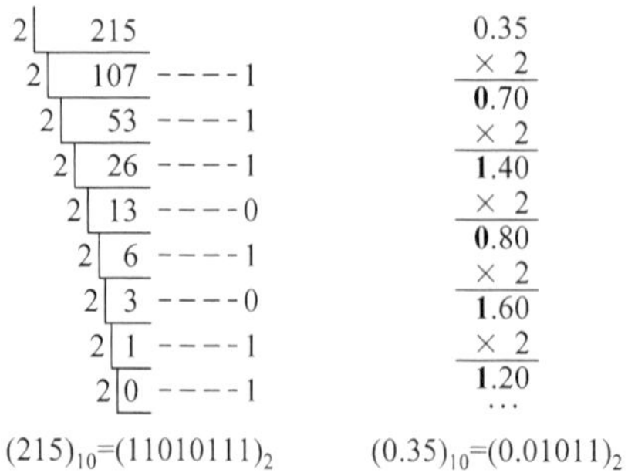

在汇编语言中使用二进制数,需要在它的后面加上字母"B",和十进制数加以区别,例如 10011010B。

图 1-1 十进制数向二进制转换

3. 八进制和十六进制计数法

用二进制表示的数据位数多,不便于书写和阅读。借助于等式 $8=2^3$, $16=2^4$,常常用八进制数和十六进制数来表示二进制数。

八进制使用人们熟悉的 8 个数字符号:0,1,2,3,4,5,6,7。

十六进制除了使用 0~9 这 10 个数字符号,还借用了字母 A~F 来表示大于 9 的 6 个数字符号,它们分别等于十进制的 10(A),11(B),12(C),13(D),14(E),15(F)。

1 位八进制数可以方便地转换成 3 位二进制数,反之亦然。1 位十六进制数则和 4 位二进制数相对应。这样,二进制数和八进制数、十六进制数之间可以方便地相互转换:

$$(1101100.0101)_2 = (1'101'100.010'1)_2$$
$$= (\mathbf{00}1'101'100.010'1\mathbf{00})_2 = (154.24)_8$$
$$(1101100.0101)_2 = (110'1100.0101')_2$$
$$= (\mathbf{0}110'1100.0101')_2 = (6C.5)_{16}$$

对二进制数字分组必须从小数点所在位置开始,否则会导致错误的结果。小组内数字不够 3 位或 4 位时,整数部分在左侧填零,小数部分在右侧填零(上例中用粗体表示)。

在汇编语言中使用十六进制数,需要在它的后面加上字母“H”。如果一个十六进制数以符号 A~F 开始(例如:E6H),汇编程序会把这个十六进制数看作是一个“变量名”或者是其他名字。为了进行区分,需要在这个数的前面补加一个数字“0”,这个“0”不应该看作是该数的有效数字。例如,0E6H 应看作一个 2 位的 16 进制数,它等效于 8 位二进制数 1110 0110B 而不是 12 位二进制数 0000 1110 0110B。

现在的汇编语言版本大多不支持使用八进制数。

十进制数和八、十六进制数之间的转换可以通过二进制数间接进行,也可以采用对十进制数整数“除 8/16 取余”,对小数“乘 8/16 保留整数”的方法进行。

1.1.2 数据组织

计算机内的信息按一定的规则组织存放。

1. 位(bit)

位(bit)是信息的最小表示单位,用小写字母“b”表示。1 个二进制位可以表示一个开关的状态(称为**开关量**),例如:用“1”表示“接通”,“0”表示“断开”。

大多数的数据无法用一位二进制数表示,不能从计算机内单独取出 1b 的信息进行处理。

2. 字节(byte)

字节(byte)是计算机内信息读写、处理的基本单位,由 8 位二进制数组成,用大写字母“B”表示。1 个字节可以表示 256(2^8)个不同的值,可以用来存放一个范围较小的整数、一个西文字符,或者 8 个开关量。

一个字节内的 8 个“位”自右(低位)向左(高位)从 0 开始编号,依次为 b_0,b_1,…,b_7,

如图 1-2(a)所示。其中，b_0 称为最低有效位(least significant bit,LSB)，b_7 称为最高有效位(most significant bit,MSB)。

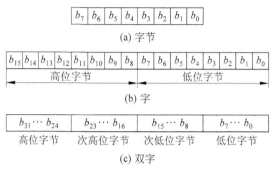

(a) 字节

(b) 字

(c) 双字

图 1-2　数据组织

3. 字(word)和双字(double word)

1 个字(Word)由 16 位二进制(2 个字节)组成，可以存放一个范围较大的整数或一个汉字的编码。它的 16 个二进制位仍然自右(低位)向左(高位)从 0 开始编号，依次为 b_0,b_1,…,b_{15}，如图 1-2(b)所示。其中，b_0~b_7 称为低位字节，b_8~b_{15} 称为高位字节。

1 个双字(Double Word)由 32 位二进制(4 个字节)组成，可以存放范围更大的整数或者一个浮点格式表示的单精度实数。它的 32 个二进制位中，b_0~b_7,b_8~b_{15},b_{16}~b_{23},b_{24}~b_{31}，分别称为低位字节、次低位字节、次高位字节、高位字节，如图 1-2(c)所示。

1.1.3　无符号数的表示

所谓**无符号数**是正数和零的集合。储存一个正数或零时，所有的位都用来存放这个数的各位数字，无须考虑它的符号，"无符号数"因此得名。

可以用字节、字、双字或者更多的字节来存储和表示一个无符号数。

用 N 位二进制表示一个无符号数时，最小的数是 0，最大的数是 2^N-1(二进制数 111…111)。一个字节、字、双字无符号数的表示范围分别是 0~255、0~65535 和 0~4294967295。

一个无符号数需要增加它的位数时，只需要在它的左侧添加若干个"0"，称为**零扩展**。例如，用一个字来存储 8 位无符号数 1011 0011 时，低位字节置入这个无符号数，高位字节填"0"，结果为 0000 0000 1011 0011(插入空格是为了阅读和区分，书写时没有这个要求)。

二个 N 位无符号数相加时，如果最高位产生了"进位"，表示它们的和已经超出了 N 位二进制所能够表示的范围，需要向更高位进位。同样，二个 N 位无符号数相减时，如果最高位产生了借位，表示当前数据"不够减"，需要向更高位借位。

计算机内用**进位标志**(carry out flag,CF)表示二个无符号数运算结果的特征。如果 CF=1，表示它们的加法有**进位**，或者它们的减法有**借位**；CF=0，则没有产生进位或借位。

1.1.4 有符号数的表示

可以用字节、字、双字或者更多的字节来存储和表示一个**有符号数**。

表示一个有符号数有多种不同的方法,如原码、反码、补码表示法。同一个有符号数在不同的表示法中可能有不同的形式。

1. 原码

表示有符号数最简单的方法是采用**原码**。用原码表述一个有符号数时,最左边一位二进制表示这个数的符号,"0"代表正,"1"代表负,后面是它的"有效数字"。例如,用字节存储一个有符号数时,$[+3]_{原}=0\,000\,0011$,$[-3]_{原}=1\,000\,0011$(二进制代码中插入空格是为了阅读方便,原码本身没有这个规定)。为了和计算机内的数据组织相协调,通常用8位、16位或者32位二进制表示一个数的原码。

用一个字节存储有符号数原码时,可以表示127个正数($1\sim127$)、127个负数($-1\sim-127$)和2个"0","正"0:$0\,000\,0000$,"负"0:$1\,000\,0000$。

原码的表示规则简单,但是运算规则比较复杂,不利于计算机高速运算的实现。

2. 反码

反码仍然用最高位"0"表示符号为正,"1"表示符号为负。

符号位之后的其他二进制位用来存储这个数的有效数字。正数的有效数字不变,负数的有效数字取反。例如,用字节存储一个有符号数时,$[+11011]_{反}=[+001\,1011]_{反}=0\,001\,1011$,$[-11011]_{反}=[-001\,1011]_{反}=1\,110\,0100$。

对于正数 $X=d_{n-2}d_{n-3}\cdots d_2 d_1 d_0$,$[X]_{反}=X=0\,d_{n-2}d_{n-3}\cdots d_2 d_1 d_0$。

对于一位二进制,$\bar{b}=1-b$。所以,对于负数 $Y=-d_{n-2}d_{n-3}\cdots d_2 d_1 d_0$,$[Y]_{反}=1\,\overline{d_{n-2}d_{n-3}\cdots d_2 d_1 d_0}=1111\cdots111-|Y|=2^n-1-|Y|=2^n-1+Y$。

用一个字节存储有符号数反码时,可以表示127个正数($1\sim127$)、127个负数($-1\sim-127$)和2个"0","正0":$0\,000\,0000$,"负0":$1\,111\,1111$。

反码的运算规则仍然比较复杂,可以用作原码和常用的补码之间的一个过渡。

3. 补码

补码表示法仍然用最高有效位(MSB)表示一个有符号数的符号,"1"表示符号为负,"0"表示符号为正。

符号位之后的其他二进制位用来存储这个数的有效数字。正数的有效数字不变,负数的有效数字取反后最低位加1。用字节存储一个有符号数时,$[+11011]_{补}=[+001\,1011]_{补}=0\,001\,1011$,$[-11011]_{补}=[-001\,1011]_{补}=1\,110\,0100+1=1\,110\,0101$。

对于正数 $X=d_{n-2}d_{n-3}\cdots d_2 d_1 d_0$,$[X]_{补}=X=0\,d_{n-2}d_{n-3}\cdots d_2 d_1 d_0$。

对于负数 $Y=-d_{n-2}d_{n-3}\cdots d_2 d_1 d_0$,$[Y]_{补}=1\,\overline{d_{n-1}d_{n-3}\cdots d_2 d_1 d_0}+1=1111\cdots111-|Y|+1=2^n-|Y|=2^n+Y$。表1-1列出了用8位二进制代码表示的部分数值的原码、反

码和补码。

表 1-1   部分数据的 8 位原码、反码和补码

真值(十进制)	二进制表示	原　　码	反　　码	补　　码
+127	+111 1111	0 111 1111	0 111 1111	0 111 1111
+1	+000 0001	0 000 0001	0 000 0001	0 000 0001
+0	+000 0000	0 000 0000	0 000 0000	0 000 0000
−0	−000 0000	1 000 0000	1 111 1111	0 000 0000
−1	−000 0001	1 000 0001	1 111 1110	1 111 1111
−2	−000 0010	1 000 0010	1 111 1101	1 111 1110
−127	−111 1111	1 111 1111	1 000 0000	1 000 0001
−128	−1000 0000	无	无	1000 0000

　　用一个字节存储有符号数补码时,可以表示 127 个正数(1～127)、128 个负数(−1～−128)和 1 个"0"(0000 0000)。其中,$[-1]_{补}=1\ 111\ 1111$,$[-128]_{补}=1\ 000\ 0000$。

　　如果把一个数补码的所有位(包括符号位)"取反加 1",将得到这个数相反数的补码。把"取反加 1"这个操作称为"求补",$[[X]_{补}]_{求补}=[-X]_{补}$。例如,$[5]_{补}=0\ 000\ 0101$,$[[5]_{补}]_{求补}=[0000\ 0101]_{求补}=1\ 111\ 1011=[-5]_{补}$。

　　已知一个负数的补码,求这个数自身时,可以先求出这个数相反数的补码。例如:已知$[X]_{补}=1\ 010\ 1110$,求 X 的值(**真值**)可以遵循以下步骤:

- $[-X]_{补}=[[X]_{补}]_{求补}=[1\ 010\ 1110]_{求补}=0\ 101\ 0001+1=0\ 101\ 0010$;
- 于是,$-X=[+101\ 0010]_2=+82D$;
- 于是,$X=-82$。

4. 补码的扩展

　　一个补码表示的有符号数需要增加它的位数时,对于正数,需要在它的左侧添加若干个"0",对于负数,则需要在它的左侧添加若干个"1"。上述操作实质上是用它的符号位来填充增加的"高位"(无论该数是正是负),称为**符号扩展**。例如,$[-5]_{补}=1\ 111\ 1011$(8 位)$=1\ 111\ 1111\ 1111\ 1011$(16 位),$[+5]_{补}=0\ 000\ 0101$(8 位)$=0\ 000\ 0000\ 0000\ 0101$(16 位)。

5. 补码的运算

　　补码的运算遵循以下规则:

$$[X+Y]_{补}=[X]_{补}+[Y]_{补}$$
$$[X-Y]_{补}=[X]_{补}-[Y]_{补},$$

或者,

$$[X-Y]_{补}=[X]_{补}+[-Y]_{补}=[X]_{补}+[[Y]_{补}]_{求补}$$

例如：

$$[15+23]_补=[15]_补+[23]_补=0000\ 1111+0001\ 0111$$
$$=0010\ 0110=[38]_补$$
$$[15-23]_补=[15]_补-[23]_补=0000\ 1111-0001\ 0111$$
$$=1111\ 1000=[-8]_补（舍去借位）$$

或者

$$[15-23]_补=[15]_补+[-23]_补=0000\ 1111+[0001\ 0111]_{求补}$$
$$=0000\ 1111+1110\ 1001=1111\ 1000=[-8]_补$$

进行补码加法时,最高位如果有进位/借位,将其自然抛弃,不会影响结果的正确性。例如：$[(-3)+(-5)]_补=[-3]_补+[-5]_补=1111\ 1101+1111\ 1011=1\cdots1111\ 1000=1111\ 1000=[-8]_补$。

计算机内用**溢出标志**(overflow flag,OF)表示 2 个有符号数运算结果的特征。如果补码表示的有符号数的运算结果超过了该长度数据的表示范围,称为**溢出**,OF=1,反之,OF=0,则没有产生溢出。

计算机自身用双进位法判断是否产生溢出：一次运算中,如果补码最左边 2 个位上的进位相等,表示没有溢出,反之则有溢出发生。

例如：

$$[(-103)+(-105)]_补=1\ 001\ 1001+1\ 001\ 0111=1\cdots0\ 011\ 0000$$

上面运算中,b_7 位上的进位 $c_7=1$,b_6 位上的进位 $c_6=0$,$c_7\neq c_6$,运算产生了溢出。

程序员可以用下面更简便的方法来进行判断。

(1) 两个同号数相加,结果符号位与原来相反,则产生了溢出。异号数相加不会产生溢出;

(2) 两个异号数相减,结果符号位与被减数符号位不同,则产生了溢出。同号数相减不会产生溢出。

上面运算中,两个负数相加,它们的和却为"正数",可以断定运算产生了"溢出"。

从上面叙述可以看出,补码的运算规则具有突出的优点：

(1) 同号数相加和异号数相加使用相同的规则;

(2) 有符号数加法和无符号数加法使用相同的规则;

(3) 减法可以用加法实现(对于电子计算机内的开关电路,求补是十分容易实现的)。

上述特性可以用来简化运算器电路,简化指令系统(如果有符号数和无符号数的运算规则不同,则两者运算需要使用不同的指令,用不同的电路来实现)。由于这个原因,计算机内的有符号数一般都用补码表示,除非特别说明。

1.1.5 字符编码

计算机处理的对象除了数值数据之外,还有大量的文字信息。文字信息以字符为基本单元,每个字符用若干位二进制表示。

计算机内常用的字符编码是美国信息交换标准编码(American Standard Code for Information Interchange,ASCII)。它规定用 7 位二进制表示一个字母、数字或符号,包含

128 个不同的编码。由于计算机用 8 位二进制组成的字节作为基本存储单位,一个字符的 ASCII 码一般占用一个字节,低 7 位是它的 ASCII 码,最高位置"0",或者用作"校验位"。

ASCII 编码的前 32 个(编码 00H～1FH)用来表示控制字符,例如 CR("回车",编码 0DH),LF("换行",编码 0AH)。

ASCII 编码 30H～39H 用来表示数字字符'0'～'9'。它们的高 3 位为 011,低 4 位就是这个数字字符对应的二进制表示。例如:'5'=011 0000B+0101B=35H。

ASCII 编码 41H～5AH 用来表示大写字母'A'～'Z'。它们的高 2 位为 10。

ASCII 编码 61H～7AH 用来表示小写字母'a'～'z'。它们的高 2 位为 11。小写字母的编码比对应的大写字母大 20H。例如:'A'=41H,'a'=61H,'a'−'A'='b'−'B'=⋯=20H。

1.1.6 BCD 码

十进制小数和二进制小数相互转换时可能产生误差,这对于某些应用会带来不便。计算机内部允许用一组 4 位二进制来表述 1 位十进制数,组间仍然按照"逢十进一"的规则进行。这种用二进制表示的十进制数编码称为 BCD(Binary Coded Decimal)码。

有两种不同的 BCD 码。

(1) **压缩的 BCD 码**用一个字节存储 2 位十进制数,高 4 位二进制表示高位十进制数,低 4 位二进制表示低位十进制数。例如,$[25]_{压缩BCD}$=0010 0101B。需要使用压缩 BCD 数时,可以用相同数字的十六进制数表述。例如,用 25H 表示十进制数 25 的压缩 BCD 码。

(2) **非压缩的 BCD 码**用一个字节存储 1 位十进制数,低 4 位二进制表示该位十进制数,对高 4 位的内容不作规定。例如,数字字符'7'的 ASCII 码 37H 就是数 7 的非压缩 BCD 码。

从上面的叙述可以看出,计算机内的一组二进制编码和它们的"原型"之间存在着"一对多"的关系。有符号数+65 的补码、无符号数 65、大写字母'A'的 ASCII 码在计算机内的表示都是 41H,它甚至还可以是十进制数 41D 的压缩 BCD 数编码。所以,面对计算机内的一组二进制编码,可能无法准确地知道它究竟代表什么。知道它"真面目"的应该是这组二进制信息的"主人",例如,汇编语言程序员。

1.2 计算机组织

使用汇编语言进行程序设计时,除了需要考虑求解问题的过程或者算法,安排数据在计算机内的存储格式,同时还要根据程序/算法的要求对计算机内的资源进行调度和分配。因此,作为一名汇编语言程序员,必须了解、理解计算机的基本结构,了解有哪些可供使用的资源,以及不同资源在使用上的区别,但是,无须精确地了解上述资源的电子线路以及它们工作时的电气特性。不同的计算机具有不同的结构,本节主要结合 80x86 系列微型计算机来介绍程序员需要掌握的计算机"逻辑结构"。

1.2.1　计算机组成

迄今为止,电子计算机的基本结构仍然属于冯·诺依曼体系结构。这种结构的特点可以概要归结如下。

(1) 存储程序原理:把程序事先存储在计算机内部,计算机通过执行程序实现高速数据处理。

(2) 五大功能模块:电子数字计算机由运算器、控制器、存储器、输入设备、输出设备这些功能模块组成。

图 1-3 列出了各功能模块在系统中的位置,以及和其他模块的相互作用。图中,实线表示数据/指令代码的流动,虚线表示控制信号的流动。各模块的功能简要叙述如下。

① 存储器:存储程序和数据。

② 运算器:执行算术、逻辑运算。

③ 控制器:分析和执行指令,向其他功能模块发出控制命令,协调一致地完成指令规定的操作。

图 1-3　计算机的基本组成

④ 输入设备:接收外界输入,送入计算机。

⑤ 输出设备:将计算机内部的信息向外部输出。

计算机的控制器、运算器、存储器通常集中在一个机箱内,称为**主机**。输入/输出设备位于"主机"的外部,称为**外部设备**、**外围设备**或周边设备。

有的外部设备既能输入,又能输出,如磁盘存储器、计算机终端等。

1.2.2　中央处理器

现代微型计算机把控制器、运算器、寄存器和高速缓冲存储器集成在一块集成电路上,称为**中央处理器**(central process unit,CPU)或**微处理器**(micro process unit,MPU)。1978 年,Intel 公司研制生产了著名的 16 位微处理器 Intel 8086,此后又陆续生产了与它兼容的若干微处理器,统称为 80x86 微处理器。

所谓**寄存器**,是由电子线路构成的一个电子器件,可以用来储存若干位二进制。寄存器位于 CPU 内部,寄存器读写数据的速度很快,花费的时间通常不到使用内存储器读写时间的十分之一。寄存器可以存储运算过程的中间结果,节省反复访问存储器的时间开销。

高速缓冲存储器(Cache)是一块容量较小,但速度较快的存储器。它可以把将要执行的程序指令和将要使用的数据提前取到 CPU 的内部,加速程序的执行。大多数情况下,汇编语言程序员不需要与 cache 打交道,感觉不到 cache 的存在。

编制汇编语言程序时,会频繁地使用各种寄存器。1.4 节将详细介绍 80x86 系列微处理器的寄存器。

1.2.3 存储器

存储器用于存储程序和数据,是计算机的重要部件。存储器属于计算机主机的一部分,为了和磁盘存储器等**外部存储器**加以区分,也称为**内存储器**或者**主存储器**。

1. 存储器物理组织

80x86 微型计算机的内存储器以"字节"为基本单位,称为**存储单元**。这意味着,从存储器"读出"或"写入"的指令或数据的位数必须是 8b 的整数倍,正如本书第 1.1.2 小节所描述的,是字节、字或者双字。

为了能够区别存储器内的各个字节,每个字节用一组二进制数进行编号,这组二进制编码称为**地址**(address)。由于位数较多,地址常用十六进制格式书写。假设地址为 20300H 的单元存放了数据 34H,通常可以写作(20300H)=34H。

可以把地址理解为一个无符号数,数值较大的地址称为**高端地址**,反之称为**低端地址**。地址的位数决定了可以编号的字节的个数,也就是内存储器的大小,或者**容量**。例如,用 16 位二进制表示存储器地址,那么最小地址为 0000H,最大地址为 0FFFFH,共有 65536(64K=2^{16})个不同的地址,最多可以连接 64KB 的存储器。8086CPU 有 20 位地址线,可以连接最多 1MB=2^{20}B 的内存储器。表 1-2 列出了 80x86 系列 CPU 的地址线位数和可寻址的内存储器容量。

表 1-2 80x86 系列微处理器地址/数据线位数

CPU	处理器位数	数据总线位数	地址总线位数	最大寻址空间
8088/80188	16	8	20	1MB
8086/80186	16	16	20	1MB
80286/80386SX	16/32	16	24	16MB
80386/80486	32	32	32	4GB
Pentium	32	64	32	4GB
PentiumⅡ/P3/P4	32	64	36	64GB

常用的存储器容量单位有:

$$1KB(千字节)=2^{10}B=1024B\approx10^3B$$
$$1MB(兆字节)=2^{10}KB=2^{20}B\approx10^6B$$
$$1GB(吉字节)=2^{10}MB=2^{30}B\approx10^9B$$
$$1TB(太字节)=2^{10}GB=2^{40}B\approx10^{12}B$$

2. 存储器操作

内存储器的基本操作有以下两种。

(1) **读操作**:从某个存储单元取出事先存储的程序指令或数据。执行该操作时,应该告诉内存储器需要读出的存储单元的地址,并且用一个信号说明操作的"种类",这个信号称作**读命令**。读操作不改变原存储单元的内容。例如,从 20300H 单元读出它的内容"34H"之后,该单元的内容仍然是"34H"。

(2) **写操作**:把一个数据存入指定的存储单元。执行该操作时,应该告诉内存储器需要写入的存储单元的地址,发出称作**写命令**的信号,同时还要给出"写入"的内容。写操作之后,该存储单元原来的内容被新的内容所"覆盖",不复存在。

一次存储器的读操作或写操作统称为对存储器的一次**访问**(access)。

3. 存储器内的数据组织

一项数据可能占用连续的多个存储单元。80x86CPU 规定,高位的数据存入地址较大的存储单元,用多个存储单元中的最小地址来表示该数据的地址。例如,"双字"数据12345678H 存储在地址为 23000H～23003H 的 4 个连续的内存单元,每个存储单元存储这个数据的一部分(8 位),顺序为:78H,56H,34H,12H。用 23000H 作为这个"双字"数据的存储地址。

8086CPU 可以一次读出/写入 2B 的数据,80386 以上的 CPU 可以一次读出/写入 4B的数据。也就是说,向存储器发出一个地址信号之后,可以进行1B/2B/4B 数据的读写,对应的地址称为**"字节地址"、"字地址"**和**"双字地址"**。地址的这个"属性"在指令中给出。对连续的多个存储单元进行读写时,发送给存储器的是这个数据的最小地址。以图 1-4 为例,向存储器发出地址 23000H 和"读命令"后,如果这个地址是"字节地址",那么读出的内容是 78H,如果这个地址是"字地址",那么读出的内容是 5678H,如果这个地址是"双字地址",那么读出的内容是 12345678H。

地址	数据
⋮	⋮
23000H	78H
23001H	56H
23002H	34H
23003H	12H
⋮	⋮

图 1-4　双字数据的存储

4. 存储器分段结构

为了满足多任务操作环境以及处理多媒体数据的需要,现代微型计算机内存储器的容量变得越来越大,对应的地址位数也越来越多。把这样的地址写在指令里,指令的代码会变得很长。另一方面,一个程序使用的存储器往往是有限的,通常它访问的是小范围内的一个存储区间。为了方便程序对所使用数据的访问,方便程序在内存储器中的"浮动定位(根据内存储器当时的使用情况给程序分配存储位置,程序在内存储器中存放的位置是可变的)",便于隔离各个任务使用的存储空间,80x86 系列采用**分段**的方法管理和使用存储器。

所谓**段**(Segment)是指内存中的一片区域,用来存放某一种类型的信息。例如,用一片存储区存放某程序所使用的数据,该存储区称为**数据段**。类似地,还有存放程序代码的**代码段**,存放程序运行时临时信息的**堆栈段**等。

采用分段结构之后,内存单元的地址由两部分组成:所在段的起始地址;该单元在这个段内的相对地址。段内相对地址也称为**"偏移地址"**,一般从 0 开始编码。段的起始地址是这个段的所有单元公用的,相对固定,一般情况下无须写在指令内。这样,访问一个内存单元只需要给出它的偏移地址就可以了,指令得到简化。

这里首先叙述 8086 CPU 的分段方法,32 位 80x86 CPU 工作在实地址模式(参见第

1.5 节)时也采用这种分段方法。

每个段 20 位起始地址的高 16 位称为**段基址**,存放在专门的**段寄存器**内。例如,把数据段的段基址存放在**数据段寄存器** DS 中,访问数据时,自动从 DS 中取出段基址。

每个段的偏移地址用 16 位二进制表示。这样,每个段最多可以有 2^{16} B=64KB。

用"段基址:偏移地址"表示的地址称为**逻辑地址**,它是程序员在汇编语言程序中使用的地址。访问存储器的 20 位地址称为**物理地址**。访问存储单元时,由计算机硬件把逻辑地址转换为物理地址。方法是:在"段基址"尾部添加 4 个 0(相当于乘上 16),得到"段起始地址",再加上偏移地址,就得到了它对应的物理地址。也就是:

$$物理地址=段基址\times16+偏移地址$$

每个逻辑地址对应一个唯一的物理地址,但是一个物理地址可以对应多个"逻辑地址"。例如,**逻辑地址** 2340H:1234H 对应于物理地址 23400H+1234H=24634H。但是,物理地址 24634H 可以同时和 2463H:0004H、2460H:0034H、2400H:0634H 等"逻辑地址"相对应。

使用一个段之前应该把这个段的"段基址"装入对应的"段寄存器"。8086 CPU 有 4 个段寄存器,因此允许同时使用 4 个"段":数据段、代码段、堆栈段、附加段(另一个数据段)。使用的段超过 4 个时,需要在使用一个段之前修改"段寄存器"的内容。32 位 80x86CPU 在原来基础上增加了 2 个段寄存器。

上面介绍的是一种基本的分段方法,其他的方法在后面再介绍。

1.2.4 总线

微型计算机体系结构的显著特点是它的标准化和模块化,也就是将各功能部件之间的连接信号标准化,各功能部件主要的技术规范标准化。这样一来,一台微型计算机的功能部件可以来自不同的专业生产厂商。各个厂商按照统一的技术标准规模化、专业化生产各个功能部件,从而降低成本,提高品质,而且,不同厂商生产的部件可以通用和互换。社会化生产这一特点极大地促进了微型计算机的技术进步。

微型计算机的系统构成体现出以"总线"为信息"枢纽"的特点,如图 1-5 所示。

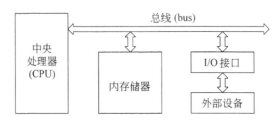

图 1-5 微型计算机的结构

所谓**总线**(bus),是多个部件/设备公用的一组信号传输线。按照传输方向,有从 CPU 向存储器、外部设备传输信息的输出信号线,也有向 CPU 传输信号的输入信号线以及可以在两个方向上传输信号的双向信号线。按照传输的内容,总线可以分为 3 组:

(1) **地址总线**(address bus,AB),传输地址信号,输出。

(2) **数据总线**(data bus,DB),传输数据信号,双向。

（3）**控制总线**（control bus，CB），传输控制信号，大多数控制信号为单向，输入或输出。

地址总线的位数决定了可以连接存储器的数量。数据总线的位数决定了一次可以存取数据的位数。80x86 系列微处理器地址、数据总线的位数及其内存容量如表 1-2 所示。

1.2.5 外部设备和接口

外部设备用于在计算机"主机"和计算机外部之间进行信息传递，也称作**输入输出设备**（input/output device）或 **I/O 设备**。外部设备大多由机械、电子、光学器件构成，相对而言，它们的工作速度比主机慢，有的外部设备使用与主机不同的信号电平和信号格式。因此，外部设备需要通过**输入输出接口**（input/output interface）和主机连接。

接口主要由电子器件组成，它一方面连接外部设备，另一方面通过总线与主机相连。接口内有若干个寄存器，用于在 CPU 与外部设备之间传递信息。这些寄存器和内存储器的存储单元一样，也通过"地址"进行编号，称为**端口**（port）。CPU 可以通过地址来区分和访问不同的端口。按照传递信号的方向，有**输出端口**（CPU→端口→外部设备），**输入端口**（外部设备→端口→CPU）和**双向端口**。根据端口传递内容的不同，端口分为以下 3 类。

1. 数据端口

数据端口传递数据信号。数据端口的传送方向可以是输入，也可以是输出。对于输出设备接口，数据首先从 CPU 写入接口内的数据端口，然后由端口传送到输出设备。对于输入设备接口，数据首先从输入设备送入接口内的数据端口，再由端口送入 CPU。

2. 控制端口

控制端口传递 CPU 对外部设备的控制信号。该信号首先由 CPU 发出，传递到接口内的控制端口，然后发送到外部设备。控制信号可以是一组直接的命令，如用 1 位二进制控制外设的某个电动机启动/停止，或者某个阀门的打开/关闭，也可以是一个组合的命令，例如用 3 位二进制发出 8 种类型的操作命令，通过电路翻译成 8 个独立的命令信号送外部设备。

控制端口的传送方向总是输出的。

3. 状态端口

外部设备与主机的工作具有异步的特点。任何时间都可以去访问一个存储单元并获得数据，但却不能在任一时刻从键盘获得数据。必须确定键盘已经输入了一项数据，并且尚未被取走，才能通过读操作获得该数据。

状态端口从外部设备那里得到状态信号，CPU 需要了解这个外部设备的状态时，可以通过读状态端口，得到外部设备的状态，从而确定下一步的操作。状态端口的传输方向总是输入的。

状态信号的数量和表达的含义随设备而变。输入设备通常用 1bit 信号表示 Ready。该位＝0，表示该设备尚未输入，或者，虽然曾经输入，但已经被取走，没有数据可供读取。该位＝1，表示输入设备已经输入了一个数据，并且尚未取走，可以通过读数据端口来获得这个数据。一旦数据被"取走",接口电路自动把 Ready 位清零。

输出设备常用 1 位表示 Busy。Busy＝0,表示设备处于"空闲"状态,CPU 可以通过写数据端口向该设备输出一个数据。Busy＝1,表示该设备处于"忙碌"状态,它正在处理已经收到的数据,或者正在输出这个数据(例如,正在打印一个字符)。这时,CPU 不能再向它输出数据。

3 种类型的端口都具有独立的地址,对外部设备的控制,与外部设备之间的数据传送,就是通过访问这些端口实现的。

需要说明的是,CPU 与 I/O 接口内数据端口、控制端口、状态端口之间的信息传输都是以数据的形式进行的。

1.3 指令、程序和程序设计语言

在学习本课程之前,已经建立了以下的认识:

- 计算机通过执行程序完成预定的功能;
- 程序是由指令组成的。

本节将对指令、程序、程序设计语言的概念作进一步的阐述。

1.3.1 指令和程序

所谓**指令**,是对计算机硬件发出的操作命令。**指令系统**则是某台计算机所有指令的集合。有两种类型的指令:**机器指令和符号指令**。

机器指令由若干位二进制组成,包含操作种类(**操作码**)和操作对象(**操作数**)两部分。机器指令可以由 CPU 直接执行。

假设,某 CPU 内部有 4 个寄存器,分别命名为 R0,R1,R2,R3。指令长度为 8bit。可以设计如图 1-6 所示的一组"寄存器操作指令"。$b_7 = 1$ 表示这是一组以寄存器为操作数的指令。$b_6 \sim b_4$ 称为"操作码",指明需要进行的操作,3 位二进制可以表示 8 种不同的操作,000 表示进行数据传送操作,001 表示加法操作……。为了有助于对操作码的记忆,可以用 MOV 表示传送操作(相当于操作码 000),用 ADD 表示加法操作(相当于操作码 001),把这些用字母表示的符号称作**助记符**。大多数的指令有两个操作数。**目的操作数**参加运算,同时保存运算结果,2 位二进制 b_3,b_2 可以代表 4 个寄存器中的一个。**源操作数**参与运算,但不保存结果,用 2 位二进制 b_1,b_0 代表 4 个寄存器中

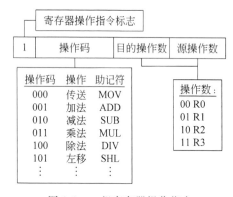

图 1-6 一组寄存器操作指令

的一个。指令 1 000 00 01 表示把 R1 中的源操作数传送到目的寄存器 R0。用助记符表示,可以写作:MOV R0,R1。指令执行后,R1 寄存器的内容不变,R0 寄存器的内容被

改变。

假设已有(R1)＝X,(R2)＝Y,为了计算 R0←2X－Y,可以编制程序如表 1-3 所示。

表 1-3　实现计算 R0←2X-Y 的程序

指令序号	机器指令	符号指令	指令执行后寄存器值			
			R0	R1	R2	R3
—	—	—	?	X	Y	?
1	1 000 00 01	MOV R0, R1	X	X	Y	?
2	1 001 00 01	ADD R0, R1	2X	X	Y	?
3	1 010 00 10	SUB R0, R2	2X-Y	X	Y	?

所谓**符号指令**,就是用助记符、寄存器名、变量名等记录/书写的指令,如上例中所列举的,它们与机器指令具有一一对应的关系。两种指令的区别在于,机器指令可以由CPU 直接执行,而符号指令需要翻译成机器指令才能执行。把符号指令翻译成机器指令是用程序自动地进行的,这个程序称为**汇编程序**。

程序是指令的有序集合,上例中的 3 条指令就可以看作程序的一个片断。

一般的情况下,程序内的指令总是按照书写的顺序,也就是它们在程序内排列的先后顺序执行的,写在前面的指令首先执行。

1.3.2　机器语言和汇编语言

所谓**语言**可以定义为表达信息的规范。人类社会存在着多种不同的语言,由不同的人群使用。人与计算机之间存在着信息的交流,也需要通过某种语言实现。**机器语言**用机器指令书写程序,用二进制代码表达数据,是计算机能够识别、执行的唯一语言。

但是,用机器语言编制程序存在着许多困难:众多的机器指令格式难以记忆,很容易出错,一旦出错,由于可读性差,改错也十分困难。 如上面的程序,用十六进制格式书写为:

81H
91H
0A2H

这样的"指令"没有注解很难读懂,何况实际的指令系统比上面的格式要复杂得多。于是人们就自然想到用指令助记符来书写指令,用符号指令书写程序的规范称为**汇编语言**。 使用汇编语言后,上面的程序重新书写为:

MOV　R0,R1
ADD　R0,R1
SUB　R0,R2

这种表达方式显然比上面十六进制书写的程序容易编写、阅读和维护。 只不过这样的程序需要用汇编程序把它翻译成机器指令书写的程序才能由计算机执行。 机器语言和汇编语言都是**面向机器的语言**,都属于**低级语言**。这样的程序一般只能在同一系列 CPU 的计算机上执行。

1.3.3 高级语言

为了提高程序开发效率,增加程序的可读性,可维护性,人们开发了接近自然语言,接近数学表述方式的**高级语言**,如流行的 C,Visual C++,Visual Basic,Java 等。使用高级语言,程序员可以不关心计算机的内部结构,着重于问题的算法,程序开发的速度得到很大的提高。

高级语言的语句与计算机指令之间没有一对一的对应关系,需要经过复杂的翻译过程(称为编译)转变为机器语言程序。当然,使用者无须了解这个过程的细节。

1.4 80x86 寄存器

寄存器是位于 CPU 内部的存储器件,可以存储运算的中间结果、内存储器地址、CPU 的状态等信息。16 位 80x86 微处理器的寄存器基本长度是 16 位,可以分拆后作为 8 位寄存器使用。32 位 80x86 微处理器的寄存器基本长度是 32 位,可以分拆后作为 8 位、16 位寄存器使用。

1.4.1 数据寄存器

16 位 80x86 处理器有 4 个 16 位的**通用数据寄存器**。它们的主要用处是存放数据,有时候也可以存放地址。图 1-7 列出了它们的名称。

(1) **AX**:**累加器**,使用这个寄存器的指令比较短,有些指令规定必须使用它。

(2) **BX**:**基址寄存器**,除了存放数据,它经常用来存放一片内存的首地址——"基址"。

	31	16 15	8 7	0	
EAX			AH	AL	AX
EBX			BH	BL	BX
ECX			CH	CL	CX
EDX			DH	DL	DX

图 1-7   80x86 处理器的数据寄存器

(3) **CX**:**计数寄存器**,除了存放数据,它经常用来存放重复操作的次数——"计数器"。

(4) **DX**:**数据寄存器**,除了存放数据,它有时存放 32 位数据的高 16 位,有时存放端口地址。

上面的寄存器都可以拆分为 2 个 8 位寄存器使用。分别命名为 AH,AL,BH,BL,CH,CL,DH,DL。但是,8 位和 16 位的寄存器不能重复使用。例如,AL 中已经存放了 1 个 8 位数据,如果接着向 AX 中写入数据,将覆盖 AL 中的数据。

32 位 80x86 处理器的 4 个数据寄存器扩展为 32 位,更名为 EAX,EBX,ECX 和 EDX。仍然可以使用原有的 16 位和 8 位寄存器,如 AX,BX,CX,DX,AH,AL,BH,BL 等。但是,这些寄存器的高 16 位不能单独使用。

1.4.2 地址寄存器

16 位 80x86 处理器有 4 个 16 位的**通用地址寄存器**。它们的主要用处是存放数据的偏移地址，也可以存放数据。图 1-8 列出了它们的名称。

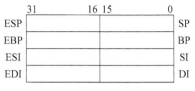

图 1-8　80x86 处理器的地址寄存器

（1）**SP：堆栈指针**，这是一个"专用"的寄存器，存放堆栈栈顶的偏移地址。第 2.2.5 小节将对堆栈作进一步的介绍。

（2）**BP：基址指针**，常用来存放堆栈中数据的偏移地址。

（3）**SI：源变址寄存器**，存放源数据区的偏移地址。所谓变址寄存器，是指它存放的地址可以按照要求在使用之后自动地增加/减少。

（4）**DI：目的变址寄存器**，存放目的数据区的偏移地址。

由于地址信息至少 16 位，上面的寄存器不能再拆分使用。

32 位 80x86 处理器的地址寄存器也扩展为 32 位，分别命名为 ESP，EBP，ESI，EDI。

1.4.3 段寄存器

16 位 80x86 处理器有 4 个 16 位的段寄存器，命名为 CS，SS，DS，ES。它们用来存放 4 个段的段基址（图 1-9）。

（1）**CS：代码段寄存器**，存放当前正在执行的程序段的段基址。

（2）**SS：堆栈段寄存器**，存放堆栈段的段基址。

（3）**DS：数据段寄存器**，存放当前正在使用的数据段段基址。

（4）**ES：附加段寄存器**，存放另一个数据段的段基址。

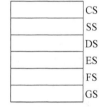

图 1-9　80x86 处理器的段寄存器

32 位 80x86 处理器仍然使用 16 位的段寄存器，但是它们存储的内容发生了变化（见 1.5.2 节）。此外，32 位 80x86 处理器还增加了 2 个段寄存器 FS 和 GS，它们的的作用与 ES 类似。

1.4.4 专用寄存器

16 位 80x86 处理器有 2 个 16 位的专用寄存器，命名为 IP 和 FLAGS（图 1-10）。

图 1-10　80x86 处理器的标志寄存器

IP 寄存器称为**指令指针**，存放即将执行指令的偏移地址。例如，下面的程序里，左侧列出每条指令在存储器中的逻辑地址（段基址：偏移地址），右侧是这条指令的助记符。CPU 在执行 MOV 指令时，IP 寄存器存放的是即将要执行的下一条指令 ADD 的偏移地址 1025H。

```
4A00H:1020H  ···
4A00H:1022H  MOV  AX,1020H
4A00H:1025H  ADD  AX,Y
```

FLAGS 称为**标志寄存器**,它存放 CPU 的两类标志。

(1) **状态标志**:反映处理器当前的状态,如有无溢出,有无进位等。

(2) **控制标志**:用来控制处理器的工作方式,如是否响应可屏蔽中断等。

各状态标志的含义如下:

(1) **OF**:**溢出标志**,OF=1 表示两个有符号的运算结果超出了可以表示的范围,结果是错误的。OF=0 表示没有溢出,结果正确。进行无符号数运算时也会产生新的 OF 标志(CPU 不知道处理对象是否为有符号数),此时程序员可以不关心 OF 标志。

(2) **CF**:**进位/借位标志**,CF=1 表示两个无符号数的加法运算有进位,或者是减法运算有借位,需要对它们的高位进行补充处理。CF=0 表示没有产生进位或借位。同样,进行有符号数运算时也会产生新的 CF 标志,此时程序员可以不关心 CF 标志。

(3) **SF**:**符号标志**,SF=1 表示运算结果的最高位为"1"。对于有符号数,在溢出标志 OF=0 时,SF=1 表示运算结果为负,SF=0 表示运算结果非负(正或零)。OF=1 时,由于结果是错误的,所以符号位也和正确值相反。例如,两个负数相加产生溢出,此时 SF=0。对于无符号数运算,SF 无意义(但是可以看出结果的大小规模)。

(4) **ZF**:**零标志**,ZF=1 表示运算结果为零,减法运算后结果为零意味着两个参加运算的数大小相等。ZF=0,运算结果非零。

(5) **AF**:**辅助进位标志**,它是两个 BCD 数运算时 b_3 位上的进位,供运算后"调整"结果用,对其他数的运算没有意义。

(6) **PF**:**奇偶标志**,PF=1 表示运算结果的低 8 位中有偶数个"1",PF=0 表示有奇数个"1"。它可以用来进行奇偶校验。

状态标志在每次运算后产生,控制标志的值则由指令设置。

(7) **IF**:**中断允许标志**,IF=1 表示允许处理器响应"可屏蔽中断请求"信号,称为**开中断**。IF=0 表示不允许处理器响应"可屏蔽中断请求"信号,称为**关中断**。

(8) **TF**:**单步标志**,TF=1 时,每执行完一条指令都会产生一次"1 号"中断,该程序被暂停执行。它用于程序的调试。

(9) **DF**:**方向标志**,DF=0 时,每次执行字符串指令后,源或目的地址指针用加法自动修改地址,DF=1 时用减法来修改地址。它用来控制地址的变化方向(参见第 6 章)。

32 位 80x86 处理器的标志寄存器也扩展为 32 位,更名为 EFLAGS。除了原有的状态、控制标志,增加了 2 位表示 IO 操作特权级别的 IOPL,表示进入虚拟 8086 方式的 VM 标志等。

1.4.5 其他寄存器

32 位 80x86 微处理器增加了 5 个 32 位的**控制寄存器**,命名为 CR0~CR4。CR0 寄存器的 PE=1 表示目前系统运行在"保护模式",PG=1 表示允许进行分页操作。CR3 寄存器存放页目录表的基地址。

此外,还有 8 个用于调试的寄存器 DR0~DR7,2 个用于测试的寄存器 TR6~TR7。用于保护模式的其他地址寄存器在后面章节中介绍。

1.5 80x86 CPU 的工作模式

8086/8088 微处理器只有一种工作模式:**实地址模式**。32 位的 80x86 微处理器有 3 种工作模式:实地址模式、**保护模式**和**虚拟 8086 模式**。

1.5.1 实地址模式

对于 8086/8088 微处理器,实模式是它的唯一工作方式。对于 80386 以上的处理器,实模式是它的工作方式之一,主要用于兼容 8086/8088。MS DOS 操作系统运行在实模式下,Windows 操作系统运行在保护模式下。

实模式的工作特点可以归纳如下。

(1) 只使用低 20 位地址线,地址范围 00000H~0FFFFFH,使用 1MB 的内存储器。

(2) EIP,ESP,EFLAGS 寄存器高 16 位为 0,用 CS:IP 作为指令指针,用 SS:SP 作为堆栈指针。

(3) 段寄存器内存放段起始地址的高 16 位,偏移地址为 16 位,用"段基址×16+偏移地址"的方法计算物理地址,允许使用 32 位寄存器存放地址,但地址的高 16 位应为 0。

(4) 32 位处理器工作在实模式时,允许使用 32 位寄存器存放数据,使用 32 位指令进行 32 位数据运算。

80386 以上微处理器加电启动时,自动进入实模式。进行必要的准备之后,通过将 CR0 寄存器 PE 位置 1,可以进入保护模式。

1.5.2 保护模式

保护模式是 32 位微处理器的主要工作模式。所谓"保护",是指用硬件对每个任务使用的内存空间进行保护,阻止其他任务的非法访问。"保护"功能是运行多任务操作系统的必备条件之一。

1. 保护模式下的寻址方式

保护模式下采用与实模式不同的寻址方式。

保护模式下采用**分段管理**和**分页管理**相结合的内存寻址方法。首先,逻辑地址通过分段管理机构转换为 32 位的**线性地址**,然后,32 位线性地址通过分页管理机构转换为 32 位/36 位的物理地址。两次转换都是由硬件控制完成的。

保护模式下,逻辑地址仍然采用"段:偏移地址"的形式。但是,16 位段寄存器内存放的不再是 20 位段起始地址的高 16 位,而是这个段的一个编号,称为**段选择符**(segment selector)。使用这个段选择符查找**段描述符表**(segment descriptor table),得到这个段的 32 位起始地址,加上 32 位的偏移地址,得到这个存储单元的 32 位"线性地址"。

查表计算得到的线性地址还不能直接用于访问这个存储单元。保护模式下使用**虚拟**

存储的管理方法。所有的存储器以 4KB 为单位划分成**页**（page）。分配给各任务的页数超过实际存在的内存页数时，一部分暂时未使用的页转储到硬盘上。也就是说，分配给用户/任务的存储器可能并不真正存在于物理存储器中，虚拟存储器因此得名。

线性地址被划分成**页号**和**页内地址**两部分，根据页号查找一张**页表**，得到这个页在内存真实的起始地址，加上页内地址，得到该存储单元的物理地址。如果通过查表发现该页还在硬盘中，则还要首先启用**换页**机制，把这个页调入内存。

2. 保护模式下的专用寄存器

为了进行三级地址之间的转换，内存中有两类重要的表格：段描述符表和页表。

段描述符表由若干个段描述符组成，每个段描述符记录一个段的相关信息，例如，这个段的起始地址、段的长度、段的属性等。有 3 种类型的段描述符表：**全局段描述符表**（global descriptor table，GDT）、**局部段描述符表**（local descriptor table，LDT）和**中断描述符表**（interrupt descriptor table，IDT）。全局段描述符表在整个计算机内只有一张，存放操作系统使用的各种段的信息。每个任务都有一张局部段描述符表，这张表本身也构成一个段，它的段信息存放在全局段描述符表中。

48 位的**全局描述符表寄存器**（GDTR）的高 32 位存放"全局描述符表"的首地址（线性地址），低 16 位存放该表的大小。**16 位的局部描述符表寄存器**（LDTR）存放当前任务的"局部描述符表"的"段选择符"。

中断描述符表记录**"中断服务程序"**的位置信息，它的段信息记录在 48 位的**中断描述符表寄存器**（IDTR）中。

有两种类型的"页表"："**页目录表**"和"**页表**"。"页目录表"在内存的物理地址存放在 CR3 中。各"页表"的首地址存放在"页目录表"中。

图 1-11　分段管理使用的寄存器

3. 保护模式工作特点

保护模式的主要特点可以归纳如下。

（1）具有 4 个**特权级**：0,1,2 和 3。其中 0 级具有最高的特权，供操作系统进程使用，特权级 3 最低，供用户程序使用。0 级任务可以执行所有指令，建立和维护上面所述的各种表格，管理整个系统。3 级任务只能访问操作系统分配给它的内存区间，不能执行**特权指令**，访问 I/O 设备的权限也受到限制。

（2）采用虚拟存储管理，启用分段和分页机制。允许关闭分页机制，如果分页机制被关闭，这时的线性地址就是物理地址。

（3）段内偏移地址为 32 位，每个段最大 $2^{32}B=4GB$，每个程序最多可以使用 16K 个段,理论上的虚拟地址空间为 4GB×16K=64TB。

（4）采用 32 位地址寄存器,如 EBX,ESI,EIP,ESP 等。

1.5.3 虚拟 8086 模式

虚拟 8086 模式是保护模式下某一个任务所使用的局部模式。也就是说,处理器工作在保护模式时,有的任务工作在虚拟 8086 模式下,有的工作在一般的保护模式下。保护模式下,将 EFLAGS 寄存器 VM 位置"1",该任务就进入虚拟 8086 模式。32 位 80x86 处理器给每个以虚拟 8086 模式运行的任务创造了一个与真实的 8086 处理器十分相似的运行环境,以便运行 DOS 程序。

虚拟 8086 模式的主要特点如下。

（1）采用与实模式相同的分段模式,段寄存器内存放 16 位段基址,它左移 4 位后与 16 位偏移地址相加,得到 20 位地址。寻址地址范围 00000H～0FFFFFH 的 1MB;

（2）采用分页机制,分段产生的 20 位地址属于线性地址,需要通过分页机制转换为 32 位物理地址。也就是说,分段产生的 20 位地址仍然是虚拟地址。

（3）使用特权级 3,不能使用特权指令。

虚拟 8086 模式主要用于运行 8086 程序。

习题一

1.1 把下列二、八、十六进制数转换成为十进制数

(1) $(1011011)_2$　　(2) $(0.10110)_2$　　(3) $(111111.01)_2$　　(4) $(1000001.11)_2$

(5) $(377)_8$　　　　(6) $(0.24)_8$　　　(7) $(3FF)_{16}$　　　　(8) $(2A.4)_{16}$

1.2 把下列十进制数转换为二、十六进制数

(1) $(127)_{10}$　　　(2) $(33)_{10}$　　　(3) $(0.3)_{10}$　　　(4) $(0.625)_{10}$

(5) $(1023.5)_{10}$　(6) $(377)_{10}$　　(7) $(1/1024)_{10}$　　(8) $(377/32)_{10}$

1.3 把下列二进制数转换为十六进制数

(1) $(100011)_2$　　(2) $(0.11101)_2$　　(3) $(11111.11)_2$　　(4) $(0.00101)_2$

1.4 把下列十六进制数转换为二进制数

(1) $(3B6)_{16}$　　　(2) $(100)_{16}$　　　(3) $(80.2)_{16}$　　　(4) $(2FF.A)_{16}$

1.5 如果用 24b 储存一个无符号数,这个数的范围是什么? 如果储存的是一个补码表示的有符号数,那么这个数的范围又是什么?

1.6 两个无符号数,它们的大小等于十进制数 210 和 303,用 N 位二进制存储时,相加产生了进位,用 $N+1$ 位二进制存储时,相加没有产生进位。这个 N 等于多少? 为什么?

1.7 两个 8 位二进制无符号数相加后没有产生进位,符号标志 SF=1,它们和应在什么范围内? 如果 SF=0,那么和又在什么范围内?

1.8 两个 8 位补码表示的有符号数相加时,什么情况下会使进位标志等于"1"? 相减时,

又是什么情况下会使借位标志等于"1"？

1.9 用符号">"把下面的数按从大到小的顺序"连接"起来

$$[X_1]_{补}=10110111 \quad [X_2]_{原}=10110111 \quad [X_3]_{反}=10110111$$

$$[X_4]_{补}=10110110 \quad [X_5]_{无符号数}=10110111$$

1.10 用 8 位补码完成下列运算,用二进制真值的格式给出运算结果,并指出运算后 CF, OF,ZF,SF,PF 标志位的状态。

(1) 127+126　(2) 126−127　(3) −100−120　(4) −100−(−120)

1.11 把二进制代码 1001011101011000 分别"看作"是:

(1) 二进制无符号数　(2) 二进制补码　(3) 压缩 BCD 码　(4) 非压缩 BCD 码

哪一种情况下它代表的"值"最大？

1.12 CPU 使用寄存器有什么好处？为什么？

1.13 已知 8086 系统某存储单元物理地址为 12345H,写出 4 个可以与它对应的逻辑地址。

1.14 已知 8086 系统某存储单元物理地址为 12345H,可以与它对应的逻辑地址中,段基址最大值,最小值分别是多少？

1.15 8086 微型计算机最多可以有多少个不同的段基址？为什么？

1.16 在图 1-6 中,假设已有(R1)＝X,(R2)＝Y,分别用它的机器指令和符号指令写出计算 R0←4X＋2Y 的程序。想一想,怎样做才能尽量减少指令数量？

1.17 什么是"逻辑地址"？什么是"线性地址"？什么是"物理地址"？它们如何转换？

1.18 32 位 80x86 和 16 位 80x86 中央处理器的段寄存器有什么不同？

1.19 叙述"保护模式"和"虚拟 8086 方式"之间的关系。

数据定义与传送

计算机运行的过程,就是信息的传输、加工的过程。因此,数据的定义和传送是汇编语言程序设计的基础。

本章介绍汇编语言程序的基本格式、数据定义的方法、数据传送指令及其应用,最后以 Borland 公司的 TASM 5.0 版汇编软件为例,介绍汇编语言的上机操作过程。

2.1 数据的定义

汇编语言是面向机器的“低级语言”,汇编语言程序员需要自己来定义数据,了解数据在存储器中的存储格式。一般的情况下,数据定义在“数据段”里。

汇编语言程序定义的“数据”包括以下 3 种。

(1) 变量:变量一般有一个属于自己的名字,它的值在程序运行过程中可能发生变化,可以在定义时给变量置一个“初始值”。

(2) 常数:程序运行中使用的常数可以直接写在指令内,也可以把它事先存放在数据段里。

(3) 缓冲区:从键盘、外存储器等输入设备输入若干数据时,需要在数据段里事先留出必要的存储单元,这些存储单元称为**输入缓冲区**(input buffer)。同样,需要向显示器、打印机、硬盘输出一批数据时,需要把输出内容事先存放在若干内存单元中,称为**输出缓冲区**(output buffer)。

2.1.1 数据段

80x86 微处理器采用分段的方法分配和管理内存储器。编写汇编语言源程序时,程序使用的数据通常书写在数据段内。

每个段有一个开始语句,一个结束语句。下面是一个例子:

```
DATA    SEGMENT
;在这里定义数据;
;…
DATA    ENDS
```

汇编语言对大小写字母不加区分,例如 DATA 与 data 被认为是相同的名字。

第一行"DATA SEGMENT"是一个段的开始。SEGMENT 是汇编语言规定了固定含义的一个单词,称为**保留字**,用户不能把它用作其他用途。SEGMENT 用来表示一个段的开始。这个语句在格式上与一条符号指令类似,但是,它汇编后不会产生对应的机器指令,仅仅告诉汇编程序一个段的开始,这样的语句称为**伪指令**。

在汇编语言里,每一行只能写一个**语句**。一个语句是一条指令,或者定义一组数据,或者是一条伪指令。

DATA 是程序员给这个段起的名字。程序员应该给每个段起一个含义清晰的名字。在本书中,你会看到命名为 DATA 或 DSEG 的数据段,命名为 CSEG 或 CODE 的程序段,命名为 STACK、SSEG 的堆栈段。段的名字用字母或下划线开始,不能与保留字重名。

段定义的最后一行 DATA ENDS 表示命名为 DATA 的一个段到此结束。**ENDS** 是一个保留字,它也是一个伪操作,汇编时不产生代码。

数据的定义语句就写在这两行的中间。不能在一个段的内部再定义另一个段,段的定义互相独立。

上面的例子中,看到了用分号';'开始的两行。汇编语言把分号后面的文字看作是对程序的说明,称为**注释**,它不参加"汇编",也不产生结果。分号可以出现在一行的首部,也可以跟在指令、伪指令的后面。

2.1.2 数据定义

伪指令 DB(define byte)用来定义字节数据。所谓定义数据,就是给出数据,把它们用标准的格式存储到数据段中。例如,下面的定义将产生图 2-1 所示的结果。

偏移地址	内容
0000H	11111111
0001H	11111111
0002H	01000001
0003H	00000101
0004H	00000000
0005H	01000001
0006H	01000010
0007H	01000011
0008H	11111111
0009H	11001010
000AH	00000000
000BH	00000000
000CH	00000000
000DH	

图 2-1 字节数据的定义

```
DATA    SEGMENT
X       DB   -1,255,'A',3+2,?
        DB   "ABC",0FFH,11001010B
Y       DB   3 dup(?)
DATA    ENDS
```

上面的例子里,定义了多项数据。

(1) 写有 DB 的第二行表示在数据段存储 5B 的数据,数据之间用逗号分隔。数据按照它们出现的先后顺序存储在数据段里。所有数据由汇编程序翻译成等值的二进制代码存储。

(2) 用 DB 定义的数据,每个数据占用 1B 的存储器。如果是无符号数,应为 0～255。有符号数用补码存储,应为 -128～127。综合起来,-128～255 的数据都可以用 DB 来定义和储存,超出以上范围则无法存入,汇编程序将报告错误。

(3) 可以出现用单或双引号括起来的单个或多个字符,每个字符占 1B,按照它们出现的顺序用 ASCII 代码存储。

(4) 可以出现简单的可以求出值的表达式,如第二行的 3＋2,与直接写"5"效果相同。"?"表示一个尚未确定的值,在程序运行时写入,一般先用"0"填充这个单元。

(5) X 是程序员起的一个名字,代表 DB 后面第一个数据的地址。由于这个数据的值在程序里可以被改变,所以 X 也称为变量名。

(6) 数据在一行写不下时,可以另起一行,仍用 DB 定义,不能重复写相同的变量名。

(7) 一般的情况下,段内的偏移地址从"0"开始,但是也可以不从 0 开始。无论怎样,数据之间的相对顺序是固定的。

DUP 称为"重复定义符",表示定义若干个相同的数据。本例中,DB 3 DUP(?)等效于 DB ?,?,?。同样

```
DB   2 DUP(5)
```

等效于

```
DB   5,5
DB   2 DUP(2,3,4 DUP(?))
```

等效于

```
DB   2,3,?,?,?,?,2,3,?,?,?,?
```

伪指令 DW(define word)用来定义字数据,每个数据占用 2B,数据的高位存放在地址较大的单元里。用 DW 定义的数据范围应为－32768～65535。

伪指令 DD(define double word)用来定义双字数据,每个数据占用 4B,数据的高位存放在地址较大的单元里。用 DD 定义的数据范围应为$-2^{31}\sim+(2^{32}-1)$之内。

下面的定义将产生图 2-2 的结果。

```
DSEG   SEGMENT
    Z  DW  -2,-32768,65535,'AB'
    W  DD  12345678H,-400000
       DW  Z,W-Z
DSEG   ENDS
```

(1) 有符号数自动转换成它的补码,如 DW 定义的－2 成为 0FFFEH,高 8 位 0FFH 存放在偏移地址为 00001H 的存储单元里,低 8 位 0FEH 存放在偏移地址 00000H 的存储单元里。

(2) 用 DW 定义的字符"AB"构成一个"字"数据,'A'的 ASCII 码成为高位,'B'的 ASCII 码成为低位,这和 DB 定义时有些区别。

(3) 第四行"DW Z,W-Z"实际上是把 Z 的偏移地址,W 和 Z 偏移地址之差存放到存储器中。W 和 Z 的偏移地址之差实际上代表了用变量名 Z 定义的所有数据占用存储器的字节数。类似地,还可以把一个变量名写在用 DD 定义的一行中,它占用 4B,地址较小的 2B 存放这个变量名的偏移地址,地址较大的 2B 存放这

偏移地址	内容	变量名
0000H	0FEH	Z
0001H	0FFH	
0002H	00H	
0003H	80H	
0004H	0FFH	
0005H	0FFH	
0006H	42H	
0007H	41H	
0008H	78H	W
0009H	56H	
000AH	34H	
000BH	12H	
000CH	80H	
000DH	0E5H	
000EH	0F9H	
000FH	0FFH	
0010H	00H	
0011H	00H	
0012H	08H	
0013H	00H	

图 2-2 字/双字数据的定义

个变量名所在段的段基址。由于偏移地址为 16 位二进制,所以不能把变量名写入 DB 定义的行内。

以上定义之后,变量名 X,Y,Z,W 的属性如表 2-1 所示。

表 2-1　变量 X,Y,Z,W 的属性

变量名	段属性 (SEG)	偏移地址 (OFFSET)	类型 (TYPE)	长度 (LENGTH)	大小 (SIZE)
X	DATA	0000H	1	1	1
Y	DATA	000AH	1	3	3
Z	DSEG	0000H	2	1	2
W	DSEG	0008H	4	1	4

段属性(SEG):X,Y 属于 DATA 段,Z,W 属于 DSEG 段,经过定义,它们的段基址可以看作是已知的。

偏移地址属性(OFFSET):经过定义,它们的偏移地址可以看作是"已知"的。

类型属性(TYPE):字节变量、字变量、双字变量的"类型"值分别为 1,2,4。

长度属性(LENGTH):定义单个数据时,长度属性为 1;用 DUP 定义时,长度属性等于它前面的重复次数。有的汇编语言版本计算同一行上所有数据的个数。

大小属性(SIZE):它等于类型和长度的乘积。

在这些属性中,有一个属性是最基本的。变量名的基本属性是它的偏移地址,段名的基本属性是它的段属性(段基址)。

伪指令 DQ,DT 用来定义 8B,10B 数据。例如:

```
DQ   12345678ABCDEF0H
DT   112233445566778899AAH
```

用 DQ,DT 定义的变量的类型属性分别为 8,10。

DQ,DT 定义的数据供**数值协处理器**进行计算使用。数值协处理器是专门用于数值计算的微处理器,它协助 CPU 工作,有自己独立的指令,如 8087,80387 等。从 80486 起,数值协处理器已经与 CPU 集成在一块芯片里。用普通指令也可以模仿数值协处理器来处理上面的数据,称为**协处理器仿真**。

大多数情况下,数据定义在一个独立的段里。有时候,为了某种需要,数据也可以定义在其他段内,比如说,定义在程序段中。

2.2　数据的传送

据统计,在机器指令程序中,大约有 30% 的指令属于数据传输指令。本节从数据传送指令、数据传送操作入手,介绍汇编语言源程序的基本格式和编写方法。

2.2.1 指令格式

1. 80x86 指令格式

汇编语言源程序由若干条语句组成,每个语句占用源程序的一行。这些语句分成以下 3 类:

指令语句:包含一条符号指令,与一条机器指令相对应,汇编以后成为这条机器指令的二进制代码,这个代码被称为**目标**(object)。

伪指令语句:一条说明性的语句。有的伪指令语句汇编后没有结果,例如用 SEGMENT 定义一个段的开始,汇编程序只是在内部对定义的段名进行登记,不产生目标。有的伪指令汇编后产生目标,例如用 DB 定义的一个或多个字节数据,汇编后产生对应的二进制代码。

注释行:书写说明性文字,不进行汇编,也不产生目标。

下面就是一个指令行的例子:

```
BEGIN:  MOV  AX,0                    ;将 AX 寄存器清零
```

指令语句的一般格式如下:

[标号:] 操作码 [操作数] [;注释]

[标号:]是程序员给这一行起的名字,如上面的 BEGIN,后面跟上冒号。大多数的行不需要标号。标号用字母开始,不允许使用保留字作为标号。方括号表示这项内容可以不出现。

操作码是这条指令需要完成的操作,用指令助记符表示,如上例中的 MOV,操作码本身就是保留字。

[操作数]是指令的操作对象,大多数指令需要两个操作数,中间用逗号隔开。少数指令的操作数是 0 个、1 个甚至 3 个。有两个操作数时,右面的操作数称为源操作数,左面的操作数称为目的操作数。源操作数参与指令操作,但是不保存结果,因此内容不会改变。目的操作数参与指令操作,还保存指令的操作结果,指令执行后,目的操作数的内容被改变。上例中,数 0 是源操作数,寄存器 AX 是目的操作数,它的内容在指令执行后被改变。

[;注释]用来添加一些说明,例如说明本行指令的功能。在关键指令处添加注释是一个良好的习惯。

2. 操作数

有 3 种类型的操作数:寄存器操作数,立即数操作数和存储器操作数。

(1) 寄存器操作数:包括段寄存器和通用数据、地址寄存器。例如,把寄存器 AX 的内容送入 DS 寄存器可以用下面的指令:

```
MOV  DS,AX
```

上面指令中,AX 是源操作数,写在右边,指令执行后,它的内容不会被改变。DS 是目的操作数,写在左边,指令执行后,它的内容将被改变。

注意:寄存器 IP/EIP 和 FLAGS/EFLAGS 不能作为操作数出现在指令中。

(2)立即数操作数:二进制、十进制或十六进制常数,可求值的表达式、字符、标号等都可以用作操作数。例如,把常数 300 送入 BX 寄存器可以用下面的指令:

```
MOV  BX,300
```

或者

```
MOV  BX,150 * 2
```

假设有如下数据定义:

```
 X  DW  150
```

指令 MOV BX,X∗2 是错误的,变量的值在程序运行期间可以随时改变,汇编程序无法对一个变化的值"事先"进行计算。变量的计算应该在用户程序执行时进行。

注意:立即数不能用作"目的操作数"。

(3)存储器操作数:存储器操作数的表示方法比较灵活,在下面单独介绍。

3. 存储器操作数

为了对存储器的一个单元进行访问,需要给出这个单元的段基址和偏移地址。

大多数情况下,指令使用 DS 寄存器的内容作为操作数的段基址,指令中不需要再指出段基址。为此,常常在程序开始处把数据段的段基址装入 DS 寄存器。

存储器操作数的偏移地址可以由几个部分组合而成,合成后得到的偏移地址称作**有效地址**(effective address,EA)。

指出偏移地址的方法有两种:直接的和间接的。

(1)直接(偏移)地址。顾名思义,所谓直接地址就是在指令里直接写出存储单元的偏移地址。例如已经进行如下定义:

```
DATA  SEGMENT
    A     DB  12,34,56
    ARRAY DW  55,66,77,88,99
DATA  ENDS
```

把 DATA 代表的段基址装入 DS 后,现在需要取出变量 A 的前 2 个数据送入 BL,BH 寄存器,可以用下面的指令:

```
MOV  BL,A                    ;也可以写作  MOV  BL,[A]
MOV  BH,A+1                  ;也可以写作  MOV  BH,[A+1] 或 MOV  BH,A [1]
```

这里的 A 代表数据 12 的偏移地址,A+1 是数据 34 的偏移地址。经过上面的数据段定义之后,A,A+1 都是已知的地址。如注释里说明的,这两项都可以加上方括号,效果相同。

可能会想到用一条指令同时取出两个字节：

```
MOV   BX,A                      ;把变量[A]送 BL,变量[A+1]送 BH
```

但是,这条指令是错误的,因为源操作数的类型是字节,而目的操作数的类型是字,两个不同类型的操作数不能直接传送。

假设已经知道 A 的偏移地址是 0000H,那么,上面的指令还可以写作：

```
MOV   BL,[0000H]                ;此处方括号不能省略
MOV   BH,[0001H]                ;此处方括号不能省略
```

上面的方括号不能省略,一旦省略,汇编程序会把 0000H 当成立即数看待。

上面的常数地址格式没有实用价值,因为一般都不知道每个变量的真实地址,这种写法也容易导致错误,而且可读性也不好。

上面的两条指令可以用一条指令代替,效果相同：

```
MOV   BX,[0000H]                ;取地址 0000H 开始的 2B,送入 BL 和 BH
```

为什么用了直接地址后,原来被认为错误的操作又可以进行了呢？原因在于,变量名 A 定义之后,它的属性就确定下来了,而直接地址[0000H]却没有固定的属性,它可以代表字节地址,也可以代表字地址甚至双字地址。由于目的操作数 BX 是 16 位操作数,直接地址[0000H]的属性被汇编程序自动地确定为字地址。

(2) 间接(偏移)地址。所谓间接地址,就是把存储单元的偏移地址事先装入某个寄存器,需要时通过这个寄存器来找到这个存储单元,所以也称为寄存器间接寻址。如上例,为了把这两个数据装入 BL,BH 寄存器,可以这样编程：

```
MOV   SI,OFFSET A               ;把变量 A 的偏移地址装入 SI
                                ;OFFSET 是保留字,表示取出后面变量的偏移地址
MOV   BL,[SI]                   ;变量 A 的第一个值送 BL
MOV   BH,[SI+1]                 ;第二个值送 BH,也可以写作 MOV BH,1[SI]
```

对于 16 位 80x86 微处理器,只有 BX,BP,SI,DI 这 4 个寄存器可以用来间接寻址。不另加说明的话,使用 BP 时自动用 SS 的值作为段基址。使用 BX,SI,DI 时自动用 DS 的值作为段基址。

如果要取出字数组 ARRAY 的第 3 个元素送入 AX,下面 3 种方法效果相同：

```
;方法 1
MOV   AX,ARRAY [4]              ;ARRAY 代表数组首地址,位移量=4,直接寻址
                                ;也可以写作"MOV   AX,ARRAY+4"
;方法 2
MOV   BX,OFFSET ARRAY           ;数组首地址装入 BX
MOV   AX,[BX+4]                 ;第三个元素距数组首元素 4B
;方法 3
MOV   BX,4                      ;第三个元素距数组首地址的位移量装入 BX
MOV   AX,ARRAY [BX]             ;ARRAY 代表数组首地址,BX 中是位移量
```

可以用两个寄存器联合起来寻址。但是只能从(BX,BP)和(SI,DI)中各选出一个使用。同样,出现 BP 意味着使用 SS 作为段基址寄存器。

下面都是合法的寻址方式例子:

```
MOV    AX,ARRAY[4]              ;直接寻址,EA=ARRAY+4
MOV    AX,[BX]                  ;寄存器间接寻址
MOV    AX,[BX+2]                ;寄存器相对寻址,BX 中存放首地址,位移量 2
MOV    AX,ARRAY [BX]            ;寄存器相对寻址,ARRAY 为首地址,BX 中存放位移量
MOV    AX,[BX+SI]               ;基址 (BX)变址 (SI)寻址
MOV    AX,[BX+DI+2]             ;相对基址变址寻址
```

32 位 80x86 微处理器的存储器寻址格式更加丰富多彩。下面都是合法的指令:

```
MOV    AX,ARRAY[4]              ;直接寻址,EA=ARRAY+4
MOV    AX,[ECX]                 ;可以用任何一个通用寄存器间接寻址,使用 DS
MOV    AX,[EAX+4]               ;寄存器相对寻址,使用 DS
MOV    AX,[EBX+ECX]             ;基址 (EBX)变址 (ECX)寻址,使用 DS
MOV    AX,[EBP+EDX+4]           ;相对基址 (EBP)变址 (EDX)寻址,使用 SS
MOV    AX,[EBX+4 * ESI]         ;变址寄存器可以乘上比例因子1,2,4,8
MOV    AX,[8 * EBP+ECX+6]       ;相对基址 (ECX)变址 (EBP)寻址,使用 DS
```

在实地址模式下,偏移地址用 16 位二进制表示,所以,上面这些用于寻址的 32 位寄存器的高 16 位必须为 0。

如上面例子所展示的,所有的 32 位通用寄存器都可以用来间接寻址,变址寄存器还可以乘上系数,这对于数组寻址十分方便。但是,一旦使用 EBP 作为基址寄存器,则表示使用 SS 作为段基址寄存器。

请注意寄存器的书写顺序。下面两条指令汇编后产生不同的代码:

```
MOV    AX,[EBX][EBP]            ;基址 (EBX)变址 (EBP)寻址,使用 DS
MOV    AX,[EBP][EBX]            ;基址 (EBP)变址 (EBX)寻址,使用 SS
```

使用比例因子的寄存器一般作为变址寄存器,不管它写在前面还是后面。但是,比例因子为 1 时有些例外:

```
MOV    AX,[EBX][EBP * 1]        ;基址 (EBX)变址 (EBP)寻址,使用 DS
MOV    AX,[1 * EBP][EBX]        ;基址 (EBP)变址 (EBX)寻址,使用 SS
```

第二条指令等同于:MOV AX,[EBP][EBX]。

2.2.2 程序段

假设已定义数据段为 DATA,程序段的常见格式如下:

```
CODE    SEGMENT
        ASSUME  CS:CODE,DS:DATA
START: MOV      AX,DATA
        MOV      DS,AX
```

```
            ;其他指令
            MOV    AX,4C00H
            INT    21H
CODE   ENDS
            END    START
```

代码段的开始、结束和数据段类似。这里定义了一个名为 CODE 的程序段。

上面程序中,ASSUME 伪指令用来指定段和段寄存器之间的对应关系,供汇编程序使用。使用多个数据段时,可以清晰地看出 ASSUME 伪指令的作用。

假设有两个数据段定义如下:

```
DATA   SEGMENT
    A DB   55
DATA   ENDS
DSEG   SEGMENT
    X DB   10
DSEG   ENDS
```

代码段中对段的说明如下:

```
ASSUME   DS:DATA,ES:DSEG,CS:CODE
```

假设各段的段基址已经装入对应寄存器,并假设变量 A 和 X 的偏移地址都是 0000H。

指令 MOV AL,A 自动按照 MOV AL,DS:[0000H]的格式汇编,结果正确。

指令 MOV DL,X 自动按照 MOV DL,ES:[0000H]的格式汇编,结果正确。

指令中的"DS:"和"ES:"指出数据所在的段。上面两条指令汇编以后,都能够正确地执行,取到正确的数据:(AL)=55,(DL)=10。

但是,如果这样来取数据:

```
MOV  SI,OFFSET A              ;A 的偏移地址装入 SI
MOV  DI,OFFSET X              ;X 的偏移地址装入 DI
MOV  AL,[SI]                  ;取 A 的值送 AL
MOV  DL,[DI]                  ;取 X 的值送 DL
```

执行的结果:(AL)=55,(DL)=55,这不是预期的结果。

出现错误的原因在于,DI 寄存器本身没有段属性,执行指令 MOV DL,[DI]时,依照既定的规则,使用 DS 寄存器中的段基址。为了避免上述错误,上述取 X 值的指令要改为:

```
MOV  DL,ES:  [DI]
```

这条指令显式地指定了段基址,汇编出来的机器指令比 MOV DL,[DI]多一个字节,称为**段跨越前缀**。

START 是第一条指令的**标号**。请注意标号与变量名的区别:标号出现在指令行前面,标号与指令之间用冒号(:)分开。本程序的执行从标有 START 的第一条指令开始,它的地址称为这个程序的**入口地址**。

程序的前两条指令用于**装载**(Load)数据段寄存器 DS。进入程序后,代码段寄存器 CS 已经由操作系统设置为代码段的段基址,数据段的段基址需要由用户装入到 DS 中。注意,ASSUME 伪指令仅仅说明了段和段寄存器之间的对应关系,段基址的装入仍然需要程序员通过指令实现。

装载段寄存器之后,程序员可以编写这个程序的其他代码,完成预定的任务。

程序的最后两行用来结束程序运行,返回操作系统。指令 INT 21H 表示调用由操作系统提供的 21H 号服务程序。这个程序可以提供从键盘输入、显示器输出、文件操作等许多的服务,本次需要完成的服务的种类由 AH 中的功能号指定。本例中 AH=4CH,表示返回操作系统的操作。装入 AL 中的代码称为返回代码,一般用 00H 表示正常返回。

与数据段相似,伪指令 CODE ENDS 表示代码段 CODE 结束。

最后一行 END 伪指令表示整个程序到此结束,在它下面书写的任何代码都不会被汇编成目标。因此,所有的段都应该写在 END 伪指令之前。这一行里的标号 START 定义这个程序的"入口地址"。如果在 END 之后没有写上入口标号,汇编程序会把整个源程序第一行作为入口,不管这第一行究竟是指令还是数据,这可能导致程序不能正常地执行。

需要使用 8086 以外其他 80x86 系列 CPU 指令时,应该在程序的第一行标明所使用的处理器,称为**处理器选择伪指令**。如:

       .386   .386P   .486   .486P   .586   .586P   .686   .686P

其中,.386 表示程序选用 80386 的基本指令集,.386P 表示程序选用 80386 的基本指令和保护模式下的特权指令,依此类推。默认的处理器选择伪指令是.8086,也就是说,仅仅使用 8086 指令系统指令时可以省略处理器选择伪指令。

综上所述,一个较完整的汇编语言源程序可以包含如下内容:

(1) 处理器选择伪指令;

(2) 数据段定义;

(3) 代码段定义;

(4) 程序结束伪指令。

2.2.3 基本传送指令

传送指令是使用最频繁的指令,要熟练地掌握使用。

1. MOV(move,传送)指令

MOV 指令的一般格式如下:

```
MOV  dest,src
```

MOV 指令把一个数据(源操作数,source)传送到另一个地方(目的操作数,destination)。指令执行后,源操作数的内容不变,目的操作数的内容与源操作数相同。例如,指令执行前,(AX)=2345H,(BX)=1111H。指令 MOV AX, BX 执行后,(AX)=

1111H,(BX)＝1111H。源操作数 BX 的内容被复制到 AX 寄存器内,源操作数 BX 的内容保持不变。

源操作数可以是寄存器、存储器或立即数;

目的操作数可以是寄存器、存储器。

图 2-3(a)列出了正确的数据传送方向。图中,I,R,M,S 分别代表立即数、寄存器、存储器、段寄存器操作数。

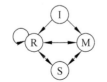 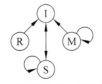

(a) 正确的数据传送操作　　　(b) 错误的数据传送操作

图 2-3　数据传送操作

MOV 指令的使用有如下限制:

(1) 源操作数与目的操作数可以是字节、字或双字,但必须具有相同的类型;

(2) 源操作数与目的操作数不能同时为存储器操作数;

(3) 目的操作数不能是立即数;

(4) FLAGS,EFLAGS,IP,EIP 不能用作操作数。

(5) 对于段寄存器作为操作数的 MOV 指令:

① 源操作数与目的操作数不能同时为段寄存器;

② 目的操作数是段寄存器时,源操作数只能是寄存器或存储器,不能是立即数;

③ CS 不能用作目的操作数。

假设变量 X_BYTE 用 DB 定义,变量 Y_WORD 用 DW 定义,它们所在段在 ASSUME 伪指令中与 DS 寄存器相对应。下面都是正确的传送指令:

```
MOV   AL,30H          ;字节传送指令,执行后 (AL)=30H
MOV   AX,30H          ;字传送指令,30H=0030H,执行后 (AX)=0030H
MOV   EAX,30H         ;双字传送指令,执行后 (EAX)=0000 0030H
MOV   AL,-5           ;字节传送指令,[-5]补=0FBH,执行后 (AL)=0FBH
MOV   AX,-5           ;字传送指令,[-5]补=0FFFBH,执行后 (AX)=0FFFBH
MOV   CX,DX           ;字传送指令,DX 寄存器内容送入 CX
MOV   AX,CS           ;字传送指令,CS 寄存器内容送入 AX
MOV   X_BYTE,30H      ;字节传送指令,执行后 (X_BYTE)=30H
MOV   [BX],AX         ;字传送指令,AL 内容送 DS:[BX],AH 内容送 DS:[BX+1]
MOV   CX,Y_WORD       ;字传送指令,存储单元 DS:[Y_WORD]内容送入 CL
                     ;存储单元 DS:[Y_WORD +1]内容送入 CH
MOV   DX,[SI]         ;字传送指令,DS:[SI]内容送入 DL,
                     ;DS:[SI+1]内容送入 DH
MOV   [BP],BL         ;字节传送指令,BL 寄存器内容送入 SS:[BP]处一个字节
```

使用立即数作为源操作数时,该立即数会按照目的操作数的类型进行扩展。如果立

即数本身没有符号,进行"零扩展";如果立即数本身有符号,进行"符号扩展"。

仍然假设变量 X_BYTE 用 DB 定义,变量 Y_WORD 用 DW 定义,下面是错误使用 MOV 指令的例子:

```
MOV   AX,X_BYTE                 ;类型不匹配
MOV   X_BYTE,[BX]               ;不允许同时为内存操作数
MOV   CS,AX                     ;CS 不允许作为目的操作数
MOV   DS,CS                     ;不允许同时为段寄存器
MOV   DS,2300H                  ;目的操作数为段寄存器时,源操作数不能为立即数
MOV   DS,DATA                   ;DATA 是已定义的数据段名,相当于立即数
MOV   AX,[DX]                   ;不能用 DX 进行存储器间接寻址
MOV   CL,300                    ;源操作数超出范围
MOV   [BX],20                   ;无法确定操作数类型
```

可以用"类型 PTR"指定,或强行改变操作数的类型:

```
MOV   BYTE PTR[BX],20H          ;1B 立即数 20H 送 DS:[BX]
MOV   WORD PTR[BX],20H          ;立即数 20H 送 DS:[BX],00H 送 DS:[BX+1]
MOV   DWORD PTR[BX],20H         ;4B 立即数 00 00 00 20H 送 DS:[BX]开始的 4B
MOV   BYTE PTR[Y_WORD],20H      ;立即数 20H 送字变量 Y_WORD 的第一字节
MOV   AL,BYTE PTR[Y_WORD]       ;字变量 Y_WORD 的第一字节送 AL 寄存器
MOV   WORD PTR[X_BYTE],20H      ;2B 立即数 00 20H 送变量 X_BYTE 开始的 2B
```

变量名一经定义,就已经具有明确的类型,要谨慎使用"类型 PTR 变量名"操作数。

MOV 指令执行之后,FLAGS/EFLAGS 寄存器内各标志位的状态不会发生变化。

2. LEA(load effective address,装载有效地址)指令

LEA 把源操作数的偏移地址装入目的操作数。它的一般格式如下:

```
LEA   REG16,MEM
```

REG16 表示一个 16b 通用寄存器,MEM 是一个存储器操作数。上面指令把存储器操作数的有效地址 EA 存入指定的 16 位寄存器。

假设变量 X 的偏移地址为 048CH,(EAX)=1020H,(EBP)=20H

```
LEA   DI,X                      ;执行后,(DI)=048CH
LEA   BX,4[EBP*2][EAX]          ;执行后,(BX)=4+20H×2+1020H=1064H
```

上面第一条指令等效于 MOV DI,OFFSET X,但是它们是两条不同的指令。

利用上面两条指令,可以编写简单的数据传送程序。

【例 2-1】 编写程序,把 4 个元素的字节数组 ARRAY 清零。

这个程序由一个数据段、一个代码段组成。

```
DATA   SEGMENT
ARRAY  DB   4 DUP (?)
DATA   ENDS
```

```
CODE    SEGMENT
   ASSUME    CS:CODE,DS:DATA
START: MOV   AX,DATA
       MOV   DS,AX
       MOV   ARRAY,0                    ;第一个元素清零
       MOV   ARRAY+1,0                  ;第二个元素清零
       MOV   ARRAY+2,0                  ;第三个元素清零
       MOV   ARRAY+3,0                  ;第四个元素清零
       MOV   AX,4C00H
       INT   21H
CODE   ENDS
       END   START
```

这个程序里,目的操作数使用直接地址的寻址方式,源操作数使用立即数。为了减少指令条数,也可以一次将两个元素同时清零:

```
MOV   WORD PTR ARRAY,0                  ;第一、第二个元素清零
MOV   WORD PTR ARRAY+2,0                ;第三、第四个元素清零
```

使用立即数使指令一目了然,但是也使得指令代码较长。可以把这个立即数事先存放在寄存器中:

```
MOV,  AX,0
MOV   WORD PTR ARRAY,AX                 ;第一、第二个元素清零
MOV   WORD PTR ARRAY+2,AX               ;第三、第四个元素清零
```

如果把数组 ARRAY 的首地址事先装入地址寄存器,则程序更简捷:

```
MOV   AX,0
LEA   BX,ARRAY                          ;数组 ARRAY 首地址装入 BX
MOV   WORD PTR [BX],AX                  ;第一、第二个元素清零
MOV   WORD PTR [BX+2],AX                ;第三、第四个元素清零
```

上面的程序里,BX 寄存器存放数组 ARRAY 的首地址,可以通过 BX 访问数组的各个元素。这种存放地址的寄存器或者存储单元称为**地址指针**或**指针**(pointer)。

【例 2-2】 编制程序,把字数组 X 的最后 2 个元素值送入 Y 数组对应单元。

```
DATA    SEGMENT
   X    DW    55,112,37,82
   Y    DW    4 DUP (?)
DATA    ENDS
CODE    SEGMENT
   ASSUME    CS:CODE,DS:DATA
START: MOV   AX,DATA
       MOV   DS,AX
       MOV   DI,4                       ;第三个元素在数组内的位移
       MOV   AX,X[DI]                   ;取出 X 数组第三个元素
```

```
        MOV  Y[DI],AX              ;送入 Y 数组第三个元素中
        MOV  AX,X[DI+2]           ;取出 X 数组第四个元素
        MOV  Y[DI+2],AX          ;送入 Y 数组第四个元素中
        MOV  AX,4C00H
        INT  21H
CODE    ENDS
        END  START
```

本例中对 X,Y 数组元素的寻址使用了寄存器相对寻址的方法,寄存器 DI 存放元素在数组内的相对位移。

2.2.4 其他传送指令

1. 地址传送指令 LDS,LES,LFS,LGS

地址传送指令从存储器取出 4B,前面的 2B 送入指令操作数指定的 16 位寄存器,后面的 2B 送入由指令操作码包含的段寄存器。指令格式如下:

```
LDS  REG16,MEM32            ;从存储器取出 4B,分别送入 REG16 和 DS 寄存器
LES  REG16,MEM32            ;从存储器取出 4B,分别送入 REG16 和 ES 寄存器
LFS  REG16,MEM32            ;从存储器取出 4B,分别送入 REG16 和 FS 寄存器
LGS  REG16,MEM32            ;从存储器取出 4B,分别送入 REG16 和 GS 寄存器
```

例如,指令 LDS SI,[BX]从 DS:[BX]处取出 32 位二进制,两个低地址字节送入 SI,两个高地址字节送入 DS 寄存器。指令执行后 DS 寄存器的内容被刷新。

这 4 条指令不影响标志位,LFS 和 LGS 指令是 80386 开始增加的。

2. 扩展传送指令 CBW,CWD,CWDE,CDQ,MOVZX,MOVSX

扩展传送指令把 8 位的操作数扩展为 16/32 位,或者把 16 位的操作数扩展为 32 位,然后送入目的寄存器。指令格式如下:

```
CBW              ;将 AL 寄存器内容符号扩展成 16b,送入 AX
CWD              ;将 AX 寄存器内容符号扩展成 32b,送入 DX(高位)和 AX(低位)
```

指令助记符 CBW 是 convert byte to word 的缩写,其余类似。这组指令主要用于有符号数除法前对被除数的位数进行扩展。

设有(AX)=8060H,下面指令分别执行后的结果如右侧所示:

```
CBW              ;(AX)=0060H
CWD              ;(DX)=0FFFFH,(AX)=8060H
```

下面指令是 386 新增的:

```
CWDE             ;将 AX 寄存器内容符号扩展成 32b,送入 EAX
CDQ              ;将 EAX 寄存器内容符号扩展成 64b,送入 EDX(高位)和 EAX
MOVZX    REG16/REG32,REG8/MEM8/REG16 /MEM16
                 ;将 8/16 位寄存器/存储器操作数零扩展,送入 16/32 位寄存器
```

```
MOVSX     REG16/REG32,REG8/MEM8/REG16 /MEM16
                          ;将 8/16 位寄存器/存储器操作数符号扩展,送入 16/32 位寄存器
```

设有(AX)=8060H,下面指令分别执行后的结果如右侧所示:

```
MOVZX  EBX,AX            ;(EBX)=0000 8060H
MOVSX  EBX,AX            ;(EBX)=0FFFF 8060H
MOVSX  EBX,AL            ;(EBX)=0000 0060H
```

3. 交换指令 XCHG,SWAP

XCHG 指令交换源、目的操作数的内容,要求两个操作数有相同的类型,而且不能同时为存储器操作数。指令格式如下:

```
XCHG   REG/MEM,REG/MEM
```

BSWAP 指令是 80486 新增的,它将 32 位寄存器的最高字节和最低字节、次高字节和次低字节相互交换。指令格式如下:

```
BSWAP  REG32
```

例如,(EAX)=12345678H,下面指令分别执行后的结果如右侧所示:

```
XCHG  AH,AL             ;(AX)=7856H
BSWAP EAX              ;(EAX)=78563412H
```

4. 换码指令 XLAT

换码指令用 AL 寄存器的内容查表,结果送回 AL 寄存器。要求表格的首地址事先存放在 DS:BX 中。指令格式如下:

```
XLAT                    ;AL←DS:[BX+AL]
XLAT   MEM16            ;以 MEM16 所在段的段基址,以 BX 为偏移地址查表
```

设(AL)=0000 1011B,下面程序执行后,AL 中的二进制数改变为对应的十六进制数字符的 ASCII 代码 0100 0010('B')。

```
TABLE   DB    "0123456789ABCDEF"
    ⋮
PUSH    DS                          ;保护 DS 寄存器内容
MOV     BX,SEG  TABLE               ;取 TABLE 所在的段基址送 BX
MOV     DS,BX                       ;从 BX 转送入 DS
LEA     BX,TABLE                    ;取 TABLE 的偏移地址
XLAT                                ;查表,(AL)=0100 1011B('B')
POP     DS                          ;恢复 DS 寄存器内容
```

2.2.5 堆栈

和数据段、代码段一样,堆栈(stack)也是用户使用的存储器中的一部分,它用来存放

一些临时性的数据和其他信息,例如函数使用的局部变量、调用子程序的入口参数、返回地址等。

1. 堆栈段结构

堆栈段的一般定义格式如下:

```
SSEG   SEGMENT   STACK
        DW        6 DUP(?)
SSEG   ENDS
```

在 SEGMENT 伪指令中增加 STACK 表示该段是堆栈。有了这项说明,操作系统在装入这个程序时,会自动地把 SSEG 的段基址置入 SS,堆栈段的字节数(本例中为 12＝0CH)置入 SP。

堆栈段和数据段、代码段的使用有以下不同。

(1) 从较大地址开始分配和使用(数据段、代码段从较小地址开始分配和使用)。

(2) 由 SP 中地址指出的存储单元称为栈顶,数据总是在栈顶位置存入(称为压入)、取出(称为弹出);

(3) 最先进入的数据最后被弹出(first in last out,FILO),最后进入的数据最先被弹出(last in first out,LIFO)

以上面的定义为例,堆栈的初始状态、装入、弹出数据后的状态如图 2-4 所示。

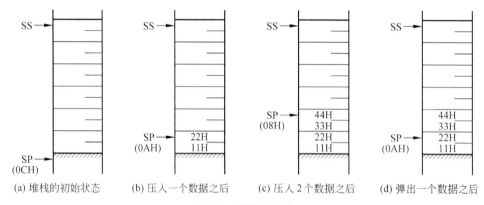

(a) 堆栈的初始状态　　(b) 压入一个数据之后　　(c) 压入 2 个数据之后　　(d) 弹出一个数据之后

图 2-4　堆栈段结构

堆栈尚未使用时,堆栈为空,栈顶和栈底处于相同的位置,由堆栈指针 SP 给出如图 2-4(a)。

对于 8086CPU,进、出堆栈只能是 2B 数据,对于 32 位 80x86CPU,进、出堆栈的数据可以是 2B 或者 4B。压入一个 2B 数据的操作为:

```
SP←(SP)－2
SS:[SP]←数据
```

例如,数据 1122H 压入堆栈后,如图 2-4(b),由 SP 指出的栈顶位置上移,(SP)＝000AH,SS:[SP]＝22H,SS:[SP+1]＝11H。

第二个数据 3344H 进栈后堆栈的状态如图 2-4(c)。

从堆栈弹出一个数据的操作如下：

目的操作数←SS:[SP]
SP←(SP)+2

如图 2-4(d)所示,弹出一个数据后,栈顶的位置下移,(SP)＝000AH,堆栈段存储器的内容其实并没有发生变化,但是从逻辑上可以认为,堆栈中只有一项数据:1122H。

如果程序规模较小(数据段、代码段总长度小于 64KB),也可以不定义堆栈段,操作系统把分配给用户程序的 64KB 存储器的底部用作堆栈。程序装入后,各段的位置和各段寄存器的初始值如图 2-5 所示。其中 PSP(**程序段前缀**,program segment prefix),固定占用 256B (100H),用于存放程序运行时的命令行参数和磁盘传输缓冲区。从图 2-5 也可以更清晰地理解为什么总是在程序的开始处装载 DS 或 ES 段寄存器。

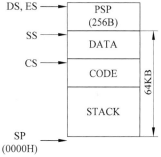

图 2-5　用户程序的内存分配

2. 8086CPU 堆栈指令

Intel 8086 是 16 位微处理器,它的堆栈指令只支持 2B 操作数。

(1) PUSH(压栈)指令。PUSH 指令把 16 位操作数压入堆栈。指令格式如下:

PUSH　REG16/MEM16/SEG

该指令的操作数可以是 16 位的寄存器、存储器、段寄存器。指令执行后,操作数的内容不变。该指令的执行不影响标志位。8086CPU 的 PUSH 指令不支持立即数操作数。

(2) POP(出栈)指令。POP 指令从堆栈中弹出 16 位存入操作数。指令格式如下:

POP　REG16/MEM16/SEG

该指令的操作数可以是 16 位的寄存器、存储器、段寄存器(CS 除外)。指令执行后,操作数的内容被更新。该指令的执行不影响标志位。

下面程序段把 CS 寄存器内容传入 DS:

PUSH　CS
POP　　DS

(3) PUSHF,POPF 标志寄存器压栈和出栈指令。PUSHF 指令把 FLAGS 寄存器内容压入堆栈,指令执行后,FLAGS 寄存器内容不变。指令格式如下:

PUSHF

POPF 指令从堆栈弹出 16 位送入 FLAGS 寄存器,显然,该指令执行后,各标志位被刷新。指令格式如下:

POPF

下面程序片段把 TF 标志位置位(置"1"):

```
PUSHF
POP    AX                  ;AX←Flags
OR     AX,0100H            ;将 b₈(TF 位)置"1"
PUSH   AX
POPF                       ;Flags←AX
```

(4) LAHF,SAHF 标志寄存器传送指令。

LAHF 指令格式如下:

```
LAHF
```

该指令把 FLAGS 寄存器的低 8 位送入 AH 寄存器,它的执行不影响标志位。

SAHF 指令格式如下:

```
SAHF
```

该指令把 AH 寄存器内容送入 FLAGS 寄存器的低 8 位,显然它的执行刷新了 SF,
ZF,AF,PF,CF 标志位。

3. 扩展的堆栈指令

后续的 80x86 微处理器增加了一些堆栈操作指令。

(1) PUSH 和 POP 指令。80386 开始的微处理器增加了 32 位的堆栈指令:

```
PUSH   REG32/MEM32         ;32 位寄存器、存储器操作数压入堆栈
POP    REG32/MEM32         ;从堆栈弹出 32 位二进制,送入操作数
PUSH   IMM                 ;把 16/32 位立即数压入堆栈
```

将立即数压入堆栈时,如果该立即数能够用 16 位二进制表述,则将这个立即数扩展
为 16 位(对于无符号数进行零扩展,对于有符号数进行符号扩展),用 16 位不够表述的立
即数扩展成 32 位压栈。

(2) PUSHA,PUSHAD,POPA,POPAD 指令。80286 开始的微处理器增加了在一
条指令中把 8 个通用寄存器压入、弹出堆栈的指令,压入的顺序是:AX、CX、DX、BX、SP、
BP、SI、DI。注意,其中的 SP 代表指令执行之前的值。弹出的顺序相反。80386 开始增
加了 8 个 32 位通用寄存器的入、出栈指令,顺序同上。指令格式如下:

```
PUSHA              ;把 8 个 16 位通用寄存器顺序压栈
POPA               ;从堆栈中弹出 8 个 16 位数据,顺序存入 16 位通用寄存器
PUSHAD             ;把 8 个 32 位通用寄存器顺序压栈
POPAD              ;从堆栈中弹出 8 个 32 位数据顺序存入 32 位通用寄存器
```

上述指令执行都不影响标志位。

(3) PUSHFD、POPFD 指令

这两条指令是 386 开始新增的,用于压入、弹出 32 位 EFLAGS 寄存器。

```
PUSHFD        ;把 32 位 EFLAGS 寄存器内容压入堆栈,原寄存器内容不变
POPFD         ;从堆栈中弹出 32 位,存入 EFLAGS 寄存器,寄存器内容被更新
```

2.2.6 操作数表达式

指令中的操作数,包括立即数和存储器操作数都可以用一个表达式来代替,这个表达式在汇编成目标的时候进行计算,它的结果用来产生目标代码。例如,设变量 X 的偏移地址为 1020H,汇编指令 MOV AL,X+5,把 X 的偏移地址 1020H 和 5 相加,得到结果 1025H,产生 MOV AL,[1025H]对应的机器指令代码。

1. 符号定义伪指令

可以用 EQU,=来定义一个符号,这个符号在后面的指令中使用。

符号定义伪指令的格式如下:

```
符号名   EQU    表达式
符号名   =      常数表达式
```

汇编时,对 EQU 定义的符号名用对应的表达式进行替换。例如,有以下定义:

```
NUM        EQU    215 MOD 15
ERR_MSG    EQU    "Data Override "
POINTER    EQU    BUFFER[DI]
WT         EQU    WORD PTR
```

下面是这些符号名使用的例子:

```
MESSAGE  DB    ERR_MSG             ;等价于 MESSAGE DB "Data Override "
         MOV   BX,POINTER          ;等价于 MOV   BX,BUFFER[DI]
         MOV   CX,NUM+1            ;等价于 MOV   CX,215 MOD 15+1
         MOV   WT POINTER,0        ;等价于 MOV   WORD PTR BUFFER[DI],0
```

使用等号'='定义符号名时,只能使用常数表达式,而且对一个符号名可以多次定义。一个新的定义出现后,原来的定义自动终止。例如:

```
TIMES=0
  ⋮
TIMES=TIMES+1
    ⋮
```

用 EQU 定义的符号名不允许重复定义。

将多次出现、不便记忆的常数或表达式定义为符号名,有助于提高程序的可读性和可靠性。这个常数或表达式内容需要修改时,只需要修改一条符号定义伪指令,不需要搜索整个程序多处修改它。两种符号定义有一个共同的规则:先定义,后使用。所以符号定义伪指令一般出现在源程序的首部。

2. 地址表达式

指令中的存储器操作数最终都是以偏移地址为结果,产生对应的**有效地址**(effective address,EA)。用于计算有效地址的地址表达式有 3 个运算符:+,-,[ ]。

+,-运算符对构成有效地址的各个分量进行加、减操作。仍然设变量 X 的偏移地址为 1020H,X+5 产生 EA=1025H,指令 MOV BL,X-10H 产生 EA=1010H。

[ ]称为索引运算符,用来括起组成有效地址的一个分量,各分量相加,得到最后的有效地址。例如,指令 MOV AX,2[BX][DI]等效于 MOV AX,[BX+DI+2],指令 MOV AX,BUFFER[BX][2]等效于 MOV AX,[BUFFER+BX+2]。

3. 立即数表达式

立即数表达式在汇编源程序时进行计算,它的结果用作指令中的立即数操作数。这种表达式中的运算对象必须是"已知"的,否则无法进行计算。用于产生立即数操作数的表达式有 4 类运算符:算术运算符、逻辑运算符、关系运算符、地址运算符。

(1) 算术运算符。算术运算符有+(相加)、-(相减)、*(相乘)、/(整除运算)、MOD(取余数)。运算优先级从高到低依次为:(*,/)→(MOD)→(+,-)。允许使用圆括号改变运算顺序。

例如,指令"MOV BX,32+13/6 MOD 3"中,表达式计算顺序是 32+((13/6)MOD 3),得到结果 34,该指令汇编后产生与"MOV BX,0022H"对应的机器指令代码。

(2) 逻辑运算符。逻辑运算符有 SHR(右移)、SHL(左移)、AND(逻辑与)、OR(逻辑加)、XOR(异或,半加)、NOT(逻辑非、取反)。例如 30 SHR 1 产生结果 15。

(3) 关系运算符。关系运算符用于两个数的比较,结果为"真(-1)"或"假(0)"。关系运算符有 GT(大于)、GE(大于或等于)、LT(小于)、LE(小于等于)、EQ(等于)、NE(不等于)。

例如,指令"MOV AX,6000H GE 5000H"中的表达式结果为"真",产生指令"MOV AX,0FFFFH"对应的机器代码。指令"MOV EAX,-3 GE 2"中的表达式结果为"假",产生指令"MOV EAX,0000 0000H"对应的机器代码。

(4) 地址运算符。地址运算符对变量名、标号、地址表达式进行计算,得到作为立即数的运算结果。

SEG 取地址表达式所在段的段基址。设变量 LIST 定义在 DATA 段中,下面 3 条指令都是把 DATA 段的段基址装入 AX:

```
MOV   AX,DATA              ;符号名 DATA 代表该段的段基址,是一个立即数
MOV   AX,SEG DATA          ;取 DATA 的段基址,结果是立即数
MOV   AX,SEG LIST          ;取 LIST 的段基址,结果是立即数
```

OFFSET 取地址表达式的偏移地址,下面两条指令进行了不同的操作:

```
MOV   AX,LIST              ;取出变量 LIST 第一个元素送入 AX
MOV   AX,OFFSET LIST       ;取出变量 LIST 的偏移地址送入 AX
```

TYPE,LENGTH,SIZE 这 3 个运算符仅仅对变量名、标号进行操作,分别用于取变量、标号的类型,取变量定义时的元素个数,取变量占用的字节数。例如:

```
X   DB   "ABCDE"               ;TYPE=1,LENGTH=1,SIZE=1
Y   DW   3 DUP(5),4 DUP(-1)    ;TYPE=2,LENGTH=3,SIZE=6
Z   DD   34,49,18              ;TYPE=4,LENGTH=1,SIZE=4
```

不同的汇编语言版本对上面例子的处理结果可能不同,本书以 Borland TASM 5.0 为例。

再次强调一下:上面所有的表达式都必须是汇编期间可以求值的。MOV AX,BX＋2 是一条错误的指令,汇编时将报告错误,原因在于 BX 的值是未知的,可变的,在汇编阶段无法进行相关的计算。需要把 BX 的值与常数 2 相加并存入 AX 的操作只能在程序执行阶段由以下两条指令完成:

```
MOV   AX,BX           ;BX 寄存器值存入 AX 寄存器
ADD   AX,2            ;AX 寄存器的值加上 2,结果存入 AX
```

2.3 汇编语言上机操作

汇编语言源程序编制完成后,在计算机上的操作过程分为 4 个阶段:编辑、汇编、连接、运行调试(图 2-6)。

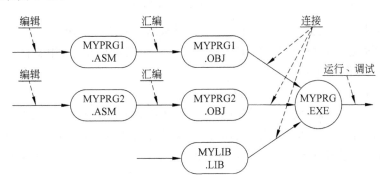

图 2-6 汇编语言上机操作过程

2.3.1 编辑

编辑阶段的主要任务如下:
(1) 输入源程序;
(2) 对源程序进行修改。

大多数的文字编辑软件都可以用来输入和修改汇编语言源程序,如记事本(notepad)、写字板(writer)、word 以及命令行方式下的 Edit。使用写字板、Word 软件时要注意,一定要用纯文本格式来储存源程序文件,否则无法汇编。产生的源程序文件应该以.ASM 或.TXT为扩展名。使用.ASM 扩展名可以简化后面的操作。

图 2-6 中,进行了两次编辑过程,分别产生了汇编语言源程序文件 MYPRG1.ASM 和 MYPRG2.ASM。

2.3.2 汇编

汇编阶段的任务是把汇编语言源程序翻译成为机器代码(称为目标),产生二进制的**目标文件**(Object file)。

常用的汇编工具是 Microsoft 公司的 MASM(Macro Assembler,宏汇编)和 Borland 公司的 TASM(Turbo Assembler),这两个软件使用方法十分相似。相比较而言,Borland 公司的调试软件 TD(Turbo Debugger)更适合初学者使用。本书以 Borland 公司的 TASM 5.0 版汇编软件包为例,介绍汇编语言的汇编、连接和运行调试。

假设已经产生了一个汇编语言源程序文件 MYPRG1.ASM,可以用如下命令进行汇编:

```
TASM  MYPRG1↙
```

该命令正确执行后,将产生一个同名的目标文件 MYPRG1.OBJ。

如果汇编语言源程序文件以.TXT 为扩展名,汇编时要使用这个文件的全称:

```
TASM   MYPRG1.TXT↙
```

完整的 TASM 命令行为:

```
TASM [OPTION] SOURCE [,OBJECT] [,LISTING] [,XREF]↙
```

其中用方括号括起的部分不是必需的,可以根据需要选择使用。

[OPTION]这一部分可以给汇编过程提供一些可选择的项目,用斜杠后面跟一个或几个字母表示。常用的选项有:

/ZI 产生用于程序调试的完整信息。

/L 产生同名的**列表文件**(list file)。这个文件存储了汇编过程产生的各种信息,包括目标的位置、内容以及出错信息等。有时候汇编过程会产生很多错误信息,甚至汇编结束后,第一行的信息已经被卷出屏幕。这时,用列表文件记录汇编中产生的错误信息是十分必要的。

[,OBJECT] 通常目标文件与源程序同名,也可以通过这个选项另外指定目标文件名。

[,LISTING] 可以用这个选项指定列表文件的名称。如果没有选择[,OBJECT],那么在选择这一项时要用两个逗号开始。

[,XREF] 这个选项用来产生交叉引用文件,它记录程序中每一个名字定义、引用的全部信息,供调试较大程序时参考。

例如,命令 TASM /ZI PRG.TXT ,PRG1,PRG1 ↙ 对源程序 PRG.TXT 进行汇编,产生名为 PRG1.OBJ 的目标文件和名为 PRG1.LST 的列表文件,同时产生程序调试所需要的完整信息(包含在目标文件 PRG1.OBJ 中)。

TASM 命令执行后,在屏幕上显示相关信息。如果包含了如下的两行信息:

```
Error messages:  None
Warning message: None
```

说明这个程序已经顺利地通过了汇编，没有发现错误。反之，则会显示错误和警告的个数，同时还会有错误所在行号以及错误的类型。例如，下面的信息：

```
**Error**  EX2.ASM(14)  Value out of range
   ⋮
Error messages:1
```

表示汇编源程序 EX2.ASM 第 14 行有数值超出范围的错误，程序的错误总数为 1。

关于 TASM 命令更详细的信息，可以通过输入入命令 TASM/? 获得。

图 2-6 中，对编辑产生的两个汇编语言源程序分别进行了汇编，产生了两个目标文件 MYPRG1.OBJ 和 MYPRG2.OBJ。

2.3.3 连接

汇编产生的目标文件还不能在计算机上运行，还需要经过连接，得到真正可以运行的可执行程序文件。

连接阶段主要完成的操作如下：

(1) 把子程序库中的子程序连接到程序中去；

(2) 把几个程序模块产生的目标文件连接成一个完整的可执行程序。

对于由单个程序文件组成的简单程序，以 EX2.OBJ 为例，连接的命令如下：

```
TLINK  EX2↙
```

该命令对目标文件 EX2.OBJ 进行连接操作，产生同名的可执行程序 EX2.EXE。如果程序里没有定义堆栈段，连接过程会产生警告信息 No stack。如果程序比较小，这个警告信息不影响连接产生的可执行程序的使用。

与汇编过程类似，也可以在 TLINK 命令中增加一些选择项，常用的选择项是：

/t 产生.COM 格式的可执行程序；

/3 使用 32 位寻址方式(例如，出现指令 MOV [2*EAX−2],BX 时)，需要增加这个选项；

/v 产生的可执行程序包含全部的符号调试信息。使用/v 选项需要在汇编时已经使用过/ZI 选项，否则该选项不起作用。

关于 TLINK 命令更详细的信息，可以通过输入命令 TLINK/? 获得。

图 2-6 中，目标文件 MYPRG1.OBJ，MYPRG2.OBJ 和子程序库文件 MYLIB.LIB 中的部分子程序被连接成为一个可执行程序 MYPRG.EXE。连接命令为：

```
TLINK MYPRG1+MYPRG2,MYPRG ,,MYLIB↙
```

2.3.4 运行和调试

由 TLINK 产生的.EXE 或者.COM 文件可以直接执行。例如，下面的命令：

```
MYPRG↙
```

将直接执行程序 MYPRG. EXE,扩展名. EXE 可以省略。但是,如果同时存在文件 MYPRG. EXE 和 MYPRG. COM,那么,上面的命令将执行程序 MYPRG. COM 而不是 MYPRG. EXE。需要执行程序 MYPRG. EXE 时,需要在命令行输入它的全名。

一个简单的汇编语言程序常常不包含输出结果的相关指令,这使得操作者无法看到程序的运行结果。有的程序虽然能够运行,但是不能得到预想的结果。发生以上两种情况之一的,需要对程序进行“调试”。所谓调试,就是在操作者的控制下执行这个程序,观察程序每个阶段的执行结果,或者修改参数反复运行程序,查找出程序中还存在的不正确的地方,或者,验证程序的正确性。

TASM 5.0 软件包中,用于程序调试的软件称为 TD(Turbo Debugger)。以本章例 2-1(文件名 EX201. EXE)为例,程序的调试命令为:

```
TD   EX201↙
```

该命令将弹出如图 2-7 所示的窗口。

除了常见的标题栏、菜单栏、状态栏,窗口的中央包含 5 个子窗口。

(1) CPU 子窗口。位于各窗口的左上方,占用面积最大,各列分别显示代码段的地址、内容、对应的符号指令(由代码段中的二进制机器指令反汇编得到)。

CPU 窗口的第一行 CS:0000 ▶ B8DE0A mov ax,0ADE 表示位于代码段偏移地址 0000H 处 3B 内容为 B8DE0A,它是符号指令 mov ax,0ADE 对应的“机器指令”。其中的 0ADE 是操作系统分配给数据段 DATA 的段基址,所以这条指令就是由源程序中的指令 MOV AX,DATA 汇编成机器指令,然后又由 TD 反汇编而来的。CS:0000 后面的三角符号表示这条指令由 CS:IP 指向,即将执行。

(2) 数据子窗口:位于 CPU 子窗口的下方,显示部分存储器的内容。各列分别显示地址   内容   内容   等,最右侧是把存储器内容解释为 ASCII 码后的对应字符。存储器的内容以字节为单位,用两位十六进制数表示。操作者可以指定该窗口显示的内存区域,也可以修改其中的内容。图 2-7 中该子窗口的内容是 PSP 段的部分内容(参考图 2-5)。

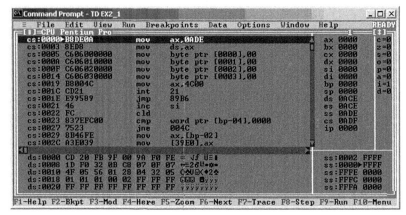

图 2-7　TD 运行界面

（3）寄存器子窗口。位于 CPU 子窗口的右侧，显示 CPU 内各寄存器内容。可以选择显示 16 或 32 位寄存器的内容，它们的内容可以由操作者修改。

（4）标志位子窗口。位于寄存器子窗口右侧，显示 FLAGS 寄存器内各标志位的当前值。

（5）堆栈子窗口：位于整个窗口的右下侧，显示堆栈段栈顶附近各单元的地址和当前值，黑色三角表示当前栈顶位置。

用 F5 键可以把当前子窗口充满整个 TD 窗口。按 Alt＋Enter 键可以把 TD 窗口扩展为全屏幕。在全屏幕方式下，可以用鼠标进行各项操作。

除了上述子窗口以外，用户还可以打开其他的子窗口，例如，另一个存储器子窗口（同时显示另一段存储器的当前值）、数值协处理器内的寄存器子窗口等。

需要对某个窗口进行操作时，首先要选中这个窗口，方法是在全屏幕方式下用鼠标单击，或者用 F6 键选择。在全屏幕方式下，在这个窗口里右击，会弹出一个菜单，其中包含了最常用的操作命令。

例如，在数据子窗口右击，在弹出的菜单里选择"GOTO…"项，可以重新设定这个窗口的显示区域。

各窗口的内容都可以由操作者进行修改。例如：

在 CPU 子窗口中鼠标单击指定的位置，然后在键盘上输入符号指令或者数据定义伪指令，可以把一条或多条指令，或者一项或多项数据写入所选择的位置。其中，符号指令被汇编成机器指令存入，数据按定义的格式用补码、无符号数或 ASCII 码存入。

在数据、寄存器、堆栈子窗口，用鼠标单击指定的位置，此后键盘上输入的内容就会取代该位置上原来的内容，实现修改的目的。

窗口的最底行显示了当前可以使用的功能键供用户选择。

F7/F8：单步运行（每次执行一条指令），F4：运行到光标处，F9：连续运行。

以上面的 EX2_1.EXE 为例，调试过程如下。

（1）按两次 F7 键，从寄存器窗口可以看到，DATA 的段基址 0ADEH 已经先后装入 AX 和 DS 寄存器。

（2）单击选中数据窗口，右击该窗口，在命令菜单中选择"GOTO…项，在该命令的对话框中输入"DS:0"，数据窗口显示 DATA 段的内容。可以看到，从 DS:0000 开始的 4B 内容均为"FF"，它们是 ARRAY 数组各元素的初始值。

（3）先后按 4 次 F7 键，从数据窗口可以看到，数组 ARRAY 的元素逐个被清零。

（4）按 2 次 F7 键，会弹出一个对话窗口，表示程序运行结束。本程序的调试也到此结束。

上面的程序调试使用了两种最基本的方法：

（1）单步执行程序；

（2）观察每条指令运行的结果。

后面的章节里，还将继续介绍程序调试的方法。

习题二

2.1 某数据段内有如下数据定义：

```
X    DB   30,30H,'ABC',2-3,?,11001010B
     DW   0FFH,-2,"CD"
Y    DD   20 DUP(15,3 DUP(?),0)
Z    DB   3 dup(?)
W    DW   Z-X
```

假设变量 X 的偏移地址为 20H。

(1) 按照图 2-1 的格式写出变量 X 各数据在内存中的具体位置和相关内存单元的值。

(2) 写出变量 Y,Z 的偏移地址。

(3) 写出变量 W 的值。

2.2 80x86 指令系统有哪几种类型的指令操作数？比较使用不同类型操作数后的指令长度和指令执行时间。

2.3 下列指令的源操作数段基址在哪个段寄存器中？

(1) MOV AX,[BP][SI]　　　　　　(2) MOV AX,CS：8[DI]

(3) MOV AX,2[EBP＊1]　　　　　　(4) MOV AX,FS：4[ESP]

(5) MOV AX,2[EBP][EAX]　　　　　(6) MOV AX,[ECX][EBP＊4]

(7) MOC AX,[EDX][EBP]　　　　　(8) MOV AX,ES：10[EBP][EAX＊2]

2.4 判断下列指令是否正确。若不正确,指出错误原因。

(1) MOV AX,[EBX]　　　　　　　　(2) MOV SI,DL

(3) MOV EBP,[ESP][EAX＊3]　　　　(4) LEA AX,3006H

(5) MOV [BP][DI],0　　　　　　　(6) MOV [SI],[DI]

(7) MOV ES,1000H　　　　　　　　(8) MOV　AX,X＋2

(9) MOV AX,CX＋2　　　　　　　　(10) MOV　[EAX][EAX＊2],AL

2.5 现有(DS)＝2000H ,(BX)＝0100H,(SI)＝0002H,(20100H)＝12H,(20101H)＝34H,(20102H)＝56H,(20103H)＝78H,(21200H)＝2AH,(21201H)＝4CH,(21202H)＝0B7H,(21203H)＝65H,说明下列指令执行后 AX 寄存器的内容。

(1) MOV AX,1200H　　　　　　　　(2) MOV AX,BX

(3) MOV AX,[1200H]　　　　　　　(4) MOV AX,[BX]

(5) MOV AX,1100H[BX]　　　　　　(6) MOV AX,[BX][SI]

(7) MOV AX,1100H[BX][SI]

2.6 已经定义字符串 MYSTRING 如下：

```
MYSTRING  DB  'A Sample for addressing.'
```

用适当的指令把这个字符串的第 5,12 个字符(注：第 0 个字符是'A')送入 BX 寄存器。

2.7 下面两条指令的功能有什么区别？

```
MOV  AX,BX
MOV  AX,[BX]
```

2.8 已经定义数据段如下：

```
DATA  SEGMENT
  NUM =56
  X   DB  NUM
  Y   DB  27
  Z   DW  148
DATA  ENDS
```

指出下列指令中的错误：

(1) MOV Y,X   (2) MOV BL,04B8H

(3) MOV AL,Z   (4) MOV [BX],3

(5) MOV [BX],[DI]   (6) MOV DS,DATA

(7) MOV NUM,AX   (8) MOV ES,DS

(9) MOV AX,FLAGS   (10) MOV CS,AX

2.9 用适当的指令，把下面字符串 STRING 中的"&"字符用空格代替。

```
STRING  DB  "The Date is FEB&03"
```

数据运算与输入输出

数值计算是计算机的一项基本功能。本章学习算术运算指令、表达式计算、基本循环结构程序、控制台输入输出。本章的学习重点是：数值计算与标志位；指针的使用；循环程序基本结构；输入输出与数制转换。

3.1 算术运算

计算机内的数值数据有定点数和浮点数两大类,本节介绍定点整数的算术运算。

3.1.1 加法指令

有三条基本的加法指令：

(1) ADD(Addition)：加法指令。

格式：

```
ADD   目的操作数,源操作数
```

功能：目的操作数←目的操作数＋源操作数。

目的操作数：8 位、16 位、32 位的寄存器或存储器。

源操作数：与目的操作数同类型的寄存器、存储器或立即数。

例：

```
ADD   AX,SI               ;AX←(AX)+(SI),16位运算
ADD   X,3                 ;X←(X)+3,运算位数由 X 的类型确定
ADD   [EBX],EDX           ;DS:[EBX]←DS:[EBX]+EDX,32位运算
```

下面的指令无法确定操作数的类型,汇编时将报告错误：

```
ADD   [SI],5              ;两个操作数都没有明确类型
```

如果目的操作数是 DS：[SI]指向的字节存储单元,可以修改如下：

```
ADD   BYTE PTR [SI],5
```

说明：

加法指令执行后，CPU 的状态标志 CF,OF,ZF,SF,PF,AF 按照运算结果被刷新；

操作数可以是 8 位、16 位或 32 位，源操作数与目的操作数应该有相同的类型，不能同时为内存操作数。

（2）ADC(Addition with Carry)：带进位的加法指令。

格式：

ADC   目的操作数,源操作数

功能：目的操作数←目的操作数＋源操作数＋CF。

目的操作数：8 位、16 位、32 位的寄存器或存储器。

源操作数：与目的操作数同类型的寄存器、存储器或立即数。

说明：

该指令对标志位的影响、对操作数的要求与 ADD 指令相同；

主要用于两个数据分段相加时高位的加法运算。

【例 3-1】 $X=33445566778899AAH,Y=123456789ABCDEF0H$，计算 $Z=X+Y$。

对上面的两个数据进行分段相加。假设对应的数据段已经定义，变量 X,Y,Z 用 DQ 定义，可以编写程序如下：

```
MOV   EAX,DWORD PTR X              ;取 X 的低 32 位,送入 EAX
ADD   EAX,DWORD PTR Y              ;X,Y 的低 32 位相加,结果在 EAX
                                   ;(EAX)=778899AAH+9ABCDEF0H=1245789AH,CF=1
MOV   DWORD PTR Z,EAX              ;低 32 位的和送 Z 的低 32 位
MOV   EAX,DWORD PTR X+ 4           ;取 X 的高 32 位,送入 EAX
ADC   EAX,DWORD PTR Y+ 4           ;X、Y 的高 32 位及低 32 位的进位相加
                                   ;(EAX)=33445566H+12345678H+CF=4578ABDFH,CF=0
MOV   DWORD PTR Z+ 4,EAX           ;高 32 位的和送 Z 的高 32 位
```

程序运行完毕：$Z=4578ABDF1245789AH,CF=0$。

【例 3-2】 用 A,B,C 表示 8 位无符号数,求它们的和,送入 SUM。

3 个 8 位无符号数的和可能超过 255,它们的和应保留为 16 位。

```
MOV   AL,A              ;取第一个数
MOV   AH,0              ;高 8 位清零,第一个数"零扩展"为 16 位
MOV   DL,B              ;取第二个数
MOV   DH,0              ;把第二个数"零扩展"为 16 位
ADD   AX,DX             ;加第二个数
MOV   DL,C              ;取第三个数,高 8 位已经为 0
ADD   AX,DX             ;加第三个数
MOV   SUM,AX            ;保存三个数的和
```

这个问题的解决还有另一种选择：

```
MOV   AL,A              ;取第一个数
MOV   AH,0              ;高 8 位清零,准备存放和的高 8 位
```

```
ADD   AL,B               ;加第二个数
ADC   AH,0               ;如果有进位,存入 AH
ADD   AL,C               ;加第三个数
ADC   AH,0               ;如果有进位,加入 AH
MOV   SUM,AX             ;保存三个数的和
```

注意:上面的方法仅限于无符号数,有符号数据的处理方法请看下例。

【例 3-3】 用 P,Q,R 表示 8 位有符号数,求它们的和,送入 TOTAL。

3 个 8 位有符号数的和可能大于 127,或者小于 -128,它们的和应保留为 16 位。

```
MOV   AL,P               ;取第一个数
CBW                      ;扩展为 16 位
MOV   DX,AX              ;第一个数转存入 DX
MOV   AL,Q               ;取第二个数
CBW                      ;扩展为 16 位
ADD   DX,AX              ;加第二个数
MOV   AL,R               ;取第三个数
CBW                      ;扩展为 16 位
ADD   DX,AX              ;加第三个数
MOV   TOTAL,DX           ;保存三个数的和
```

由于 CBW 指令进行 8 位有符号数向 16 位的扩展限定使用 AL 和 AX 寄存器,上面程序用 DX 寄存器存放 3 个数的和。

使用 32 位 80x86 CPU 的 MOVZX,MOVSX 可以简化上面的程序,读者不妨一试。

(3) INC(Increment):增量指令。

格式:

```
INC   目的操作数
```

功能:目的操作数←目的操作数+1。

目的操作数:8 位、16 位、32 位的寄存器或存储器。

例:

```
INC   EBX                ;EBX←(EBX)+1,32 位运算
INC   X                  ;X←(X)+1,运算位数由 X 的类型确定
INC   WORD PTR [BX]      ;DS:[ BX] ←DS:[ BX]+1,16 位运算
```

说明:

增量指令执行后,CPU 的状态标志 OF,ZF,SF,PF,AF 按照运算结果被刷新,但是 CF 标志不受影响;

增量指令常常用来修改计数器和存储器指针的值。

3.1.2 减法指令

这里先介绍 4 条基本的减法指令,CMP(比较)指令留在以后介绍。

(1) SUB(Subtract)：减法指令。

格式：

SUB 目的操作数,源操作数

功能：目的操作数←目的操作数－源操作数。

目的操作数：8 位、16 位、32 位的寄存器或存储器。

源操作数：与目的操作数同类型的寄存器、存储器或立即数。

例：

```
SUB   EAX,ESI              ;EAX←(EAX)-(ESI),32 位运算
SUB   Y,20H                ;Y←(Y)-20H,运算位数由 Y 的类型确定
SUB   WORD PTR [BP],5      ;SS:[BP]←SS:[BP]-5,16 位运算
```

说明：该指令对标志位的影响、对操作数的要求与 ADD 指令相同。

(2) SBB(Subtract with Borrow)：带借位的减法指令。

格式：

SBB 目的操作数,源操作数

功能：目的操作数←目的操作数－源操作数－CF。

目的操作数：8 位、16 位、32 位的寄存器或存储器

源操作数：与目的操作数同类型的寄存器、存储器或立即数。

说明：

该指令对标志位的影响、对操作数的要求与 ADD 指令相同；

主要用于两个数据分段相减时高位数据的减法运算。

(3) DEC(Decrement)：减量指令。

格式：

DEC 目的操作数

功能：目的操作数←目的操作数－1。

目的操作数：8 位、16 位、32 位的寄存器或存储器。

例：

```
DEC   CX                   ;CX←(CX)-1,16 位运算
DEC   X                    ;X←(X)-1,运算位数由 X 的类型确定
DEC   DWORD PTR [DI]       ;DS:[DI]←DS:[DI]-1,32 位运算
```

说明：

减量指令执行后,CPU 的状态标志 OF,ZF,SF,PF,AF 按照运算结果被刷新,但是 CF 标志不受影响；

减量指令常常用来修改计数器和存储器指针的值。

(4) NEG(Negate)：求补指令。

格式：

NEG 目的操作数

功能：目的操作数←0-目的操作数。

目的操作数：8位、16位、32位的寄存器或存储器。

例：

```
NEG   Z                    ;Z←-Z,运算位数由 Z 的类型确定
```

由于有符号数均使用补码表示,所以该指令的操作等效于：

目的操作数←[目的操作数]$_{求补}$

3.1.3　乘法和除法指令

(1) MUL(Unsigned Multiplication)：无符号数乘法

格式：

```
MUL   源操作数
```

源操作数：8位、16位、32位的寄存器或存储器。

功能：

8位源操作数时：AX←(AL)×源操作数。

16位源操作数时：DX,AX←(AX)×源操作数；

32位源操作数时：EDX,EAX←(EAX)×源操作数。

说明：

两个 N 位操作数相乘,得到 $2N$ 位的乘积；

如果乘积的高 N 位为 0,则 CF＝OF＝0,否则 CF＝OF＝1。其余标志位无意义。

(2) IMUL(signed integer multiplication)：有符号数乘法。

这条指令有三种格式。

① 格式1：

```
IMUL   源操作数
```

源操作数：8位、16位、32位的寄存器或存储器。

功能：

8位源操作数时：AX←(AL)×源操作数；

16位源操作数时：DX,AX←(AX)×源操作数；

32位源操作数时：EDX,EAX←(EAX)×源操作数。

说明：

两个 N 位操作数相乘,得到 $2N$ 位的乘积；

源操作数不能为立即数；

如果乘积高 N 位为低 N 位的符号扩展,则 CF＝OF＝0,否则 CF＝OF＝1,其余标志位无意义。

相同的两组二进制代码分别用 MUL 和 IMUL 运算,可能得到不同的结果：

例如：

(AL)＝0FFH,(X)＝2

```
MUL   X                    ;(AX)=01FEH,(255×2=510)
IMUL  X                    ;(AX)=0FFFEH,(-1×2=-2)
```

② 格式 2：

```
IMUL   目的操作数,源操作数
```

目的操作数：16 位或 32 位的寄存器。

源操作数：与目的操作数相同类型的寄存器、存储器或立即数。

功能：目的操作数←目的操作数×源操作数。

说明：

两个 N 位操作数相乘,得到 N 位(注意,不是 $2N$ 位)的乘积,

本指令的操作数不能为 8 位。

例：

```
IMUL  AX,BX                ;AX←(AX)×(BX),两个 16 位数相乘,得到 16 位积
IMUL  EDX,VERB             ;EDX←(EDX)×(VERB),变量 VERB 用 DD 定义
IMUL  EDX,3                ;EDX←(EDX)×0000 0003H
```

③ 格式 3：

```
IMUL   目的操作数,源操作数 1,源操作数 2
```

目的操作数：16 位或 32 位的寄存器。

源操作数 1：与目的操作数相同类型的寄存器或存储器。

源操作数 2：与目的操作数相同类型的立即数。

功能：目的操作数←源操作数 1×源操作数 2

说明：

两个 N 位操作数相乘,得到 N 位的乘积;

本指令的操作数不能为 8 位。

例：

```
IMUL  AX,BX,-5             ;AX←(BX)×(-5),16 位数相乘,得到 16 位积
IMUL  EDX,X,300           ;EDX←(X)×300,X 必须为双字变量,32 位数相乘
```

对于 IMUL 指令,除 8 位、16 位的单操作数指令外,其余均为 286 或 386 新增的,需要在程序的首部用 .386 加以声明。

(3) DIV(unsigned division)：无符号除法。

格式：

```
DIV   源操作数
```

源操作数：8 位、16 位、32 位的寄存器或存储器。

功能：

8 位源操作数时：(AX)÷源操作数,AL←商,AH←余数;

16 位源操作数时：(DX,AX)÷源操作数,AX←商,DX←余数;

32 位源操作数时：（EDX,EAX）÷源操作数,EAX←商,EDX←余数。

说明：

两个 N 位操作数相除,应首先把被除数零扩展为 $2N$ 位;

例如,要进行除法（AX）÷（BX）,假设 AX、BX 内均为无符号数：

```
MOV   DX,0          ;32 位被除数高 16 位清零
DIV   BX            ;(DX,AX)÷BX,AX←商,DX←余数
```

如果（$2N$ 位）÷（N 位）的商大于 2^N-1,会产生除法溢出错误。

源操作数不能为立即数。

例如,要进行除法（AX）÷5,首先应确定是 16 位÷8 位还是 32 位÷16 位;

如果能确定（AX）÷5 的商小于 255,可以执行 16 位÷8 位除法;

```
MOV   BL,5     ;除数存入 BL 寄存器
DIV   BL       ;16 位÷8 位,AL←商,AH←余数
```

如果不能确定（AX）÷5 的商小于 255,可以执行 32 位÷16 位除法;

```
MOV   BX,5          ;除数存入 BX 寄存器
MOV   DX,0          ;32 位被除数高 16 位清零
DIV   BX            ;(DX,AX)÷BX,AX←商,DX←余数
```

（4）IDIV（signed integer division）：有符号数除法。

格式：

```
IDIV   源操作数
```

源操作数：8 位、16 位、32 位的寄存器或存储器。

功能：

8 位源操作数时：（AX）÷源操作数,AL←商,AH←余数。

16 位源操作数时：（DX,AX）÷源操作数,AX←商,DX←余数。

32 位源操作数时：（EDX,EAX）÷源操作数,EAX←商,EDX←余数。

说明：

两个 N 位操作数相除,应首先把被除数符号扩展为 $2N$ 位;

例如,要进行除法（AX）÷（BX）：

```
CWD            ;被除数 AX 符号扩展到 DX,AX
IDIV   BX      ;(DX,AX)÷(BX),AX←商,DX←余数
```

两个有符号数相除,余数与被除数同号：

```
-10   IDIV   -3：商=3,余数=-1
-10   IDIV   3 ：商=-3,余数=-1
```

如果（$2N$ 位）÷（N 位）的商大于 $2^{N-1}-1$ 或者小于 -2^{N-1},会产生除法溢出错误。

源操作数不能为立即数;

相同的两组二进制代码分别用 DIV 和 IDIV 运算,可能得到不同的结果。

例如：$(AX)=0FFFFH,(CL)=1$,进行 16 位÷8 位运算：

```
DIV  CL          ;0FFFFH÷1= 0FFFFH,产生除法溢出
IDIV CL          ;(AL)=0FFH,(AH)= 0(-1÷1= -1……0)
```

3.1.4 表达式计算

使用上述指令可以进行整数表达式的计算。与高级语言程序不同的是,必须由程序员按照各级运算符的优先级,合理地安排计算次序和数据类型。

【例 3-4】 用 A、B、C、D 表示有符号字变量,计算：$Z=\dfrac{A+B}{2}+\dfrac{3(B+C)}{A-C}$。

首先确定计算顺序如下：

$A+B \rightarrow (A+B)/2 \rightarrow$ 暂存中间结果；

$A-C \rightarrow$ 暂存中间结果；

$B+C \rightarrow (B+C)*3 \rightarrow (B+C)*3/(A-C) \rightarrow (B+C)*3/(A-C)+(A+B)/2 \rightarrow$ 保存最终结果。

可以看出,上面的运算顺序与表达式的书写顺序有所不同。

其次,确定各次运算的数据类型：

$A+B$ 扩展为 32 位,$(A+B)/2$ 结果为 16 位；

$(B+C)*3$ 结果为 32 位,$A-C$ 结果为 16 位,$(B+C)*3/(A-C)$ 结果为 16 位,最终结果为 16 位。

用汇编语言编写程序如下：

```
MOV   AX,A         ;取操作数 A
ADD   AX,B         ;进行运算"A+B"
CWD               ;把被除数扩展为 32 位,有符号数用符号扩展
MOV   BX,2         ;除数转入寄存器
IDIV  BX          ;进行运算 (A+B)/2,有符号数除法
MOV   BX,AX        ;把商转存到 BX,AX 留作下次乘、除法使用
MOV   CX,A         ;取分母第一个操作数
SUB   CX,C         ;进行运算"A-C",保存在 CX 内
MOV   AX,B         ;取分子第一个操作数
ADD   AX,C         ;进行运算"B+C"
MOV   DX,3         ;乘数转入寄存器
IMUL  DX          ;进行运算 (B+C)*3,有符号数乘法
IDIV  CX          ;进行运算 (B+C)*3/(A-C),有符号数除法
ADD   AX,BX        ;进行运算 (B+C)*3/(A-C)+(A+B)/2
MOV   Z,AX         ;保存最终结果
```

上面的程序不包含输出部分,因此直接运行无法观察到运行结果,需要通过 TD 来运行该程序：

用 TD 调出可执行程序；

对照源程序,找出变量 Z 的存储地址；

单步或连续运行程序,直到指令 MOV　Z,AX 被执行;

在数据窗口中观察运行结果。

3.2　循环

程序的重复执行称为**循环**(loop)。使用循环可以重复利用一段代码,完成较为复杂的功能,充分发挥计算机高速、自动运行的特点。

3.2.1　基本循环指令

格式:

```
LOOP   标号
```

功能:CX←(CX)−1。

如果(CX)≠ 0,转向"标号"处执行,否则执行下一条指令。

说明:

LOOP 可以改变指令的执行次序,称为**控制指令**;

LOOP 指令使一段程序重复地执行,称为循环。重复执行的次数由 CX 寄存器中的值决定。CX 寄存器因此也称为"**计数器**"。

例:

```
    MOV  CX,10
L1: ...                ;需要重复执行的若干条指令
    ⋮
    LOOP  L1
```

上面的程序将 L1 到 LOOP 指令之间的一段程序重复执行 10 次。指令 MOV　CX,10 称为装载循环计数器,应在循环之前完成。

如果将上面的程序写成如下的情形:

```
L1:  MOV  CX,10
     ...              ;重复执行的若干条指令
     ⋮
     LOOP  L1
```

这个程序将无限制地运行下去,称为死循环,显然这不是希望见到的。

3.2.2　程序的循环

利用 LOOP 指令,可以使一段程序反复执行。这样,程序和指令的利用率得到提高。但是,完成这些功能花费的时间并没有因此缩短。

【例 3-5】　用循环的方法,将字节数组 ARRAY 的 20 个元素清零。

```
DATA    SEGMENT
```

```
       ARRAY   DB   20 DUP(?)              ;定义数组 ARRAY
DATA    ENDS
CODE    SEGMENT
        ASSUME   DS:DATA,CS:CODE
START: MOV       AX,DATA
       MOV       DS,AX
       LEA       BX,ARRAY                  ;把数组 ARRAY 首地址装入 BX
       MOV       CX,20                     ;装载循环计数器的初始值
ONE:   MOV       BYTE PTR[BX],0            ;把数组 ARRAY 的一个元素清零
       INC       BX                        ;修改 BX 的值,为下一次操作做准备
       LOOP      ONE                       ;计数循环
       MOV       AX,4C00H
       INT       21H
CODE    ENDS
        END       START
```

上面程序里,BX 存放数组元素的地址,称为**指针**,每次使用后,要及时修改它的值(地址),以便下一次使用。同样原因,装载 BX 初值(ARRAY 数组首地址)的指令也要放在循环开始之前。

把上面程序部分内容修改如下:

```
       MOV   CX,10                 ;装载循环计数器的初始值
ONE:   MOV   WORD PTR[BX],0        ;把数组 ARRAY 的两个元素清零
       INC   BX                    ;修改 BX 的值,为下一次操作做准备
       INC   BX
       LOOP ONE                    ;计数循环
```

经过这样修改,程序变长了,但是重复执行的次数减少了,总的执行时间缩短了。

还可以进一步作如下修改:

```
       MOV   CX,10                 ;装载循环计数器的初始值
       MOV   AX,0                  ;
ONE:   MOV   [BX],AX               ;把数组 ARRAY 的两个元素清零
       INC   BX                    ;修改 BX 的值,为下一次操作做准备
       INC   BX
       LOOP ONE                    ;计数循环
```

程序又一次变长了,但使用 8086CPU 时执行时间会进一步缩短,这是因为指令 MOV [BX],AX 长度为 2B,指令 MOV WORD PTR[BX],0 长度为 4B,前者执行时所耗费的取指令时间和执行时间都短于后者。在编制对时间、空间特别敏感的程序时,需要适当考虑类似的细节。不同指令的代码长度和执行时间,可以参考相关资料。

3.2.3　数据的累加

编制程序时,经常会遇到求若干个数据的和的问题。它的基本方法是,安排一个容器(例如:寄存器),将它清零;把需要求和的数据逐个加入这个容器;加法结束时,容器中的

数据就是这些数据的和。把数据不断加入同一个容器的过程称为**累加**,这个容器称为**累加器**(accumulator)。

【例 3-6】 LIST 是一个 10 个元素的无符号字数组,用循环的方法求它的所有元素的和。

```
DATA    SEGMENT
        LIST    DW  20,25,70,15,200,30,75,108,90,36      ;定义数组 LIST
        SUM     DW  ?                                     ;SUM 存放累加和
DATA    ENDS
CODE    SEGMENT
        ASSUME  DS:DATA,CS:CODE
START:  MOV     AX,DATA
        MOV     DS,AX
        MOV     BX,0                                      ;BX 是数组元素在数组内的位移,初值 0
        MOV     CX,10                                     ;装载循环计数器的初始值
        MOV     AX,0                                      ;累加器 AX 清零
ONE:    ADD     AX,LIST[BX]                               ;把数组 LIST 的一个元素加入 AX 中
        INC     BX                                        ;修改 BX 的值,为下一次操作做准备
        INC     BX
        LOOP    ONE                                       ;计数循环
        MOV     SUM,AX                                    ;保存结果(累加和)
        MOV     AX,4C00H
        INT     21H
CODE    ENDS
        END     START
```

程序的主体部分分为三段。

(1) **循环准备阶段**。包括向累加器、计数器、指针赋初值,它们出现在循环开始之前,每条指令只执行一次。

(2) **循环阶段**。包括数据累加、修改指针、循环计数和控制三项操作。每条指令重复执行 10 次。这部分的程序也被称为“**循环体**”。

(3) **循环结束处理阶段**。保存数据的累加和。这条指令在循环结束后执行,只执行一次。

大多数的循环程序都具有上面叙述的 3 个阶段。

10 个 16 位的无符号数的和可能会超过 16 位的表示范围。如果具体数据表现出有这种可能性,就应该扩大累加器的位数。可以把上面程序部分修改如下:

```
        SUM  DD   ?
             ⋮
        MOV  AX,0                  ;累加器低位 AX 清零
        MOV  DX,0                  ;累加器高位 DX 清零
ONE:    ADD  AX,LIST[BX]           ;把数组 LIST 的一个元素加入 AX 中
        ADC  DX,0                  ;把可能的进位收集到 DX 中
```

```
        INC   BX                          ;修改 BX 的值,为下一次操作做准备
        INC   BX
        LOOP ONE                          ;计数循环
        MOV   WORD PTR SUM,AX             ;保存和的低位
        MOV   WORD PTR SUM+2,DX           ;保存和的高位
```

如果 LIST 数组的元素是有符号数,处理的方法要随之变化:

```
        MOV   SUM,0                       ;累加器清零
ONE:    MOV   AX,LIST[BX]                 ;取出数组的一个元素
        CWD                               ;扩展成 32 位,置于 DX、AX 中
        ADD   WORD PTR SUM,AX             ;低 16 位累加
        ADC   WORD PTR SUM+2,DX           ;高 16 位累加
        INC   BX                          ;修改 BX 的值,为下一次操作做准备
        INC   BX
        LOOP ONE                          ;计数循环
```

由于 CWD 指令会占用 DX、AX 寄存器,所以用内存变量 SUM 作为累加器。

3.2.4 多项式计算

计算机内计算多项式的值的方法与手工计算不同。

【例 3-7】 已知 $X=3$,计算多项式 $Y=4X^6+7X^4-5X^3+2X^2-6X+21$ 的值。

可以把上面的多项式改写为:

$$((((((0 \times X+4) \times X+0) \times X+7) \times X-5) \times X+2) \times X-6) \times X+21$$

上面的计算等同于:

```
P=0;
P=P×X+4;
P=P×X+0;
    ⋮
```

除了给 P 赋初值的 $P=0$ 之外,其余的计算具有相同的公式:

```
P=P×X+Aᵢ          ;同一个算式,重复计算 7 次,Aᵢ 是多项式的一个系数
```

于是可以用循环的方法计算上面的多项式,多项式的值用 16 位有符号数存储。

```
DATA    SEGMENT
   PARM  DW    4,0,7,-5,2,-6,21          ;多项式的系数
   X     DW    3
   Y     DW    ?
DATA    ENDS
CODE    SEGMENT
        ASSUME DS:DATA,CS:CODE
START:  MOV    AX,DATA
        MOV    DS,AX
```

```
            LEA     SI,PARM                 ;系数数组指针初值
            MOV     CX,7                    ;循环次数
            MOV     AX,0                    ;累加器(亦上面算法分析中的变量 P)赋初值
NEXT:       IMUL    X                       ;P=P×X
            ADD     AX,[SI]                 ;P=P×X+Ai
            ADD     SI,2                    ;修改指针
            LOOP    NEXT                    ;计数和循环控制
            MOV     Y,AX                    ;保存结果
            MOV     AX,4C00H
            INT     21H
CODE        ENDS
            END     START
```

指令"IMUL X"产生 32 位的乘积,由于判定结果的值可以由 16 位有符号数表述,乘积的高位(DX)被认为是低位的符号扩展而丢弃。

注意:多项式里缺少的项应看作是系数为零的项,它的系数 0 应列入参数数组,否则会导致计算错误。

【例 3-8】 编制程序,把十进制数 28793 转换成二进制数。

在汇编语言程序中作如下定义:DW 28793,汇编程序会把这个十进制数转换成二进制数置入对应的位置。这里我们打算自己编程来进行计算,这个算法以后会多次使用。

由于 $28793=2\times10^4+8\times10^3+7\times10^2+9\times10^1+3$,所以可以使用与例 3-7 类似的算法。

```
DATA        SEGMENT
  PARM      DW  2,8,7,9,3                   ;多项式的系数
  C10       DW  10                          ;常数 10
  BINARY    DW  ?                           ;保存转换得到的二进制数
DATA        ENDS
CODE        SEGMENT
            ASSUME  DS:DATA,CS:CODE
START:      MOV     AX,DATA
            MOV     DS,AX
            LEA     SI,PARM                 ;系数数组指针初值
            MOV     CX,5                    ;循环次数
            MOV     AX,0                    ;累加器初值
NEXT:       MUL     C10                     ;P=P×10
            ADD     AX,[SI]                 ;P=P×10+Ai
            ADD     SI,2                    ;修改指针
            LOOP    NEXT                    ;计数和循环控制
            MOV     BINARY,AX               ;保存结果
            MOV     AX,4C00H
            INT     21H
CODE        ENDS
            END     START
```

这个程序与例 3-7 十分类似。

注意：程序运行时，参加运算的数据均为二进制数，运算结果也是二进制数。

3.3 十进制数运算

第 1 章介绍了用二进制代码表示十进制数的方法。本节结合相关指令，介绍 BCD 数的计算方法。80x86 系列微处理器 BCD 数运算分为两步完成：首先用二进制运算指令对 BCD 数进行计算，然后按照 BCD 数运算规则进行调整。

3.3.1 压缩 BCD 数运算

首先观察一下用二进制加法指令将两个压缩 BCD 数相加的情况如图 3-1 所示。

```
    25+43              29+48              85+43
  0010 0101          0010 1001          1000 0101
  0100 0011(+        0100 1000 (+       0100 0011(+
  ─────────          ─────────          ─────────
  0110 1000          0111 0001          1100 1000
  结果正确           低 4 位有进位        高 4 位出现非法组合
                     结果错误            结果错误
```

图 3-1　用二进制加法指令进行两个 BCD 数的加法

可以看出，在每一个 4 位组中，如果本组数字相加的和不超过 9，结果正确。反之，如果本组的和有进位(超过 15)，或者虽然没有进位，但是出现了非法的组合(本组和小于 16，大于 9)，得到的结果是错误的。

针对上述情况，可以对相加后的结果所作调整如图 3-2 所示。

如果 4 位组的和有进位，或者出现了非法组合，将本组数字加 6 调整。

```
    25+43              29+48              85+43
  0010 0101          0010 1001          1000 0101
  0100 0011(+        0100 1000 (+       0100 0011(+
  ─────────          ─────────          ─────────
  0110 1000          0111 0001          1100 1000
            (+       0000 0110 (+       0110 0000(+
  ─────────          ─────────          ─────────
                     0111 0111          1 0010 1000

  结果正确           低 4 位              高 4 位
  无需调整           加 6 调整            加 6 调整
```

图 3-2　两个 BCD 数加法后调整

在 80x86 微处理器上，上述调整由十进制调整指令实现。

(1) DAA(decimal adjust after addition)十进制加法调整。

格式：

DAA

功能：对 AL 中的加法结果进行 BCD 运算调整。

调整算法如下：

if (AL 低 4 位>9 或 AF=1)then

```
        AL=AL+06H；
        AF=1；
    endif
if (AL 高 4 位>9 或 CF=1)then
        AL=AL+60H；
        CF=1；
    endif
```

例如：89+57

```
MOV  AL,89H              ;BCD 数 89 装入 AL,使用 16 进制数格式书写
ADD  AL,57H              ;按照二进制格式相加,(AL)=0E0H,AF=1
DAA                      ;进行 BCD 加法调整,(AL)=46H,CF=1
```

说明：调整之前先进行二进制加法,和必须在 AL 中。

(2) DAS(decimal adjust after subtraction)十进制减法调整。

格式：

```
DAS
```

功能：对 AL 中的减法结果进行 BCD 运算调整。

调整算法如下：

```
if (AL 低 4 位>9 或 AF=1)then
        AL=AL-06H；
        AF=1；
    endif
if (AL 高 4 位>9 或 CF=1)then
        AL=AL-60H；
        CF=1；
    endif
```

例如：83—57

```
MOV  AL,83H              ;BCD 数 83 装入 AL,使用 16 进制数格式书写
SUB  AL,57H              ;按照二进制格式相减,(AL)=2CH,AF=1
DAS                      ;进行 BCD 减法调整,(AL)=26H,CF=0
```

说明：调整之前先进行二进制减法,差在 AL 中。

【例 3-9】 用 BCD 数进行运算：12345678+33445566。

由于 BCD 调整只能对 8 位二进制进行,上面两个数的加法要分 4 次进行。最低 2 位数的加法(78+66)用 ADD 指令相加,DAA 指令调整。其余三次加法用 ADC 指令相加,DAA 指令调整。

上面的 4 次运算基本过程相同,可以用循环实现。运算之前通过指令 ADD AL,0 把 CF 清零,这样 4 次加法统一使用 ADC 指令实现。

```
DATA    SEGMENT
```

```
          A    DD    12345678H
          B    DD    33445566H
          X    DD    ?
DATA      ENDS
CODE      SEGMENT
          ASSUME  DS:DATA,CS:CODE
START:  MOV      AX,DATA
        MOV      DS,AX
        MOV      DI,0                    ;设置指针初值
        MOV      CX,4                    ;循环次数
        ADD      AL,0                    ;CF 清零
NEXT:   MOV      AL,BYTE PTR A[DI]       ;取出 A 的两位 BCD 数
        ADC      AL,BYTE PTR B[DI]       ;与 B 的对应两位进行二进制加法
        DAA                              ;BCD 数加法调整
        MOV      BYTE PTR X[DI],AL       ;保存结果
        INC      DI                      ;修改指针
        LOOP     NEXT                    ;计数和循环控制
        MOV      AX,4C00H
        INT      21H
CODE      ENDS
          END    START
```

程序运行后,(X)=45791244H,结果正确。但是,如果把 INC DI 指令改为 ADD DI,1,运行结果却是(X)=45781144H,结果错误。是什么原因导致了错误发生呢? 用 TD 单步执行程序,发现 78H+66H 和 56H+55H 均产生了进位(CF=1),但在执行 ADD DI,1 指令后,CF 均被清零,低位的进位没有传递到高位,导致了错误的发生。INC DI 指令不影响 CF,程序能够正常运行,这一点在设计指令系统时已经作了充分的考虑。

从本例可以看到,使用 CF 传递进位时,要细心地选择所使用的指令。作为一名汇编语言程序员,应该十分注意标志位的状态。

3.3.2　非压缩 BCD 数运算

有 4 条非压缩 BCD 数运算调整指令,分别用于加、减、乘、除的运算调整。

(1) AAA(ASCII adjust after addition)非压缩十进制加法调整。

格式:

AAA

功能:对 AL 中的加法结果进行非压缩 BCD 数运算调整。

调整算法如下:

```
if (AL 低 4 位>9 或 AF=1) then
    AL=AL+06H ;
    AH=AH+1;
    AF=1 ;
```

```
            CF=1;
else
            AF=0;
            CF=0;
endif
        AL=AL AND 0FH          ;AL 高 4 位清零
```

例如：'9'+'8'

```
MOV  AL,'9'              ;非压缩 BCD 数 9 装入 AL,使用 ASCII 格式
ADD  AL,'8'              ;按照二进制格式相加,(AL)＝71H,AF=1
AAA                      ;进行非压缩 BCD 加法调整,(AL)＝07H,CF＝1
```

说明：

调整之前先进行二进制加法,和必须在 AL 中；

低 4 位的进位用两种方式同时表达：CF＝1,AH＝AH＋1。

(2) AAS(ASCII adjust after subtraction)非压缩十进制减法调整

格式：

```
AAS
```

功能：对 AL 中的减法结果进行非压缩 BCD 数运算调整。

调整算法如下：

```
if (AL 低 4 位>9 或 AF=1) then
        AL=AL-06H;
        AH=AH-1;
        AF=1;
        CF=1;
else
        AF=0;
        CF=0;
endif
        AL=AL AND 0FH            ;AL 高 4 位清零
```

例如：'6'—'8'

```
MOV  AL,'6'              ;非压缩 BCD 数 6 装入 AL,使用 ASCII 格式
SUB  AL,'8'              ;按照二进制格式相减,(AL)＝0FEH,AF=1
AAS                      ;进行非压缩 BCD 加法调整,(AL)＝08H,CF=1
```

说明：

调整之前先进行二进制减法,差在 AL 中。

低 4 位的借位用两种方式同时表达：CF＝1,AH＝AH－1。

(3) AAM(ASCII adjust after multiplication)非压缩十进制乘法调整。

格式：

AAM

功能：对 AX 中的乘法结果进行非压缩 BCD 数运算调整。

调整算法如下：

$$AH = AX/10, AL = AX \bmod 10$$

例如：6×7

```
MOV  AL,6          ;非压缩 BCD 数 6 装入 AL,高 4 位必须为 0
MOV  BL,7          ;非压缩 BCD 数 7 装入 BL,高 4 位必须为 0
MUL  BL            ;按照二进制格式相乘,(AX)=002AH
AAM                ;进行非压缩 BCD 乘法调整,(AH)=04H,(AL)=02H
```

说明：先进行二进制无符号乘法,积在 AX 中(积≤81,因此 AH=0)。然后用 AAM 指令调整。AAM 指令实质上是把一个不大于 81 的二进制数转换成两位十进制数。

(4) AAD(ASCII adjust before division)非压缩十进制除法调整。

格式：

```
AAD
```

功能：将 AH 和 AL 中的两位 BCD 数调整为等值的 16 位二进制数,以便进行除法。

调整算法为：$AX = AH \times 10 + AL$

例如：$58 \div 7$

```
MOV  AX,0508H      ;非压缩 BCD 数 58 装入 AX,高 4 位必须为 0
AAD                ;把非压缩 BCD 数 58 调整为二进制数,(AX)=003AH
MOV  BL,7
DIV  BL            ;按照二进制格式相除
                   ;(AL)=08H(商),(AH)=02H(余数)
```

说明：先进行非压缩 BCD 数调整,实质上是把两位十进制数转换成等值的二进制数,然后用二进制无符号数除法指令相除,商在 AL 中,余数在 AH 中。

3.4　逻辑运算

与算术运算指令不同,逻辑运算指令将每一位二进制单独进行运算,各位之间没有相互进位/借位的关系。逻辑运算指令执行之后,CF、OF 标志位固定为 0。SF,PF,ZF 按照运算结果的特征设置。

(1) AND 逻辑乘(逻辑与)指令。

格式：

```
AND  目的操作数,源操作数
```

功能：将目的操作数和源操作数对应位二进制进行逻辑乘运算,送目的操作数。

逻辑乘规则为：$0 \wedge 0 = 0, 0 \wedge 1 = 0, 1 \wedge 0 = 0, 1 \wedge 1 = 1$。

上面的规则也可以归纳为：$0 \wedge X = 0, 1 \wedge X = X, X \wedge X = X, X \wedge \overline{X} = 0$。

说明：

使用 AND 指令可以对操作数有选择地部分清零；

对操作数类型的要求与 ADD 指令相同。

例如：

```
MOV   AL,'7'              ;(AL)=37H
AND   AL,0FH              ;(AL)=07H,数字字符'7'转换成二进制数 7
```

例如：

```
AND   CX,0               ;(CX)=0,同时,CF=OF=0,ZF=1
```

例如：

```
AND   AX,AX              ;AX 的值不变,CF=OF=0
```

（2）OR 逻辑加（逻辑或）指令。

格式：

```
OR    目的操作数,源操作数
```

功能：将目的操作数和源操作数对应位二进制进行逻辑加运算,送目的操作数。

逻辑加规则为：$0 \vee 0 = 0, 0 \vee 1 = 1, 1 \vee 0 = 1, 1 \vee 1 = 1$。

上面的规则也可以归纳为：$0 \vee X = X, 1 \vee X = 1, X \vee X = X, X \vee \overline{X} = 1$。

说明：使用 OR 指令可以有选择地将操作数的某些位置 1；OR 指令对操作数类型的要求与 ADD 指令相同。

例如：

```
MOV   AL,7               ;(AL)=07H
OR    AL,30H             ;(AL)=37H,二进制数 7 转换成数字字符'7'
```

例如：

```
OR    AX,AX             ;AX 的值不变,CF=OF=0
```

（3）XOR 逻辑异或（半加）指令。

格式：

```
XOR   目的操作数,源操作数
```

功能：将目的操作数和源操作数对应位二进制进行逻辑异或运算,送目的操作数。

逻辑异或规则为：$0 \oplus 0 = 0, 0 \oplus 1 = 1, 1 \oplus 0 = 1, 1 \oplus 1 = 0$。

上面的规则也可以归纳为：$0 \oplus X = X, 1 \oplus X = \overline{X}, X \oplus X = 0, X \oplus \overline{X} = 1$。

说明：使用 XOR 指令可以有选择地将操作数的某些位取反；对操作数类型的要求与 ADD 指令相同。

例如：

```
MOV   AL,35H                    ;(AL)=35H
XOR   AL,0FH                    ;(AL)=3AH,高 4 位不变,低 4 位取反
```

例如:

```
XOR   AX,AX                     ;将 AX 清零,同时 CF=OF=0
```

(4) NOT 逻辑非(取反)指令。

格式:

```
NOT   目的操作数
```

功能:将目的操作数各位取反。

取反规则为:NOT 0=1,NOT 1=0。

说明:目的操作数可以是 8 位、16 位、32 位寄存器或存储器操作数。

例如:

```
MOV   AL,35H                    ;(AL)=35H=0011 0101B
NOT   AL                        ;(AL)=0CAH=1100 1010B,各位取反
```

3.5   控制台输入输出

大多数的程序,都有一个人机交互的过程,也就是说,从键盘上输入程序所需要的控制信息和数据,把程序的运行结果和运行状态向显示器输出。交互使用的键盘称为**标准输入设备**,显示器称为**标准输出设备**,合称为**控制台**(console)。

3.5.1   字符的输出

向显示器输出信息有 3 种方法:

- 通过操作系统的服务程序输出;
- 通过"基本输入输出系统(BIOS)"输出;
- 把显示内容(ASCII 代码)直接写入显示存储器(video RAM,VRAM),由显示器接口电路转换输出。

本节介绍通过操作系统提供的系统服务程序进行输出的方法。

(1) 输出单个字符。

```
DL←待输出字符的 ASCII 代码
AH←02H
INT 21H
```

如第 1 章所介绍的,INT 21H 表示调用由操作系统提供的"21H"号服务程序,AH 中的值称为"功能代号",表示要求进行服务的种类。此处,AH=02H 表示输出 DL 寄存器中所储存的一个字符。

例如,下面的程序片断在显示器上输出数字字符"9":

```
        MOV   AH,2              ;功能号 02H
        MOV   DL,'9'            ;字符'9'的 ASCII 代码 39H 送 DL
        INT   21H              ;调用 21H 号系统服务程序
```

显示器上有一个不断闪烁着的标志符号,称为**光标**(cursor),上面程序执行后,字符'9'将显示在光标闪烁的原来位置上,随后,光标向右移动一个字符的位置。

请注意区分数字字符和一个二进制数,设 X 为 DB 定义的一个变量,下面的程序能够输出 X 的值吗? 读者不妨上机试一下。

```
        MOV   AH,2              ;功能号 02H 装入 AH 寄存器
        MOV   DL,X             ;变量 X 的值装入 DL 寄存器
        INT   21H              ;调用 21H 号系统服务程序
```

【例 3-10】 在显示器上输出文字"Hello!"。

```
CODE    SEGMENT
        ASSUME  CS:CODE
START:  LEA    BX,STRING
        MOV    CX,7
ONE:    MOV    DL,CS:[BX]       ;取出一个字符的 ASCII 代码
        MOV    AH,2             ;单个字符输出的功能号
        INT    21H             ;调用系统服务,输出一个字符
        INC    BX              ;修改指针
        LOOP   ONE             ;计数与循环控制
        MOV    AX,4C00H
        INT    21H
STRING  DB     "Hello !"
CODE    ENDS
        END    START
```

上面的程序使用的"数据"很少,没有单独设置数据段,STRING 在代码段里定义。注意,取 STRING 中的字符需要增加段跨越前缀 CS:[BX],否则会到 DS:[BX]处取字符,输出不确定的内容。

运行上面的程序,你可能会发现,"Hello!"和其他的文字混合在同一行上输出,这不是所希望的。为了使输出文字"Hello!"在显示器上单独占用一行,可以增加一些控制字符。例如代码为 0DH 的字符称为**回车**(carriage return,CR),可以把光标移动到本行的第一个字符位置。代码为 0AH 的字符称为"**换行**(line feed,LF)",可以把光标移动到下一行的相同位置上。组合使用这两个控制字符,就可以把光标移动到下一行的开始位置。修改上面程序的两行代码,程序的输出就能保证独占一行了。

```
        MOV  CX,11
        ⋮
STRING DB   0DH,0AH,"Hello !",0DH,0AH
```

注意:空格和控制字符虽然没有对应的显示内容,但是仍然是一个字符。上面程序

输出了 11 个字符。

（2）输出一个字符串。

DS:DX←待输出字符串的首地址

AH←09H

INT 21H

要求字符串以字符'$'为结束标志,该字符本身不输出。例 3-10 程序可以修改如下:

```
CODE    SEGMENT
        ASSUME  CS:CODE,DS:CODE
START:  MOV     AX,CODE
        MOV     DS,AX
        LEA     DX,STRING
        MOV     AH,9
        INT     21H
        MOV     AX,4C00H
        INT     21H
STRING DB       0AH,0DH,"Hello !",0AH,0DH,'$'
CODE    ENDS
        END     START
```

由于输出字符串的服务程序要求字符串的首地址装载在 DS:DX 处,上面的程序把 CODE 的段基址装入 DS 寄存器。

下面讨论怎样向显示器输出一个整型变量的值。

用 X 表示一个无符号字节变量,它的当前值为 1011 0111B(0B7H=183D)。

既然 X 的值为十进制的 183,输出 X 的值,就是顺序向显示器输出字符'1','8'和'3'。

如何从 X 得到字符'1'、'8'和'3'呢?

执行计算 X/10,得到商 18(0001 0010B),余数 3(0000 0011)。将余数 3 与 30H 逻辑加,可以得到字符'3'的 ASCII 代码。

把上次得到的商继续执行计算 18÷10,得到商 1(0000 0001B),余数 8(0000 1000)。将余数 8 与 30H 逻辑加,可以得到字符'8'的 ASCII 代码。

把得到的商继续执行计算 1/10,得到商 0(0000 0000B),余数 1(0000 0001)。将余数 1 与 30H 逻辑加,可以得到字符'1'的 ASCII 代码。

按照上面的方法,可以顺序得到字符'3'、'8'和'1'。但是,这个顺序不符合需要。为了改变上面的顺序,可以把每次得到的余数压入堆栈,输出时顺序弹出,利用堆栈的"先进后出"特点把顺序改变为'1'、'8'和'3'。

【例 3-11】 在显示器上用十进制格式输出单字节无符号数的值。

```
DATA    SEGMENT
X       DB      10110111B
C10     DB      10
DATA    ENDS
CODE    SEGMENT
```

```
            ASSUME  DS:DATA,CS:CODE
START:
        MOV   AX,DATA
        MOV   DS,AX
        MOV   CX,3              ;循环次数
        MOV   AL,X
ONE:    MOV   AH,0              ;高 8 位清零
        DIV   C10              ;执行 16b÷8b 除法
        PUSH AX               ;把余数(在 AH 中)压入堆栈
        LOOP ONE
        MOV   CX,3              ;重新装载 CX
TWO:    POP   DX               ;从堆栈中弹出余数(在 DH 中)
        XCHG DH,DL             ;把余数交换到 DL
        OR    DL,30H            ;转换成数字的 ASCII 代码
        MOV   AH,2
        INT   21H              ;向显示器输出一个字符
        LOOP TWO
        MOV   AX,4C00H
        INT   21H
CODE    ENDS
        END   START
```

上面的程序主要由两段并列的循环组成。第一段循环把 X 逐位分解为十进制数,压入堆栈。由于堆栈的操作数至少为 16 位,所以 AL 中的商也陪同进入堆栈。第二段循环把余数逐个从堆栈弹出,转换成对应的 ASCII 代码输出。

【例 3-12】 在显示器上用十六进制格式输出无符号字变量 Y 的值。

把一个无符号数转换成十六进制数可以采取与例 3-11 类似的方法,即不断地被 16 除,保存余数。

一个十六进制数转换成对应的数字字符代码,可以通过查表的方法。在一张表里事先顺序存储 16 个十六进制数字字符的 ASCII 代码'0','1',…,'9','A','B',…'F',用 XLAT 指令执行换码操作就可以完成需要的转换。

```
DATA    SEGMENT
  Y     DW   0100 1010 1011 0111B
  C16   DW   16
HEX     DB   "0123456789ABCDEF"
DATA    ENDS
CODE    SEGMENT
        ASSUME  DS:DATA,CS:CODE
START:  MOV   AX,DATA
        MOV   DS,AX
        MOV   CX,4                  ;循环次数
        MOV   AX,Y
ONE:    MOV   DX,0                  ;高 16 位清零
```

```
              DIV   C16                    ;执行 32 位÷16 位除法
              PUSH  DX                     ;把余数压入堆栈
              LOOP  ONE                    ;第一个循环计数控制
              MOV   CX,4                   ;重新装载 CX
              LEA   BX,HEX                 ;表的首地址装入 BX
    TWO:      POP   AX                     ;从堆栈中弹出余数
              XLAT                         ;转换成数字的 ASCII 代码
              MOV   DL,AL                  ;转移到 DL 中
              MOV   AH,2
              INT   21H                    ;向显示器输出一个字符
              LOOP  TWO                    ;第二个循环计数控制
              MOV   AX,4C00H
              INT   21H
    CODE      ENDS
              END   START
```

执行上面程序,在显示器上输出 4AB7,它是 Y 的十六进制格式表述。

有符号数(补码)的输出涉及到符号位的判断和处理,在后面的章节里介绍。

3.5.2　字符的输入

操作系统提供的从键盘输入单个字符的服务程序如下:

(1)

```
AH←01
INT 21H
```

这个服务程序将等待到键盘输入字符后返回,字符的 ASCII 代码存放在 AL 寄存器中,这个字符同时也显示在显示器上(称为回显,Echo)。

(2)

```
AH←07
INT 21H
```

这个服务程序将等待到键盘输入字符后返回,字符的 ASCII 代码存放在 AL 寄存器中,这个字符不会显示在显示器上(无回显)。从键盘输入密码时,无回显的功能是必需的。

(3)

```
AH←08
INT 21H
```

这个服务程序将等待到键盘输入字符后返回,输入字符的 ASCII 代码存放在 AL 寄存器中,这个字符不会显示在显示器上(无回显)。它同时还检测 Ctrl＋Break 键和 Ctrl＋C 键的组合,如果用户按下了其中之一,程序将终止运行。

上述 3 个服务基本功能相同,区别在于有无回显和是否检测终止键,供选择使用。

下面的系统服务既可以从键盘输入(调用之前 DL＝0FFH),也可以向显示器输出(调用之前 DL＝待输出字符的 ASCII 代码)。执行键盘输入时,无论键盘有无输入,都立即返回。

(4)

```
AH←06
   用于输入：DL=0FFH
   用于输出：DL=待输出字符的 ASCII 代码
   INT  21H
      用于输出时,DL 中字符显示在显示器上,无其他返回参数；
      用于输入时,如果 ZF=0,表示取到了键盘输入的字符,字符在 AL 中；
            如果 ZF=1,表示当前键盘没有新输入字符,AL=0。
```

【例 3-13】 从键盘输入 5 个数字,求它们的和,存入 SUM。

```
DATA    SEGMENT
        SUM  DB  ?
DATA    ENDS
CODE    SEGMENT
        ASSUME  DS:DATA,CS:CODE
START: MOV     AX,DATA
        MOV     DS,AX
        MOV     CX,5                 ;循环次数
        MOV     SUM,0                ;累加器清零
ONE:    MOV     AH,1                 ;输入单个字符的功能号
        INT     21H                  ;输入一个字符,ASCII 码在 AL 中
        AND     AL,0FH               ;ASCII 码转换成二进制数
        ADD     SUM,AL               ;累加
        LOOP    ONE                  ;计数与循环
        MOV     AX,4C00H
        INT     21H
CODE    ENDS
        END     START
```

执行这个程序,从键盘上顺序输入"12345"(不需要回车),运行结束后,(SUM)＝0FH。

操作系统提供的从键盘输入一行字符的服务程序如下。

(5)

```
AH←0AH
DS:DX←输入缓冲区首地址
INT  21H
```

一行字符以回车符作为结束的标志。假设一行最多不超过 80 个字符(不含回车),输入缓冲区格式如下：

```
BUFFER  DB  81,?,81 DUP(?)
```

缓冲区由 3 部分组成:

第一字节:输入字符存放区的大小。本例中,需要最多存放 80 个字符,一个回车符,因此值为 81。

第二字节:初始状态为空,从服务程序返回后,由服务程序填入实际输入的字符个数,不包括回车。

第三字节之后:输入字符存放区,存放输入的字符和回车。

对于上面的缓冲区,如果从键盘上输入"ABCDE ↙",从服务程序返回后,缓冲区各字节内容依次为:81,5,41H,42H,43H,44H,45H,0DH,……。

如果从键盘上输入了 90 个字符,从服务程序返回后,缓冲区各字节内容依次为:81,80,键盘输入的前 80 个字符 ASCII 代码,0DH。也就是说,超限输入的 10 个字符被丢弃了。

利用行输入功能,例 3-13 可以改写如下:

【例 3-14】 从键盘输入最多 5 个数字,将它们的和存入 SUM。

```
DATA    SEGMENT
  SUM     DB   ?
  BUFFER DB   6,?,6 DUP(?)
DATA    ENDS
CODE    SEGMENT
        ASSUME  DS:DATA,CS:CODE
START: MOV   AX,DATA
       MOV   DS,AX
       LEA   DX,BUFFER          ;装载输入缓冲区首地址
       MOV   AH,0AH             ;行输入功能代号
       INT   21H               ;调用系统服务
       MOV   SUM,0             ;累加器清零
       MOV   CL,BUFFER+1       ;循环次数
       MOV   CH,0
       LEA   BX,BUFFER+2       ;装载字符存放区首地址
ONE:   MOV   AL,[BX]           ;取出一个字符
       AND   AL,0FH            ;ASCII 码转换成二进制数
       ADD   SUM,AL            ;累加
       INC   BX               ;修改指针
       LOOP ONE               ;计数与循环
       MOV   AX,4C00H
       INT   21H
CODE    ENDS
        END   START
```

注意:实际输入字符的个数放在缓冲区第二字节里,长度为 8 位,循环计数器 CX 为 16 位,所以装载 CX 时只能先装入低 8 位,高 8 位清零。

下面讨论怎样把键盘上输入的一个十进制数转换成二进制数。

假设从键盘上输入"4095 ↙"(共输入 4 个数字字符,1 个回车):

用 AND 指令把上述数字字符转换成对应的数：4,0,9,5。

这串字符所代表的实际大小是：

$$4 \times 10^3 + 0 \times 10^2 + 9 \times 10^1 + 5 = (((0 \times 10 + 4) \times 10 + 0) \times 10 + 9) \times 10 + 5$$

用二进制数进行上面的运算，就得到了"4095"对应的二进制数。

【例 3-15】 从键盘上输入不大于 65535 的十进制数，把它转换成二进制数，存入 X。

```
DATA    SEGMENT
        BUFFER  DB   6,?,6 DUP(?)
        C10     DW   10
        X       DW   ?
DATA    ENDS
CODE    SEGMENT
        ASSUME  DS:DATA,CS:CODE
START:  MOV   AX,DATA
        MOV   DS,AX
        LEA   DX,BUFFER        ;装载输入缓冲区首地址
        MOV   AH,0AH           ;行输入功能代号
        INT   21H             ;从键盘输入一个数,以回车键结束
        MOV   AX,0            ;累加器清零
        MOV   CL,BUFFER+1      ;循环次数
        MOV   CH,0
        LEA   BX,BUFFER+2      ;装载字符存放区首地址
ONE:    MUL   C10             ;P=P×10,得到 32 位积,高 16 位丢弃
        MOV   DL,[BX]          ;取出一个字符
        AND   DL,0FH           ;转换成二进制数
        ADD   AL,DL            ;累加
        ADC   AH,0
        INC   BX              ;修改指针
        LOOP ONE              ;计数与循环
        MOV   X,AX             ;保存结果
        MOV   AX,4C00H
        INT   21H
CODE    ENDS
        END   START
```

运行上面程序，从键盘输入"4095"和回车符，运行结束后，变量 X 的值为 0FFFH。

有符号数的输入和转换在后面的章节里介绍。

3.5.3 输入输出库子程序

正如前面叙述的，大多数程序都需要进行控制台的输入和输出[①]。下面介绍作者编

---

① 如果每个程序都为此编写对应的程序段，那么编程、录入、调试的工作量比较大，并且都是重复性的工作。为了减轻这方面的负担，作者提供了用于键盘输入、显示器输出的若干"子程序"，把这些子程序事先进行汇编，组合成"子程序库"供使用，需要的读者可通过 E-mail 与作者联系。

写的输入输出子程序库及其使用方法。

（1）从键盘输入一个十进制无符号整数。

在程序首部增加一行：EXTRN READDEC：FAR。

需要键盘输入之前，把进行输入需要显示的提示信息字符串首地址置入 DS：DX，字符串以"＄"结束。如果没有提示信息，置 DX＝0FFFFH。

需要键盘输入时：CALL READDEC。

子程序返回时，AX 中是已经转换成二进制的输入数据（16 位二进制无符号整数）。

输入数据范围：0～65535

（2）从键盘输入一个十进制有符号整数。

在程序首部增加一行：EXTRN READINT：FAR。

需要键盘输入之前，把进行输入需要显示的提示信息字符串首地址置入 DS：DX，字符串以"＄"结束。如果没有提示信息，置 DX＝0FFFFH。

需要键盘输入时：CALL READINT。

子程序返回时，AX 中是已经转换成补码的输入数据（16 位二进制有符号整数）。

输入数据范围：－32768～32767

（3）十进制格式输出无符号整数。

在程序首部增加一行：EXTRN WRITEDEC：FAR。

需要输出前：AX←待输出 16 位无符号整数。

前导文字字符串首地址置入 DS：DX，字符串以"＄"结束。如果没有前导文字信息，置 DX＝0FFFFH。

下面的指令实现数据的输出：

```
CALL  WRITEDEC
```

数据在光标位置输出，数据前后各输出一个空格。

（4）十进制格式输出有符号整数。

在程序首部增加一行：EXTRN WRITEINT：FAR。

需要输出时：AX←待输出 16 位补码表示的有符号整数。

前导文字字符串首地址置入 DS：DX，字符串以"＄"结束。如果没有前导文字信息，置 DX＝0FFFFH。

下面的指令实现数据的输出：

```
CALL  WRITEINT
```

数据在光标位置输出，数据前后各输出一个空格。

（5）十六进制格式输出无符号整数。

在程序首部增加一行：EXTRN WRITEHEX：FAR。

需要输出时：AX←待输出 16 位无符号整数。

前导文字字符串首地址置入 DS：DX，字符串以 ＄ 结束。如果没有前导文字信息，置 DX＝0FFFFH；

下面的指令实现数据的输出：

```
CALL    WRITEHEX
```

数据在光标位置输出,数据前后各输出一个空格。

(6) 输出回车换行。

在程序首部增加一行: EXTRN CRLF:FAR。

需要输出时: CALL CRLF。

在显示器上输出回车、换行两个字符,使得后面的输出从下一行第一列开始。

(7) 使用上述库子程序时,都需要在程序首部逐个申明所使用的外部过程。实际上,可以把上面 7 个外部函数的声明集中在一个文本文件,例如 YLIB. H 中:

```
EXTRN READINT:FAR,READDEC:FAR CRLF:FAR
EXTRN WRITEINT:FAR,WRITEDEC:FAR,WRITEHEX:FAR
```

在用户源程序的首部加上如下"语句":

```
INCLUDE    YLIB.H
```

这个源程序被汇编时,汇编程序会自动从磁盘读出文件 YLIB. H,用它的内容替代 INCLUDE 伪指令语句。这样,用户无须记住每个外部过程的名字,也无须每次写上许多的 EXTRN 伪指令。可能不是每一个源程序都要同时用到这 7 个外部过程,但是多余的申明没有不良作用,可以放心使用。需要注意的是,文件 YLIB. H 要存放在 TASM. EXE 文件的同一个目录下,如果不在同一个目录,要在文件名 YLIB. H 的前面增加它的路径信息。

【例 3-16】 利用库子程序,从键盘上输入两个有符号十进制数,将它们的和在显示器上输出结果。假设已建立 YLIB. H 文件,并存储在与 TASM. EXE 相同的文件目录下。

```
INCLUDE YLIB.H
DATA    SEGMENT
        MESS1   DB   0AH,0DH,"Input a number please:$"
        MESS2   DB   0AH,0DH,"The sum of two numbers is:$"
        NUM     DW   ?,?
        SUM     DW   ?
DATA    ENDS
CODE    SEGMENT
        ASSUME   DS:DATA,CS:CODE
START:  MOV   AX,DATA
        MOV   DS,AX
        LEA   BX,NUM                ;输入缓冲区首地址
        MOV   CX,2                  ;输入数据个数
INPUT:  LEA   DX,MESS1              ;提示信息首地址置入 DS:DX
        CALL  READINT               ;调用库子程序,输入一个有符号数
        MOV   [BX],AX               ;保存这个数据
        INC   BX                    ;修改指针
```

```
            INC   BX
            LOOP  INPUT                    ;计数与循环
            MOV   AX,NUM                   ;取出第一个数
            ADD   AX,NUM+2                 ;与第二个数相加
            MOV   SUM,AX                   ;保存两个数的和
            LEA   DX,MESS2                 ;输出结果的前导文字
            MOV   AX,SUM
            CALL  WRITEINT                 ;输出两个数的和
            CALL  CRLF                     ;输出回车、换行
            MOV   AX,4C00H
            INT   21H
CODE        ENDS
            END   START
```

假设汇编语言源程序文件为 MYPRG16.ASM,程序的上机过程为(带下划线文字由键盘输入):

```
TASM  MYPRG16↙                         ;汇编,产生名为 MYPRG16.OBJ 的目标文件
TLINK  MYPRG16 ,,,YLIB16.LIB↙          ;与库文件 YLIB16.LIB 连接,得到可执行文件
MYPRG16↙                               ;执行程序,进行相关的输入输出
Input a number please :3048↙
Input a number please :-4000↙
The sum of two numbers is :-952↙
```

使用 32 位指令编程时,在名为 YLIB32.LIB 的库文件里包含了同名的 7 个子程序,供用户使用。由于子程序同名,所以文件 YLIB.H 无须修改,可以继续使用。区别在于:输入输出的数据存放在 32 位寄存器 EAX 中,对应的数据范围扩大为:无符号整数:0~4294967295,有符号整数:−2147483648~2147483647。

假设汇编语言源程序文件为 MYPRG32.ASM,程序的上机过程为(带下划线文字由键盘输入):

```
TASM  MYPRG32↙                         ;产生名为 MYPRG32.OBJ 的目标文件
TLINK  MYPRG32,,,YLIB32.LIB↙           ;与库文件 YLIB32.LIB 连接,得到可执行文件
MYPRG32↙                               ;执行程序,进行相关的输入输出
```

3.6 移位和处理器控制

移位指令用来对数据进行逐位处理,这是汇编语言有别于高级语言的一个明显特征。移位时,操作数的各位向同一个方向移动。

3.6.1 移位指令

1. 逻辑移位指令

逻辑移位指令把操作数看作是无符号整数或者是各位相互独立的二进制串,最后移

出的位进入 CF,空出的位用 0 填充。

(1) SHL(Shift Left)逻辑左移。

格式:

```
SHL  目的操作数,移位次数
```

目的操作数:8 位、16 位、32 位的寄存器或存储器;

移位次数:常数 1 或寄存器 CL,286 以上指令集可以使用不大于 255 的立即数。

功能:将目的操作数向左移动指定的位数,目的操作数的高位移入 CF,低位用 0 填充,如图 3-3(a)所示。

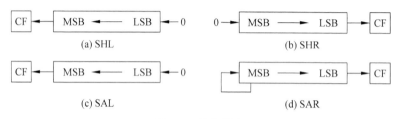

图 3-3　移位指令

例:

```
MOV  AL,15
SHL  AL,1                    ;(AL)=30,相当于 AL←(AL)×2,CF=0
```

例:

```
MOV  AX,138BH
MOV  CL,4
SHL  AX,CL                   ;左移 4 位后,(AX)=38B0H,CF=1
```

例:

```
MOV  AX,138BH
SHL  AX,4                    ;使用 286 以上指令集,AX 左移 4 位
```

说明:对于无符号数,每左移一次等于乘以 2。左移一位后如果 CF=1,表示结果超过了该字长的表示范围。左移多位时,CF 保留最后移出的那一位,一般无意义。

【例 3-17】　用移位指令实现 AX ←(AX)×10

```
PUSH  BX                 ;保护 BX 寄存器的原来的值
SHL   AX,1               ;左移一位,AX←(原 AX)×2
MOV   BX,AX              ;BX←2(原 AX)
SHL   AX,1               ;左移一位,AX←4(原 AX)
SHL   AX,1               ;左移一位,AX←8(原 AX)
ADD   AX,BX              ;AX←原(8AX)+原(2AX)
POP   BX                 ;恢复 BX 寄存器的原来的值
```

【例 3-18】　设 AX 的值为一个 2B 长度的非压缩 BCD 码,将它转换成 1B 长度的压缩

BCD 码,存入 AL。

```
MOV   CL,4                    ;移位次数置入 CL
SHL   AH,CL                   ;AH 低 4 位移到高 4 位,低 4 位清零
AND   AL,0FH                  ;AL 高 4 位清零
OR    AL,AH                   ;组合成一字节压缩 BCD 码
```

(2) SHR(shift right)逻辑右移。

格式:

SHR   目的操作数,移位次数

目的操作数:8 位、16 位或 32 位寄存器或存储器;

移位次数:常数 1 或寄存器 CL,286 以上指令集可以使用不大于 255 的立即数。

功能:将目的操作数向右移动指定的位数,目的操作数的低位移入 CF,高位用 0 填充,如图 3-3(b)所示。

例:

```
MOV   AL,15
SHR   AL,1                    ;(AL)=7,相当于 AL←(AL)÷2,CF=1
```

例:

```
MOV   AX,138BH
MOV   CL,4
SHR   AX,CL                   ;右移 4 位后,(AX)=0138H,CF=1
```

例:

```
MOV AX,138BH
SHR AX,4                      ;使用 28 位以上指令集,AX 右移 4 位
```

说明:对于无符号数,每右移一次等于被 2 除。CF 保留最后移出的二进制位。

【例 3-19】 从键盘上输入一个无符号整数,统计它对应的二进制数里"1"的个数并输出

```
INCLUDE   YLIB.H
  CODE    SEGMENT
          ASSUME CS:CODE,DS:CODE
  START:  PUSH    CS
          POP     DS                      ;装载 DS
          LEA     DX,IN_MESS
          CALL    READDEC                 ;输入一个数
          MOV     CX,16                   ;逐位处理,循环次数 16
          MOV     DX,0                    ;DX 记录"1"出现次数,初值 0
  S0:     SHR     AX,1                    ;将最低位移到 CF 中
          ADC     DX,0                    ;将移入 CF 内的"1"的个数累加
          LOOP    S0                      ;循环 16 次
```

```
        PUSH    DX                          ;保存结果
        LEA     DX,OUT_MESS
        POP     AX                          ;结果转入 AX
        CALL    WRITEDEC                    ;输出结果
        CALL    CRLF                        ;输出回车,换行
        MOV     AX,4C00H
        INT     21H
    IN_MESS   DB   0DH,0AH,"Input a Number X :$"
    OUT_MESS DB   0DH,0AH,"The Numbers of '1' in X :$"
    CODE  ENDS
        END     START
```

2. 算术移位指令

算术移位指令把操作数看作是有符号的整数,在移位过程中尽量保持符号位不变,最后移出的位进入 CF。

(1) SAR(shift arithmetic right)算术右移。

格式:

```
SAR    目的操作数,移位次数
```

目的操作数:8 位、16 位或 32 位寄存器或存储器。

移位次数:常数 1 或寄存器 CL,286 以上指令集可以使用不大于 255 的立即数。

功能:将目的操作数向右移动指定的位数,目的操作数的低位移入 CF,高位用原符号位填充,如图 3-3(d)所示。

例:

```
MOV   AL,-15
SHR   AL,1                  ;(AL) = -8,相当于 AL←(AL)÷2,CF=1
```

说明:对于有符号数,每右移一次等于被 2 除,但是和 IDIV 指令的结果可能不同,使用 IDIV 指令时$(-15)\div2=-7$ 余 -1。CF 保留最后移出的二进制位。

(2) SAL(shift arithmetic left)算术左移。

格式:

```
SAL    目的操作数,移位次数
```

目的操作数:8 位、16 位、32 位寄存器或存储器。

移位次数:常数 1 或寄存器 CL,286 以上指令集可以使用不大于 255 的立即数。

功能:将目的操作数向左移动指定的位数,目的操作数的高位移入 CF,低位用 0 填充。

说明:SAL 指令实现与 SHL 相同的功能。

每左移一次等于目的操作数乘以 2。对于有符号数,左移一位后如果 OF＝1 表示结果超过了该字长的表示范围。左移多位后,CF 保留最后移出的那一位,一般无意义,如

图 3-3(c)所示。

3. 双精度移位指令

双精度移位指令是 386 新增指令,操作数的空缺部分不再由零(逻辑移位)或者由符号位(算术移位)来填充,而是可以用另一个操作数来填充。

(1) SHLD(double precision shift left)双精度左移。

格式:

SHLD 目的操作数,源操作数,移位次数

源、目的操作数:16 位、32 位寄存器或存储器。

移位次数:寄存器 CL 或不大于 255 的立即数。

功能:将目的操作数:源操作数联合起来向左移动指定的位数,目的操作数的高位移入 CF,源操作数不变,如图 3-4(a)所示。

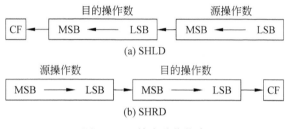

图 3-4 双精度移位指令

说明:不支持 8 位操作数,而且源操作数与目的操作数应该同为 16 位或 32 位。

(2) SHRD(double precision shift right)双精度右移。

格式:

SHRD 目的操作数,源操作数,移位次数

源、目的操作数:16 或 32 位寄存器或存储器。

移位次数:寄存器 CL 或不大于 255 的立即数。

功能:将源操作数:目的操作数联合起来向右移动指定的位数,目的操作数的低位移入 CF,源操作数不变,如图 3-4(b)所示。

说明:不支持 8 位操作数,而且源操作数与目的操作数应该同为 16 位或 32 位。

【例 3-20】 将 AX、BX、CX 和 DX 各自的高 4 位组合成一个字存入 AX。

```
SHR  AX,12          ;AX 的最高 4 位移到最低位置
SHLD AX,BX,4        ;BX 高 4 位移入 AX
SHLD AX,CX,4        ;CX 高 4 位移入 AX
SHLD AX,DX,4        ;DX 高 4 位移入 AX
```

上述指令执行后,原 AX 中高 4 位保留在 AX 的最高 4 位,此后依次为 BX、CX、DX 中的原高 4 位。

3.6.2 循环移位指令

循环移位指令把操作数的最高位和最低位首尾连接起来移位。

(1) ROL(Rotate Left)循环左移。

格式：

```
ROL   目的操作数,移位次数
```

目的操作数：8 位、16 位、32 位寄存器或存储器。

移位次数：常数 1 或寄存器 CL,286 以上指令集可以使用不大于 255 的立即数。

功能：将目的操作数向左移动指定的位数,移出的高位顺序移入低位,最后移出的位同时进入 CF,如图 3-5(a)所示。

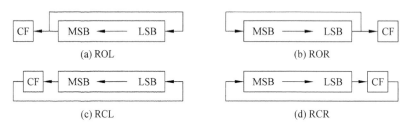

(a) ROL   (b) ROR

(c) RCL   (d) RCR

图 3-5 循环移位指令

例：

```
MOV   AL,85H
ROL   AL,1                 ;(AL)=0BH,CF=1
```

例：

```
MOV   AX,138BH
ROL   AX,4                 ;使用 286 以上指令集,(AX)=38B1H
```

说明：左移后,CF 保留最后移出的那一位。

(2) ROR(Rotate Right)循环右移。

格式：

```
ROR   目的操作数,移位次数
```

目的操作数：8 位、16 位、32 位寄存器或存储器;

移位次数：常数 1 或寄存器 CL,286 以上指令集可以使用不大于 255 的立即数。

功能：将目的操作数向右移动指定的位数,移出的低位顺序移入高位,最后移出的位进入 CF,如图 3-5(b)所示。

说明：右移后,CF 保留最后移出的那一位。

【例 3-21】 用十六进制格式输出无符号双字变量 X 的值。

在例 3-12 里,用"被 16 除"的方法把一个二进制整数分解为十六进制数。由于十六进制与二进制的"亲缘"关系,4 位二进制数与 1 位十六进制数相对应,可以用移位的方法分解二进制数。

```
        .386
DATA    SEGMENT USE16
    X       DD      0100 1010 1011 0111 0000 1111 0101 1011B
        HEX DB      "0123456789ABCDEF"
DATA    ENDS
CODE    SEGMENT USE16
        ASSUME  DS:DATA,CS:CODE
START:  MOV     AX,DATA
        MOV     DS,AX
        MOV     CX,8                ;循环次数
        MOV     ESI,X               ;待输出数据装入 ESI
        LEA     BX,HEX              ;BX 装入十六进制字符表首地址
ONE:    ROL     ESI,4               ;循环左移 4 位,最高 4 位转入最低 4 位
        MOV     EAX,ESI             ;转存 EAX,原 ESI 中高 4 位进入 AX 低 4 位
        AND     AX,000FH            ;清除 AX 高 12 位,得到 AL 中的 4 位二进制
        XLAT                        ;查表,得到对应十六进制字符的 ASCII 代码
        MOV     DL,AL
        MOV     AH,2
        INT     21H                 ;输出这个十六进制数对应的字符
        LOOP    ONE                 ;循环计数控制
        MOV     AX,4C00H
        INT     21H
CODE    ENDS
        END     START
```

执行上面程序,在显示器上输出 4AB70F5B,它是 X 的十六进制格式表述。

程序中,.386 表示使用 32 位 80x86 微处理器的指令,这时需要在每个段的定义中用 USE16 表示使用 16 位寻址方式,更详细的信息将在第 5.4.1 小节中介绍。

(3) RCL(rotate through carry left)带进位循环左移。

格式:

RCL　目的操作数,移位次数

目的操作数:8 位、16 位、32 位的寄存器或存储器。

移位次数:常数 1 或寄存器 CL,286 以上指令集可以使用不大于 255 的立即数。

功能:将目的操作数和 CF 联合起来向左循环移动指定的位数,最后移出的位进入 CF,如图 3-5(c)所示。

说明:左移后,CF 保留最后移出的那一位。

【例 3-22】 把 DX、AX 中的 32 位无符号数左移一位。

```
SHL   AX,1          ;AX 左移一位,最高位在 CF 中
RCL   DX,1          ;DX 左移一位,CF(原 AX 最高位)进入 DX 最低位
```

（4）RCR(rotate through carry right)带进位循环右移。

格式：

```
RCR    目的操作数,移位次数
```

目的操作数：8 位、16 位、32 位寄存器或存储器。

移位次数：常数 1 或寄存器 CL,286 以上指令集可以使用不大于 255 的立即数。

功能：将目的操作数和 CF 联合起来向右循环移动指定的位数,最后移出的位进入 CF,如图 3-5(d)所示。

说明：*右移后,CF 保留最后移出的那一位。*

3.6.3 标志处理指令

这一组指令用来设置 FLAGS 寄存器中的 CF,DF,IF 标志位。对于一个标志位的操作有 3 种：

（1）设置为"1"(称为**置位**：set)；

（2）设置为"0"(称为**复位**：reset,或者,**清除**：clear)；

（3）取反(求补：complement)。

指令格式如下：

```
CLC             ;CF←0
STC             ;CF←1
CMC             ;CF ←CF
CLD             ;DF←0,在字符串指令中使用
STD             ;DF←1,在字符串指令中使用
CLI             ;IF←0,关闭对可屏蔽中断的响应,简称"关中断"
STI             ;IF←1,允许对可屏蔽中断的响应,简称"开中断"
```

3.6.4 处理器控制指令

（1）NOP(no operation)空操作。

格式：

```
NOP
```

功能：NOP 指令不做任何事情,仅仅是占用 1B 空间、耗费 1 个指令执行时间。某些设备的工作速度较慢时,可以在二次操作之间插入若干 NOP 指令。

说明：NOP 指令不影响标志位。

（2）HLT(halt)暂停。

格式：

```
HLT
```

功能：HLT 指令使 CPU 进入暂停状态,CPU 不做任何事情,直到系统复位或者接收到中断请求信号。处理完中断后,CPU 执行 HLT 的下一条指令。

说明：HLT 指令主要用于等待中断发生,它的执行不影响标志位。

习题三

3.1 根据以下要求,写出对应的汇编语言指令。
   (1) 把 BX 和 DX 寄存器内容相加,结果存入 DX 寄存器。
   (2) 使用 BX 和 SI 寄存器进行基址变址寻址,把存储器中 1B 内容与 AL 内容相加,结果存入存储单元。
   (3) 用寄存器 BX 和位移量 0B2H 的寄存器相对寻址方式,把存储器中一个双字与 ECX 相加,结果存入 ECX。
   (4) 用偏移地址 1020H 直接寻址,把存储单元一个字内容与立即数 3 相加,结果存入存储单元。
   (5) 将 AL 寄存器内容与立即数 120 相加,结果存入 AL 寄存器。

3.2 求以下各十六进制数与 62A8H 之和,并根据结果写出标志位 SF、CF、ZF、OF 的值。
   (1) 1234H   (2) 4321H   (3) 0CFA0H   (4) 9D60H   (5) 0FFFFH

3.3 求以下各十六进制数与 4AE0H 之差,并根据结果写出标志位 SF、CF、ZF、OF 的值。
   (1) 1234H   (2) 5D90H   (3) 9076H   (4) 0EA04H   (5) 0FFFFH

3.4 写出执行以下计算的指令序列,其中各变量均为 16 位有符号数。
   (1) $Z \leftarrow W + (Z - X)$ (2) $Z \leftarrow W - (X + 6) - (R + 9)$
   (3) $Z \leftarrow (W * X)/(Y + 6)$, $R \leftarrow$ 余数   (4) $Z \leftarrow (W - X)/(5 * Y) * 2$

3.5 一个双字长有符号数存放在 DX(高位)AX(低位)中,写出求该数相反数的指令序列。结果仍存入 DX,AX 寄存器

3.6 指令 DEC BX 和 SUB BX,1 的执行结果一样吗? 请分析。

3.7 已知内存变量 X, Y, Z 均由 DB 伪操作定义,按照以下要求,使用 MOVZX 或 MOVSX 指令进行位数扩展,求 3 个数的 16 位和。
   (1) 如果 X, Y, Z 为无符号数。
   (2) 如果 X, Y, Z 为有符号数。

3.8 内存缓冲区 BUFFER 定义如下,按照要求,写出指令序列:

BUFFER   DB   20 DUP(?)

   (1) 将缓冲区全部置为 0,并使执行时间最短。
   (2) 将缓冲区全部置为空格字符(ASCII 代码 20H),使用的指令条数最少。
   (3) 将缓冲区各字节依次设置为 0,1,2,3,4,…,19。
   (4) 将缓冲区各字节依次设置为 0,−1,−2,−3,−4,…,−19。
   (5) 将缓冲区各字节依次设置为 30,29,28,27,…,11。
   (6) 将缓冲区各字节依次设置为 0,2,4,6,8,…,38。

(7) 将缓冲区各字节依次设置为 0,1,2,3,0,1,2,3,…,3。

3.9 编写循环结构程序,进行下列计算,结果存入 RESULT 内存单元。

(1) $1+2+3+4+5+6+\cdots+100$ (2) $1+3+5+7+9+11+\cdots+99$

(3) $2+4+6+8+10+\cdots+100$ (4) $1+4+7+10+13+\cdots+100$

(5) $11+22+33+44+\cdots+99$

3.10 已知 ARRAY 是 5 行 5 列的有符号字数组,编写程序,进行下列计算(假设和仍然为 16 位,不会产生溢出)。

(1) 求该数组第 4 列所有元素之和(列号从 0 开始)。

(2) 求该数组第 3 行所有元素之和(行号从 0 开始)。

(3) 求该数组正对角线上所有元素之和。

(4) 求该数组反对角线上所有元素之和。

3.11 编写程序,利用公式:$N^2=1+3+5+\cdots+(2N-1)$ 计算 N^2 的值,假设 $N=23$。

3.12 变量 X,Y,Z 均为一字节压缩 BCD 码表示的十进制数,写出指令序列,求它们的和(用两字节压缩 BCD 码表示)。

3.13 数组 LIST1 内存有 20 个非压缩 BCD 码表示的单字节十进制数,写出完整程序,求这 20 个 BCD 数之和,结果(非压缩 BCD 码)存入 SUM1 双字单元。

3.14 数组 LIST2 内存有 20 个压缩 BCD 码表示的单字节十进制数,写出完整程序,求这 20 个 BCD 数之和,结果(压缩 BCD 码)存入 SUM2 双字单元。

3.15 数组 LIST3 内存有 20 个压缩 BCD 码表示的双字节十进制数,写出完整程序,求这 20 个 BCD 数之和,结果(压缩 BCD 码)存入 SUM3 双字单元。

3.16 设(BX)=0E3H,变量 VALUE 中存放内容为 79H,指出下列指令单独执行后的结果。

(1) XOR BX,VALUE (2) AND BX,VALUE

(3) OR BX,VALUE (4) XOR BX,0FFH

(5) AND BX,BX (6) AND BX,0

3.17 某密码的加密规则为:'0'→'A','1'→'B','2'→'C',……。按照以下要求编写程序。

(1) 把明文"96541833209881"翻译为密文。

(2) 把密文"JJBDAHCFFGA"翻译成明文。

3.18 编写程序,从键盘上输入一行明文,按照题 3.17 的规则翻译成密文,向显示器输出。

3.19 变量 X 用 DT 定义,存有 80 位有符号数,编写程序,求 X 的相反数,存入同样用 DT 定义的变量 Y。

3.20 编写程序,使用库子程序,从键盘上输入 8 个有符号字数据,求它们的和,以十进制格式输出。

3.21 编写程序,从键盘上输入 20 个十进制数字,求这些数字的和,向显示器输出。

3.22 阅读以下程序,指出它的功能。

```
MOV  CL,04
SHL  DX,CL
```

```
MOV  BL,AH
SHL  AX,CL
SHR  BL,CL
OR   DL,BL
```

3.23 已知(DX)＝0B9H,(CL)＝3,(CF)＝1,确定下列指令单独执行以后 DX 寄存器
的值。

    (1) SHR DX,1   (2) SAR DX,CL

    (3) SHL DX,CL   (4) SHL DL,1

    (5) ROR DX,CL   (6) ROL DX,CL

    (7) SAL DH,1   (8) RCL DX,CL

    (9) RCR DL,1

3.24 下面程序段执行完成后,BX 寄存器的内容是什么?

```
MOV  CL,3
MOV  BX,0B7H
ROL  BX,1
ROR  BX,CL
```

3.25 编写程序,从键盘上输入一个 0～65535 的十进制无符号数,然后用二进制格式输
出这个值。例如,键盘输入"35",显示器输出"00000000 00100011"。

3.26 无符号数变量 X 用 DD 定义,编写程序,用十六进制格式输出变量 X 的值。

3.27 从键盘上输入两个有符号字整数 A 和 B,计算并输出它们的和、差、积、商和余数。

3.28 数组 ARRAY 中存有 10 个无符号字整数(元素序号 0～9),现在要删除其中的第
5 个元素。编写程序,把第 6～9 个元素移到第 5～8 个元素的位置上,并把第 9 个
元素清零。

3.29 编写指令序列,把 AX 中的 16 位二进制分为 4 组,每组 4 位,分别置入 AL,BL,
CL,DL 中。

第4章

选择和循环

一个可执行程序运行时,程序中的指令从存储器装入 CPU,逐条执行。按照指令执行的顺序,程序的结构可以划分成以下 3 种。

(1) **顺序结构**:一般地说,编写程序时写在前面的指令在可执行程序中也排列在前面,首先被执行,写在后面的指令较后被执行。程序按照它编写的顺序执行,每条指令只执行一次,这样的程序称为顺序结构的程序。

(2) **循环结构**:如果一组指令被反复地执行,这样的程序称为循环结构或者**重复结构**的程序。

(3) **选择结构**:在一段程序里,根据某些条件,一部分指令被执行,另一部分指令没有被执行,这样的程序称为选择结构或者**分支结构**的程序。

一个实际运行的程序,常常是由以上 3 种结构的程序组合而成的,上面的 3 种结构因此被称为程序的**基本结构**。使用这 3 种基本结构,可以编写出任何所需要的程序。

前面 3 章主要介绍了顺序结构的程序,本章介绍编制选择和循环结构程序所使用的相关指令,以及这些程序的编写方法。

4.1 测试和转移控制指令

转移控制指令用来实现程序的转移。普通的指令,如数据传送指令,算术、逻辑运算指令,该指令执行之后,CPU 会顺序执行它的下一条指令。控制转移指令执行后,CPU 会根据某些条件,根据控制转移指令里给出的信息,转移到程序的其他位置去执行。为了编制循环结构、选择结构的程序,必须使用控制转移指令。

4.1.1 无条件转移指令

无条件转移指令用来实现程序的转移,它的一般格式如下:

JMP　目的位置

执行 JMP 指令后,程序转移到新的"目的位置"执行。

【**例 4-1**】　用 JMP 指令实现转移。

```
CODE    SEGMENT
        ASSUME  CS:CODE
START:  MOV  DL,20H
   ONE: MOV  AH,2
        INT  21H              ;输出 DL 中的字符
        INC  DL               ;修改 DL 中的字符代码
        JMP  ONE              ;转移到"ONE"处继续执行
        MOV  AX,4C00H
        INT  21H
CODE    ENDS
        END  START
```

执行以上程序,发现程序会不断地重复输出周期性的内容,而且程序不会停止运行。为了停止程序的执行,可以按 Ctrl+Break 键。

上面的程序里,在 JMP 指令的控制下,从标号 ONE 开始的 4 条指令不断地执行,执行过程中,DL 中的值在不断地变化:"32,33,…,255,0,1,2,…,255,0,…"。由于 JMP 指令的作用,最后两条返回操作系统的指令始终未能执行,程序因此无法结束运行。

按照转移目的位置的远近,JMP 指令分为近程转移和远程转移两种。

1. 近程无条件转移指令

如果转移的目的位置与出发点在同一个段里,这样的转移称为近程转移或者段内转移。实现近程转移,实质上是把目标位置的偏移地址置入 IP 寄存器。

按照寻址方式的不同,近程无条件转移指令有 3 种格式。

(1) 短转移。如果目的位置离开出发点很近,可以使用格式如下:

JMP SHORT LABEL

其中 LABEL 是目的位置的标号。这种格式产生的机器指令代码最短,长度为 2B。

```
100H: JMP  SHORT  TWO
102H: ....
  ⋮
10CH: TWO:....
```

上面例子里,左侧的十六进制数代表该行指令所在的偏移地址。指令 JMP SHORT TWO 汇编后产生的机器指令为 EB0A。其中 EB 是这种类型转移指令的操作码,0A 是目的位置离开出发点的距离,10CH−102H=0AH。执行 JMP 指令时,IP 寄存器的值已经是下一条指令的偏移地址 102H,0AH 就是目的地址和当前地址差的补码。这种格式的指令用一个字节补码表示目的地址与当前地址的距离,所以转移范围为下一条指令地址−128～+127 字节以内。

(2) 近程直接转移。近程直接转移指令的格式如下:

JMP 目的位置标号

下面的程序本身没有意义,仅仅用来展示近程直接转移指令:

```
100H:           JMP  TWO;
103H:  ONE: ...
  ⋮
0F000H: TWO: JMP  ONE
0F003H:        ...
```

指令 JMP TWO 汇编后得到的机器指令代码为 E9FDEE。其中 E9 为操作码,后面 2B 内容代表 16 位移量 0EEFDH,0EEFDH=0F000H−103H。指令 JMP ONE 对应的机器指令代码为 E90011。E9 为操作码,位移量 1100H,0F003H+1100H=0103H(最高位进位被舍去)。使用近程直接转移指令可以实现同一个段内 64KB 范围的转移。

如果转移距离在−128~127B 以内,有的汇编程序也会“自作主张”,把近程直接转移指令翻译成短转移指令,缩短代码长度,提高程序执行速度。

(3) 近程间接转移。把转移的目的地址事先存放在某个寄存器或存储器单元中,通过这个寄存器或存储单元实现的转移称为近程间接转移。例如:

```
JMP   CX                       ;寄存器间接转移,可使用任何一个通用寄存器
JMP   WORD PTR[BX]             ;存储器间接转移,目的地址在存储单元中
```

假设已在数据段定义存储器单元“TARGET”如下:

```
TARGET  DW  ONE
```

下面 4 组指令都可以实现向标号 ONE 的转移:

```
(1)   JMP   ONE                ;近程直接转移
(2)   LEA   DX,ONE
      JMP   DX                 ;寄存器间接段内转移
(3)   LEA   BX,TARGET
      JMP   WORD PTR[BX]       ;存储器间接段内转移
(4)   JMP   TARGET             ;存储器间接段内转移
```

2. 远程无条件转移指令

远程无条件转移指令可以实现不同的段之间的转移,执行该指令时,CPU 把目的段的段基址装入 CS,目的位置的段内偏移地址装入 IP。这组指令有直接寻址和间接寻址两种格式。

(1) 远程直接转移。远程直接转移指令的格式如下:

```
JMP   FAR PTR 远程标号
```

该指令汇编后,它对应的机器指令长度为 5B:1B 操作码 EA,2B 目的地址的段内偏移地址,2B 目的标号所在段的段基址。

(2) 远程间接转移。远程转移需要 32 位的目的地址,使用间接转移时,需要把 32 位目的地址事先装入用 DD 定义的存储单元。

假设已在数据段定义存储器单元 FAR_TGT 如下：

FAR_TGT   DD   TWO

下面 3 组指令都可以实现向远程标号 TWO 的转移：

1) JMP   FAR PTR TWO   ;远程直接转移
2) LEA   BX,FAR_TGT
   JMP   DWORD PTR[BX]   ;远程间接转移
3) JMP   FAR_TGT   ;远程间接转移

4.1.2 比较和测试指令

比较和测试指令用来确定某些数据的特征，如该数据是否大于 5，是否为偶数等。

（1）CMP(Compare，比较)指令。

指令格式如下：

CMP   目的操作数,源操作数

目的操作数：8 位、16 位或 32 位的寄存器或存储器操作数。

源操作数：与目的操作数类型相同的寄存器、存储器或立即数操作数。

CMP 指令将目的操作数减源操作数，保留运算产生的各标志位，但是不保留运算的差。指令执行后，两个操作数的值均不改变。该指令用来比较两个有符号数或无符号数的大小。

假设(ECX)=8090A0B0H，指令 CMP ECX,0 执行减法 8090A0B0H－0 后：

ZF＝0   (ECX)≠0

CF＝0   如果 ECX 中存放的是无符号数，这个数大于 0(任何无符号数均不小于 0)

OF＝0   减法操作没有产生溢出(SF 是正确的结果符号位)

SF＝1   如果 ECX 中存放的是有符号数，这个数是负数

这条指令与下面的指令等效：

OR ECX,0   ;不改变 ECX 的值，根据它的值确定 SF,ZF
AND ECX,0FFFFFFFFH   ;不改变 ECX 的值，根据它的值确定 SF,ZF
XOR ECX,0   ;不改变 ECX 的值，根据它的值确定 SF,ZF

对于无符号数：

CF＝0，目的操作数≥源操作数(根据 ZF 是否为零，进一步区分两数是否相等)

CF＝1，目的操作数＜源操作数

对于有符号数，OF＝0 时，SF 为正确的结果符号，OF＝1 时，SF 与正确的符号位相反。所以 OF ⊕ SF 的运算结果反映了正确的结果符号：

OF ⊕ SF＝0，目的操作数≥源操作数(根据 ZF 是否为零，进一步区分两数是否相等)

OF ⊕ SF＝1，目的操作数＜源操作数

假设存储器变量(X)＝80H，指令 CMP X,5 执行后：

ZF＝0   (X)≠5

CF＝0　如果 X 中存放的是无符号数，X＞5（由于 ZF＝0，所以不相等）

OF＝1　80H 作为有符号数−128 的补码，减去 5 会产生溢出

SF＝0　产生溢出之后，SF 表示的"符号位"是错误的

（2）TEST(Test,测试)指令。

指令格式如下：

```
TEST    目的操作数,源操作数
```

目的操作数：8 位、16 位或 32 位的寄存器或存储器操作数。

源操作数：与目的操作数类型相同的寄存器、存储器或立即数操作数。

TEST 指令将目的操作数与源操作数进行逻辑乘运算，保留运算产生的各标志位，但是不保留逻辑乘的结果。指令执行后，两个操作数的值均不改变。该指令用来测试目的操作数中某几位二进制的特征。

指令 TEST VAR,1 执行后：

如果 ZF＝0，说明变量 VAR 的 D_0 位为 1，该数为奇数。

如果 ZF＝1，说明变量 VAR 的 D_0 位为 0，该数为偶数。

指令 TEST BL,6 执行后：

如果 ZF＝1，说明 BL 寄存器的 $D_2 D_1$＝00，这两位为 00。

如果 ZF＝0，说明 BL 寄存器的 $D_2 D_1 \neq 00$，这两位为 01，10 或 11。

（3）BT(Bit Test,位测试)指令。

指令格式如下：

```
BT    目的操作数,源操作数
```

目的操作数：16 位、32 位的寄存器或存储器操作数。

源操作数：与目的操作数类型相同的寄存器操作数或 0～255 的立即数。

BT 指令将目的操作数内部由源操作数指定的那一位二进制的值送入 CF，两个操作数的值均不改变。该指令用来测试目的操作数中某一位二进制的值。

假设(EDX)＝12345678H,(ECX)＝5,下面指令执行后：

```
BT    EDX,ECX         ;由于 EDX 寄存器 D₅＝ 1,因此执行后 CF=1,EDX 值不变
BT    EDX,2           ;由于 EDX 寄存器 D₂＝ 0,因此执行后 CF=0,EDX 值不变
```

可以看出，该指令的功能与 TEST 指令相仿，区别在于 BT 指令只能测试一位二进制的值，测试结果通过 CF 表示，而且指定二进制位的表示方法（目的操作数）也不相同。

与 BT 指令类似的还有以下 3 条指令：

```
BTS    目的操作数,源操作数         ;测试目的操作数的指定位,并把该位置为 1
BTR    目的操作数,源操作数         ;测试目的操作数的指定位,并把该位置为 0
BTC    目的操作数,源操作数         ;测试目的操作数的指定位,并把该位取反
```

以上 4 条指令均为 386 新增，使用时需要添加.386 处理器选择伪指令。

4.1.3　条件转移指令

条件转移指令的一般格式如下：

```
Jcc   label
```

其中 J 是条件转移指令操作码的第一个字母,cc 是代表转移条件的 1~3 个字母,label 是转移目的地的标号。

(1) 根据两个有符号数比较结果的条件转移指令。两个有符号数的比较结果通过 OF,SF,ZF 反映出来,代表转移条件的字母有 G(greater,大于),L(less,小于),E(equal,等于),N(not,否)。表 4-1 列出了这 6 条相关的指令。

表 4-1   根据两个有符号数比较结果的条件转移指令

指令操作码助记符	指令功能	转移条件
JGE,JNL	大于等于(不小于)时转移	$OF \oplus SF = 0$
JG,JNLE	大于(不小于等于)时转移	$OF \oplus SF = 0$ 且 $ZF = 0$
JZ,JE	为零(相等)时转移	$ZF = 1$
JNZ,JNE	不为零(不相等)时转移	$ZF = 0$
JL,JNGE	小于(不大于等于)时转移	$OF \oplus SF = 1$
JLE,JNG	小于等于(不大于)时转移	$OF \oplus SF = 1$ 或 $ZF = 1$

表中,同一行上的两个指令助记符是同一条指令的两种写法,作用相同。使用上面指令之前,应确保指令使用的标志位已经正确地建立起来。下面程序根据有符号字变量 X 和 Y 的大小决定程序的走向。

```
        MOV   AX,X            ;X 的值送 AX
        CMP   AX,Y            ;比较两个操作数,建立需要的标志位
        JG    GREATER         ;如果 X>Y,转移到标号"GREATER"处执行
        JE    EQUAL           ;如果 X=Y,转移到标号"EQUAL"处执行
LESS:                         ;否则(隐含着 X<Y),执行标号"LESS"处的指令
    ⋮
GREATER:
    ⋮
EQUAL:
    ⋮
```

条件转移指令的执行不影响原有的标志位。如上例所示的,由 CMP 指令建立的标志位可以由不同的条件转移指令多次使用。

有的初学者会把上面的程序写成:

```
    JG    GREATER         ;如果 X>Y,转移到标号 GREATER 处执行
    JE    EQUAL           ;如果 X=Y,转移到标号 EQUAL 处执行
    JL    LESS            ;如果 X<Y,转移到标号 LESS 处执行
LESS:
    ⋮
```

这个程序能够正确运行,但是最后一条转移指令有点"画蛇添足"之嫌。

下面的程序计算 $AX=|AX-BX|$

```
    SUB   AX,BX        ;AX←(AX)-(BX),同时建立标志位
    JGE   SKIP         ;如果(AX)≥0,直接转标号"SKIP"处
    NEG   AX           ;如果(AX)<0,把 AX 的值取反
SKIP:
```

(2) 根据两个无符号数比较结果的条件转移指令。两个无符号数的比较结果通过 CF,ZF 反映出来,代表转移条件的字母有 A(above,高于),B(below,低于),E(equal,等于)。表 4-2 列出了这 6 条相关的指令。

表 4-2　根据两个无符号数比较结果的条件转移指令

指令操作码助记符	指 令 功 能	转 移 条 件
JA,JNBE	高于(不低于等于)时转移	CF=0 且 ZF=0
JAE,JNB,JNC	高于等于(不低于)时转移	CF=0
JZ,JE	为零(相等)时转移	ZF=1
JNZ,JNE	不为零(不相等)时转移	ZF=0
JB,JNAE,JC	低于(不高于等于)时转移	CF=1
JBE,JNA	低于等于(不高于)时转移	CF=1 或 ZF=1

使用上面指令之前,应确保指令使用的标志位已经正确地建立起来。

(3) 根据单个标志位的条件转移指令。可以根据某一个标志位来决定程序的走向,这一类指令有 11 条,其中一些在前面已经出现过。

表 4-3　根据单个标志位的条件转移指令

指令操作码助记符	指 令 功 能	转 移 条 件
JC,JB,JNAE	有进位时转移	CF=1
JNC,JNB,JAE	无进位时转移	CF=0
JZ,JE	为零(相等)时转移	ZF=1
JNZ,JNE	不为零(不相等)时转移	ZF=0
JS	为负时转移(不考虑是否溢出)	SF=1
JNS	为正时转移(不考虑是否溢出)	SF=0
JO	溢出时转移	OF=1
JNO	不溢出时转移	OF=0
JP,JPE	"1"的个数为偶数时转移	PF=1
JNP,JPO	"1"的个数为奇数时转移	PF=0

注意:PF 标志仅仅由运算结果的低 8 位建立。

对于 16 位 80x86CPU,上面的条件转移指令汇编后产生长度为 2B 的机器代码,第一

字节是它的操作码,第二字节是用补码表示的转移距离(位移量)。因此,它们的转移范围在下一条指令地址－128～＋127B。如果转移目的位置超出了上述范围,汇编时将报告错误。以 JG 指令为例:

```
JG   Label              ;如果标号 Label 超出范围,汇编时将出错
```

可以把上面指令修改为:

```
 JNG  Skip
 JMP  Label
Skip:  ...
```

对于 32 位 80x86CPU,上面的条件转移指令汇编后产生长度为 4B 的机器代码,前面 2B 内容是它的操作码,后面 2B 内容是表示转移距离的位移量,可以实现 64KB 范围内的转移。

(4) 根据 CX/ECX 寄存器值的条件转移指令

指令格式如下:

```
JCXZ  Label             ;若 CX= 0,转移到 Label
JECXZ Label             ;若 ECX= 0,转移到 Label
```

JCXZ 和 JECXZ 的转移范围固定为下一条指令地址－128～＋127B。

4.2　选择结构程序

编制程序时,经常会遇到这样的情况,根据不同的条件,需要进行不同的处理。计算分段函数的值就是一个典型的例子。

$$Y = \begin{cases} 3X - 5, & |X| \leqslant 3 \\ 6, & |X| > 3 \end{cases}$$

因此,为 $|X|>3$ 和 $|X|\leqslant 3$ 分别编制了进行不同处理的指令序列。程序运行时,如果条件 $|X|\leqslant 3$ 成立(为“真”),执行计算 $Y=3X-5$ 的一段程序。反之,如果条件 $|X|\leqslant 3$ 不成立(为“假”),则执行将常数 6 赋予 Y 的程序。也就是说,通过在不同的程序之间进行选择,实现程序的不同功能,选择结构因此得名。

4.2.1　基本选择结构

典型的选择结构程序流程和指令序列如图 4-1 所示。

图 4-1(a)反映了该程序的逻辑结构。首先通过运算、比较、测试指令建立新的标志位,然后,在菱形框内对由各标志位反映的条件进行判断。如果条件为“真”,转向由标号 LA 指出的程序 A 执行,否则(条件为“假”),执行由标号 LB 指出的程序 B。判断和转移操作由条件转移指令 Jcc LA 完成。

图 4-1(b)是对应的汇编指令序列,由于 Jcc 指令的特点,首先编写条件为“假”时对应的程序 B,然后编写条件为“真”时对应的程序 A,标号 LB 可以省略。特别需要提醒的是,程序 B 结束前,一定要使用 JMP 指令跳过程序 A,否则程序的逻辑关系就像图 4-1(d)所

反映的,将得到错误的结果。按照指令的物理顺序绘制的流程图如图 4-1(c)所示,程序 B 之后的虚线表示由"JMP LC"指令实现的程序转移。

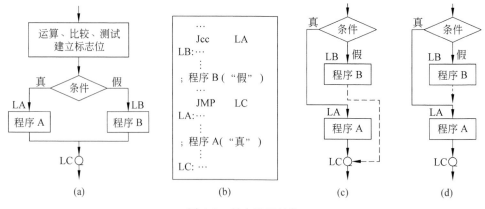

图 4-1 基本选择结构

【例 4-2】 判断变量 X 的值是否为偶数。

```
CODE    SEGMENT
  ASSUME  CS:CODE
START: JMP  BEGIN
X       DB    ?                  ;被测试的数,汇编之前置入
YES     DB    0AH,0DH,"It's an even number.",0AH,0DH,'$'
NO      DB    0AH,0DH,"It's an odd number.",0AH,0DH,'$'
BEGIN: PUSH CS
        POP   DS
        TEST  X,1                ;测试 X 的最低位,确定是否为偶数
        JZ    EVN                ;ZF=1,最低位=0,该数是偶数,转向 EVN
   ODD: LEA  DX,NO               ;否则,该数是奇数
        MOV   AH,9
        INT   21H                ;输出奇数的相关信息
        JMP   DONE               ;跳过程序 EVN
   EVN: LEA   DX,YES
        MOV   AH,9
        INT   21H                ;输出偶数的相关信息
 DONE: MOV   AX,4C00H
        INT   21H
CODE    ENDS
        END   START
```

这个程序把数据定义在代码段,不再需要定义数据段。由于变量 X 定义在 CODE 段内,在伪指令 ASSUME CS:CODE 的作用下,指令 TEST X,1 会自动按照 TEST CS:X, 1 的格式汇编成机器指令。但是,由于输出字符串的系统服务要求字符串存放在由 DS: DX 指出的位置上,所以程序中仍然用 PUSH CS 和 POP DS 两条指令将存放在 CS 中的

CODE 段基址装入 DS。

如果程序 A 和程序 B 中有相同的处理过程,可以把它们合并,写在标号 LC 开始的位置上。例 4-1 可以改写如下:

```
        ⋮
        TEST   X,1          ;测试 X 的最低位,确定是否为偶数
        JZ     EVN          ;ZF=1,最低位=0,该数是偶数,转向 EVN
ODD:    LEA    DX,NO        ;否则,该数是奇数
        JMP    DONE         ;跳过程序 EVN
EVN:    LEA    DX,YES       ;该数是偶数
DONE:   MOV    AH,9
        INT    21H          ;输出该数的相关信息
        MOV    AX,4C00H
        ⋮
```

变量 X 取值 93H,汇编、连接后运行该程序,程序输出:

It's an odd number.

变量 X 取值 94H,汇编、连接后运行该程序,程序输出:

It's an even number.

在改进后的程序里删除 JMP DONE 指令(或者,在这条指令的前面加一个分号),变量 X 先后取值 93H 和 94H,汇编、连接后运行该程序,程序输出什么?为什么在程序错误的情况下,仍然可能得到正确的输出?请读者认真阅读程序后作出回答。

【例 4-3】 从键盘上输入一个小写字母,显示该字母的前导和后继。

```
DATA     SEGMENT
PROMPT   DB   0DH,0AH," Input a lowercase letter:$"    ;输入提示信息
ERR_MSG  DB   0DH,0AH,"Input error.$"                  ;输入错误警告信息
BUF      DB   0DH,0AH,' Prev :'                        ;输出缓冲区
PREV     DB   20H
         DB   0DH,0AH,' Succ:'
SUCC     DB   20H
         DB   0DH,0AH,'$'
DATA     ENDS
CODE     SEGMENT
         ASSUME   CS:CODE,DS:DATA
START:   MOV AX,DATA
         MOV DS,AX
INPUT:   LEA DX,PROMPT
         MOV AH,9
         INT B21H                                      ;输出提示信息
         MOV AH,1
         INT 21H                                       ;输入一个字符
         CMP AL,'a'                                    ;输入正确性检查
```

```
            JB   ERROR                        ;ASCII 按照无符号数处理
            CMP AL,'z'
            JA   ERROR                        ;ASCII 按照无符号数处理
            MOV BL,AL                         ;输入字母转入 BL
            DEC BL                            ;计算前导字母
            CMP BL,'a'
            JB   SKIP1                        ;前导非字母,跳过
            MOV PREV,BL                       ;保存前导字母
    SKIP1:  INC AL                            ;计算后继字母
            CMP AL,'z'
            JA   SKIP2                        ;后继非字母,跳过
            MOV SUCC,AL                       ;后继为字母,保存
    SKIP2:  LEA DX,BUF                        ;输出前导和后继字母
            MOV AH,09H
            INT 21H
            JMP EXIT                          ;跳过出错处理程序
    ERROR:  LEA DX,ERR_MSG                    ;显示出错信息
            MOV AH,09H
            INT 21H
            JMP INPUT                         ;要求重新输入
    EXIT:   MOV AX,4C00H                      ;返回 OS
            INT 21H
    CODE    ENDS
            END START
```

　　初学者编制程序时,常常假定用户会根据程序的要求,进行正确的输入。实际上,操作错误是难以避免的,而一旦输入错误,程序可能会产生令人莫名其妙的结果。因此,作为一个健壮的程序,应该对输入的正确性进行必要的检查。这样做可能使源程序变得较长,但却是十分必要的。限于篇幅,本书的一些例子中没有进行类似的检查,但是读者在编制自己的应用程序时,不应该忘记这一点。

　　上面的程序里,将前导 PREV、后继 SUCC 的值预设为 20H(空格的 ASC 码)。输入的字母没有适当的前导、后继时,可以使用这些预设的值,从而简化程序。如果未对 PREV 和 SUCC 的值进行预设,不存在前导 PREV、后继 SUCC 时仍然在该位置上输出空格,上面程序应作何修改? 请读者考虑。

【例 4-4】 计算分段函数 $Y = \begin{cases} 3X-5, & |X| \leqslant 3 \\ 6, & |X| > 3 \end{cases}$。

```
INCLUDE  YLIB.H
DATA SEGMENT
  PROMPT     DB    0DH,0AH,"Input X (-10000~+10000):$"
  X          DW    ?
  OUT_MSG    DB    0DH,0AH,"Y=$"
  DATA ENDS
  CODE  SEGMENT
```

```
            ASSUME  CS:CODE,DS:DATA
    START:MOV   AX,DATA
            MOV    DS,AX                    ;装载 DS
            LEA    DX,PROMPT                ;输入提示信息
            CALL READINT                    ;从键盘上输入 X 的值
            MOV    X,AX                     ;保存输入值
    COMP:   CMP    X,3                      ;比较,X>3 ?
            JG     GREATER                  ;X>3成立,|X|>3,转 GREATER
            CMP    X,-3                     ;比较,X<-3 ?
            JL     GREATER                  ;X<-3成立,|X|>3,转 GREATER
    LESS:                                    ;|X|≤3 的程序段
            MOV    BX,AX                    ;BX←X
            SAL    AX,1                     ;AX←2X
            ADD    AX,BX                    ;AX←2X+X
            SUB    AX,5                     ;AX←3X-5
            JMP    OUTPUT
    GREATER:
            MOV    AX,6                     ;|X|>3 的程序段
    OUTPUT:
            LEA    DX,OUT_MSG               ;结果的前导文字
            CALL WRITEINT                   ;输出计算结果
            CALL CRLF                       ;输出回车换行
    EXIT:   MOV    AX,4C00H
            INT    21H
    CODE    ENDS
            END  START
```

本例中,$|X|>3$ 是一个复合逻辑表达式,它实际上由 $X>3$ 和 $X<-3$ 两个逻辑表达式用或运算连接而成。处理这样的判断有两种不同的方法:先计算 $|X|$,然后将 $|X|$ 与 3 比较;先后进行 $X>3$,$X<-3$ 两次比较,任何一次比较为"真",$|X|>3$ 即为"真"。高级语言编程时较多使用第一种方法。使用汇编语言编程时,由于 $|X|$ 作为中间结果在后面的计算中没有用处,所以较多采用第 2 种方法。两次比较之间的逻辑关系如图 4-2(a)

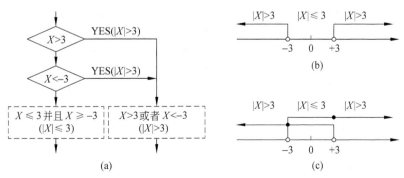

图 4-2 用两个逻辑条件组合成一个复合逻辑条件

和图 4-2(b)所示。本例也可以采用 $|X| \leqslant 3$ 作为判断条件,请读者参考图 4-2(c),改写例 4-4 的程序。

4.2.2 单分支选择结构

图 4-1(a)中,如果程序 A 或者程序 B 之一为"空",也就是说,没有对应的处理过程,如图 4-3(a),这样的程序流程称为**单分支选择结构**。

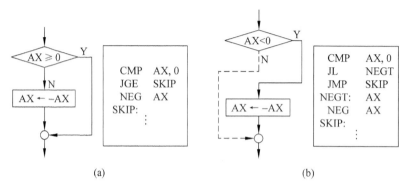

(a)   (b)

图 4-3 单分支选择结构

在原理上,单分支选择结构与基本选择结构是一样的。但是,合理地选择 JCC 指令所使用的条件,可以使程序更加流畅。以计算 AX 的绝对值为例,可以使用 JGE 进行判断,如图 4-3(a)所示,也可以用 JL 进行判断如图 4-3(b)所示,但是前者对应的源程序可读性更好。

与基本选择结构相比,单分支选择结构显得更为清晰、流畅。可以把一些基本选择结构程序改写为单分支选择结构。以例 4-4 为例,可以将 Y 预设为 6,一旦条件 $|X| > 3$ 成立,立即转向 OUTPUT 输出预设的结果,否则进行相应的计算。改写后的程序如下:

```
            ⋮
COMP: MOV  AX,6            ;预设 AX=6
      CMP  X,3             ;比较,X>3?
      JG   OUTPUT          ;若 X>3,则|X|>3,转 OUTPUT 输出
      CMP  X,-3            ;比较,X<-3?
      JL   OUTPUT          ;若 X<-3,则|X|>3,转 OUTPUT 输出
LESS:                      ;|X|≤3 的程序段
      MOV  AX,X            ;AX←X
      MOV  BX,AX           ;BX←X
      SAL  AX,1            ;AX←2X
      ADD  AX,BX           ;AX←2X+X
      SUB  AX,5            ;AX←3X-5
OUTPUT:
      LEA  DX,OUT_MSG      ;结果的前导文字
```

```
        CALL  WRITEINT           ;输出计算结果
        ⋮
```

【例 4-5】 将 4 位二进制表示的一个数转换成对应的十六进制字符。

本题要求将 0000 转换成'0',0001 转换成'1',……,1010 转换成'A',1111 转换成'F'。二进制数 X 和十六进制字符 Y 之间的转换实际上是计算分段函数:

$$Y = \begin{cases} X + 30H & X \leqslant 9 \\ X + 37H & X > 9 \end{cases}$$

转换程序为:

```
        MOV   AL,X
        CMP   AL,9
        JA    ALPH
        ADD   AL,30H
        JMP   DONE
ALPH:
        ADD   AL,37H
DONE:
        MOV   Y,AL
```

将它改写为单分支程序:

```
        MOV   AL,X
        OR    AL,30H
        CMP   AL,'9'
        JBE   DONE
        ADD   AL,7
DONE:
        MOV   Y,AL
```

4.2.3 复合选择结构

如果选择结构一个分支的程序中又出现了选择结构,这样的结构称为**复合选择结构**或者**嵌套选择结构**。

【例 4-6】 计算 $Y = \mathrm{SGN}(X)$。

本例实际上是计算 3 个分段的一个函数,对于 $X < 0, X = 0, X > 0, Y$ 分别取值 -1,0 和 1。一次判断只能产生两个分支,所以这个计算需要进行两次判断。对这类问题的处理有两种方法:

排除法:每次判断排除若干可能,留下一种可能情况进行处理;

确认法:每次判断确认一种可能,对已确认的情况进行处理。

两种方法编制的程序如下,它们对应的程序流程如图 4-4(a)和图 4-4(b)所示。

```
      ;方法 a,逐项排除                       ;方法 b,逐项确认
         CMP     X,0                         CMP     X,0
         JGE     UN_MINUS                    JG      PLUS
      MINUS:                                 JE      ZERO
         MOV     Y,-1                      MINUS:
         JMP     DONE                        MOV     Y,-1
      UN_MINUS:                              JMP     DONE
         JE      ZERO                      PLUS:
         MOV     Y,1                         MOV     Y,1
         JMP     DONE                        JMP     DONE
      ZERO:                                ZERO:
         MOV     Y,0                         MOV     Y,0
      DONE:   ....                         DONE:   …
```

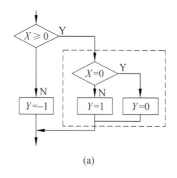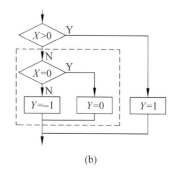

(a)   (b)

图 4-4　复合分支选择结构

图 4-4(a)中,判断"$X \geqslant 0$"产生两个分支,条件成立时,又通过 $X = 0$ 判断产生两个分支。位于矩形框内的这个选择结构程序块构成了 $X \geqslant 0$ 判断成立时需要执行的分支程序。

编制这类程序时请注意各级逻辑条件之间的相互关系。进入图 4-4(a)的 $X = 0$ 判断时,X 的值已经由上一级判断确定为 $X \geqslant 0$。$X = 0$ 为"假"时,X 的值同时具备两项特征:$X \neq 0$ 并且 $X \geqslant 0$,它们的综合等效于 $X > 0$ 因此 Y 取值为 1。请读者对图 4-4(b)中的 $X = 0$ 逻辑条件进行类似的分析。

4.2.4　多分支选择结构

在选择结构程序里,如果可供选择的程序块多于两个,这样的结构称为多分支选择结构,如图 4-5(a)所示,图 4-5(b)是汇编语言程序的实现方法。

【例 4-7】　从键盘上输入数字 1～3,根据输入选择对应程序块执行。

```
DATA    SEGMENT
        PROMPT  DB  0DH,0AH,"Input a number (1~ 3):$"
        MSG1    DB  0DH,0AH,"FUNCTION 1 EXECUTED.$"
        MSG2    DB  0DH,0AH,"FUNCTION 2 EXECUTED.$"
```

```
        MSG3    DB   0DH,0AH,"FUNCTION 3 EXECUTED.$"
DATA    ENDS
CODE    SEGMENT
        ASSUME  CS:CODE,DS:DATA
START:  MOV  AX,DATA
        MOV  DS,AX
INPUT:  LEA  DX,PROMPT
        MOV  AH,9
        INT  21H                ;输出提示信息
        MOV  AH,1
        INT  21H                ;输入一个数字
        CMP  AL,'1'
        JB   INPUT              ;"0"或非数字,重新输入
        JE   F1                 ;数字"1",转 F1
        CMP  AL,'2'
        JE   F2                 ;数字"2",转 F2
        CMP  AL,'3'
        JE   F3                 ;数字"3",转 F3
        JMP  INPUT              ;大于"3",重新输入
F1:     LEA  DX,MSG1            ;F1 程序块
        JMP  OUTPUT
F2:     LEA  DX,MSG2            ;F2 程序块
        JMP  OUTPUT
F3:     LEA  DX,MSG3            ;F3 程序块
        JMP  OUTPUT
OUTPUT:
        MOV  AH,9
        INT  21H
        MOV  AX,4C00H
        INT  21H
CODE    ENDS
        END  START
```

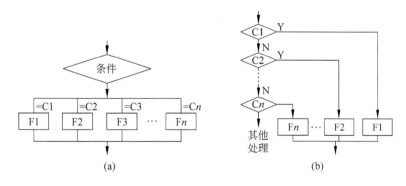

图 4-5　多分支选择结构

上面这个程序实质上就是前面所说的复合分支结构程序。程序中,对每一种可能逐个进行比较,一旦确认,转向对应程序执行。程序比较直观,容易理解,但是选择项目多时,程序较长,显得累赘。

把完成各功能的程序块入口地址放在一张表格中,根据输入,计算出该功能程序块入口地址在表中的位置,通过存储器间接转移转入对应位置执行。

```
DATA    SEGMENT
        PROMPT  DB   0DH,0AH,"Input a number (1~3):$"
        MSG1    DB   0DH,0AH,"FUNCTION 1 EXECUTED.$"
        MSG2    DB   0DH,0AH,"FUNCTION 2 EXECUTED.$"
        MSG3    DB   0DH,0AH,"FUNCTION 3 EXECUTED.$"
        ADDTBL  DW   F1,F2,F3       ;入口地址表
DATA    ENDS
CODE    SEGMENT
        ASSUME  CS:CODE,DS:DATA
START:MOV   AX,DATA
      MOV   DS,AX
INPUT:LEA   DX,PROMPT
      MOV   AH,9
      INT   21H                 ;显示提示信息
      MOV   AH,1
      INT   21H                 ;输入一个数字
      CMP   AL,'1'
      JB    INPUT               ;不正确输入,重新输入
      CMP   AL,'3'
      JA    INPUT               ;不正确输入,重新输入
      SUB   AL,'1'              ;将数字字符'1'~'3'转换为 0,1,2
      SHL   AL,1                ;转换为 0,2,4
      MOV   BL,AL
      MOV   BH,0                ;转入 BX
      JMP   ADDTBL[BX]          ;间接寻址,转移到对应程序块
   F1:  LEA   DX,MSG1           ;F1 程序块
        JMP   OUTPUT
   F2:  LEA   DX,MSG2           ;F2 程序块
        JMP   OUTPUT
   F3:  LEA   DX,MSG3           ;F3 程序块
        JMP   OUTPUT            ;这条指令可以省略
OUTPUT:
      MOV   AH,9
      INT   21H
      MOV   AX,4C00H
      INT   21H
CODE    ENDS
        END   START
```

程序首先对输入信息进行正确性检查,之后把输入的'1','2','3'转换为二进制数 0,2,4 装入 BX,通过'JMP ADDTBL[BX]'找到该程序块的入口并执行。当可选择的程序块较多时,这种方法的程序显得紧凑,规范。

4.3 循环结构程序

循环结构也称为重复结构,它使得一组指令重复地执行,可以用有限长度的程序完成大量的处理任务,因此得到了广泛的应用,几乎所有的应用程序中都离不开循环结构。

循环一般由以下 4 个部分组成。

(1) 初始化部分。为循环做准备,如累加器清零,设置地址指针和计数器的初始值等。

(2) 工作部分。实现循环的基本操作,也就是需要重复执行的一段程序。

(3) 修改部分。修改指针、计数器的值,为下一次循环做准备。

(4) 控制部分。判断循环条件,结束循环或继续循环。

按照循环结束的条件,有以下两类循环。

(1) **计数循环**。循环的次数事先已经知道,用一个变量(寄存器或存储器单元)记录循环的次数(称为循环计数器),可以采用加法或减法计数。进行加法计数时,循环计数器的初值设为 0,每循环一次将它加 1,将它和预定次数比较来决定循环是否结束。进行减法计数时,循环计数器的初值直接设为循环次数,每循环一次将计数器减 1,计数器减为 0 时,循环结束。

(2) **条件循环**。循环的次数事先并不确定,每次循环开始前或结束后测试某个条件,根据这个条件是否满足来决定是否继续下一次循环。

按照循环结束判断在循环中的位置,有以下两种结构的循环。

(1) **WHILE 循环**。进入循环后,先判断循环结束条件,条件满足则退出循环,循环次数最少为 0 次。

(2) **DO…WHILE 循环**。进入循环后,先执行工作部分,然后判断循环继续的条件,条件满足则转向工作部分继续循环,循环次数最少 1 次。

两种类型循环结构如图 4-6 所示。

4.3.1 循环指令

循环指令把 CX 寄存器用作循环计数器,每次执行循环指令,首先将 CX 的值减去 1,根据 CX 的值是否为 0,决定循环是否继续。

```
LOOP            Label           ;CX←CX-1,若 (CX)≠0,转移到 Label
LOOPZ/LOOPE     Label           ;CX←CX-1,若 (CX)≠0 且 ZF=1,转移到 Label
LOOPNZ/LOOPNE   Label           ;CX←CX-1,若 (CX)≠0 且 ZF=0,转移到 Label
```

LOOPZ 和 LOOPE,LOOPNZ 和 LOOPNE 是同一条指令的两种书写方法。上述 3 条循环指令的执行均不影响标志位。

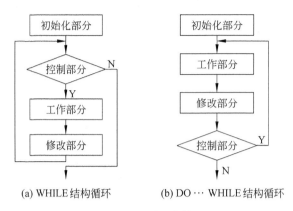

(a) WHILE 结构循环   (b) DO … WHILE 结构循环

图 4-6　循环结构

循环指令采用相对寻址方式，Label 距离循环指令的下一条指令必须在$-128\sim$ $+127$B 之内。

LOOP 指令的功能可以用 JCC 指令实现：

```
DEC  CX              ;CX←CX-1
JNZ  Label           ;若(CX)≠0(也就是 ZF=0),转移到 Label
```

同样地，LOOPZ/LOOPE，LOOPNZ/LOOPNE 指令的功能也可以由 JCC 指令实现，请读者写出对应的指令序列。

由于对 CX 先减 1，后判断，如果 CX 的初值为 0，将循环 65536 次。

4.3.2　计数循环

计数循环是基本的循环组织方式，用循环计数器的值来控制循环，有时候也可以结合其他条件共同控制。

【例 4-8】　从键盘上输入一个字符串(不超过 80 个字符)，将它逆序后输出。

```
INCLUDE  YLIB.H
DATA     SEGMENT
BUFFER   DB  81,?,81 DUP(?)
MESS     DB  0AH,0DH,"Input a string please :$"
DATA     ENDS
CODE     SEGMENT
    ASSUME  CS:CODE,DS:DATA
START:  MOV  AX,DATA
        MOV  DS,AX
        LEA  DX,MESS
        MOV  AH,09H
        INT  21H              ;输出提示信息
        MOV  AH,0AH
        LEA  DX,BUFFER
        INT  21H              ;输入字符串
```

```
        CALL  CRLF
        LEA   BX,BUFFER              ;缓冲区首地址送 BX
        MOV   CL,BUFFER+1
        MOV   CH,0                   ;输入字符个数送 CX(循环次数)
        ADD   BX,CX
        INC   BX                     ;计算字符串末地址送 BX(指针)
DISP:   MOV   DL,[BX]
        MOV   AH,02H
        INT   21H                    ;逆序输出一个字符
        DEC   BX                     ;修改指针
        LOOP DISP                     ;计数循环
        CALL  CRLF                    ;输出换行、回车,结束本行
        MOV   AX,4C00H
        INT   21H
CODE    ENDS
        END   START
```

这是一个典型的计数循环程序,循环次数就是输入字符的个数,装入 CX,BX 作为字符串指针。

【例 4-9】 从键盘上输入一个十进制无符号整数,将它用十六进制格式输出。

```
INCLUDE   YLIB.H
DATA    SEGMENT
MESS1   DB    0AH,0DH,"Input a number :$"
MESS2   DB    0AH,0DH,"The number in hexdecimal is:$"
HEXTAB DB     "0123456789ABCDEF"
DATA    ENDS
CODE    SEGMENT
        ASSUME  CS:CODE,DS:DATA
START: MOV   AX,DATA
        MOV   DS,AX
        LEA   DX,MESS1
        CALL  READDEC              ;输入一个十进制无符号数
        MOV   SI,AX                ;转存在 SI 中
        LEA   DX,MESS2
        MOV   AH,9
        INT   21H                  ;输出文字前导
        MOV   CX,4                 ;循环次数初值
        LEA   BX,HEXTAB            ;换码表首地址
ONE:    PUSH  CX
        MOV   CL,4
        ROL   SI,CL                ;把最高 4 位移到最低 4 位
        MOV   AX,SI                ;转入 AX 中
        AND   AX,000FH             ;保留最低 4 位
        XLAT                       ;查表,转换成十六进制字符的 ASCII 代码
```

```
        MOV    DL,AL
        MOV    AH,2
        INT    21H                ;输出一个十六进制字符
        POP    CX
        LOOP   ONE                ;计数循环
        CALL   CRLF               ;输出回车换行,结束本行
        MOV    AX,4C00H
        INT    21H
CODE    ENDS
        END    START
```

上面例子中,通过调用库子程序 READDEC 从键盘上输入一个无符号十进制数,然后将它以十六进制格式输出。以十六进制格式输出一个无符号数,可以直接使用库子程序 WRITEHEX,为了让读者了解这一过程,本例展示了这个处理的细节。

【例 4-10】 从键盘上输入 7 名裁判的评分(0～10),扣除一个最高分,一个最低分,计算出其他五项评分的平均值(保留一位小数),在显示器上输出。

为了求得扣除最高分、最低分后其余分数的平均值,需要分别求出:7 项分数的和、最高分、最低分,用总分减去最高分、最低分,最后除以 5,就得到了需要的成绩。

求 N 个数据中最大值的方法是:预设一个"最大值",取出一个数据与这个最大值进行比较,如果数据大于最大值,则将该数据作为新的"最大值"。进行 N 次比较之后留下的就是这 N 个数据的最大值。预设的最大值的初值可以从 N 个数据中任取一个,也可以根据数据的范围,取一个该范围内的最小的数。例如,用 1B 空间存储的无符号数据,可以预取最大值为 0,用 1B 空间存储的有符号数据,可以预取最大值为－128(80H)等等。计算最小值的方法与此类似。

```
        INCLUDE  YLIB.H
DATA    SEGMENT
MESS1   DB    0DH,0AH,"Input a score (0~ 10) :$"
MESS2   DB    0DH,0AH,"The final score is :$"
C5      DB    5
MAX     DB    ?
MIN     DB    ?
SUM     DB    ?
DATA    ENDS
CODE    SEGMENT
        ASSUME CS:CODE,DS:DATA
START:  MOV    AX,DATA
        MOV    DS,AX
        MOV    SUM,0              ;累加器清零
        MOV    MAX,0              ;最大值预设为 0
        MOV    MIN,255            ;最小值预设为 255
        MOV    CX,7               ;循环计数器,初值 7
ONE:    LEA    DX,MESS1
```

```
                CALL  READDEC              ;键盘输入一个分数
                ADD   SUM,AL               ;累加
                CMP   MAX,AL               ;与最大值比较
                JA    L1
                MOV   MAX,AL               ;大于最大值则保留
        L1:     CMP   MIN,AL               ;与最小值比较
                JB    L2
                MOV   MIN,AL               ;小于最小值则保留
        L2:     LOOP  ONE                  ;计数循环
                MOV   AL,SUM
                SUB   AL,MAX
                SUB   AL,MIN               ;从总分中减去最大、最小值
                MOV   SUM,AL
                XOR   AH,AH                ;高 8 位清零
                DIV   C5                   ;求平均值
                PUSH  AX                   ;保留余数(在 AH 中)
                MOV   AH,0                  ;清余数
                LEA   DX,MESS2
                CALL  WRITEDEC             ;输出结果的整数部分
                MOV   DL,'.'
                MOV   AH,2
                INT   21H                  ;输出小数点
                POP   AX                   ;从堆栈弹出余数
                SHL   AH,1                  ;计算一位小数:(AH÷5)×10=AH×2
                MOV   DL,AH                 ;
                OR    DL,30H               ;转换成 ASCII 代码
                MOV   AH,2
                INT   21H                  ;输出结果的小数部分
                CALL  CRLF                 ;输出回车换行,结束本行
                MOV   AX,4C00H
                INT   21H
        CODE    ENDS
                END   START
```

【例 4-11】 求稀疏矩阵 ARRAY 非零元素的平均值。

所谓稀疏矩阵是指存在大量零元素的矩阵,这样的矩阵的元素个数一般都很多。为了节约存储空间,通常不存储那些值为零的元素。为此,稀疏矩阵通常用一个标尺记录哪些位置上元素为零,哪些位置上有非零元素。例如,标尺 RULE＝0001 0000 0010 0000B 可以表示一个 16 个元素的稀疏矩阵,它仅在第 3,10 位置上有非零元素(从 0 开始计数)。它实际上只占用两个元素的存储单元。

```
        .386
        DATA  SEGMENT  USE16
        ARRAY  DW  123,-39,211,...              ;稀疏矩阵非零元素
```

```
RULE    DW   0001 0000 0011 0010B              ;标尺
AVG     DW   ?                                 ;非零元素的平均值
SUM     DD   ?                                 ;累加器
DATA    ENDS
CODE    SEGMENT   USE16
        ASSUME  CS:CODE,DS:DATA
START:  MOV   AX,DATA
        MOV   DS,AX
        LEA   SI,ARRAY                         ;装载非零元素地址指针
        MOV   CX,16                            ;设置计数器初值
        MOV   BX,0                             ;设置非零元素个数计数器初值
        MOV   SUM,0                            ;设置累加器初值
ONE:    ROL   RULE,1                           ;测试标尺
        JNC   NEXT                             ;该位置上为零元素,转 NEXT
        MOVSX EAX,WORD PTR[SI]                 ;取出一个元素,转换成 32 位有符号数
        ADD   SUM,EAX                          ;累加
        INC   BX                               ;统计非零元素个数
        ADD   SI,2                             ;修改地址指针
NEXT:   LOOP  ONE                              ;计数循环控制
        CMP   BX,0                             ;有非零元素?
        JE    EMPTY                            ;无非零元素,转向 EMPTY
        MOV   DX,WORD PTR[SUM+2]
        MOV   AX,WORD PTR[SUM]                 ;取出 32 位累加值
        IDIV  BX                               ;计算平均值
        MOV   AVG,AX                           ;保存结果
        JMP   EXIT
EMPTY:  MOV   AVG,-1                           ;无非零元素,置平均值为-1
EXIT:   MOV   AX,4C00H
        INT   21H
CODE    ENDS
        END   START
```

本例中的标尺也称为逻辑尺,它的一位二进制值代表着一个逻辑特征。当然,也可以用逻辑尺内的 2 位二进制表示某个逻辑特征。

4.3.3 条件循环

用条件控制循环更具有普遍性,计数循环本质上是条件循环的一种。

【例 4-12】 字符串 STRING 以代码 0 结束,求这个字符串的长度(字符个数)。

```
DATA   SEGMENT
STRING  DB   "A string for testing . ",0
LENTH  DW   ?
DATA   ENDS
CODE   SEGMENT
```

```
              ASSUME   CS:CODE,DS:DATA
START:   MOV   AX,DATA
         MOV   DS,AX
         LEA   SI,STRING          ;装载字符串指针
         MOV   CX,0               ;设置计数器初值
TST:     CMP   BYTE PTR [SI],0    ;比较
         JE    DONE               ;字符串结束,转向 DONE 保存结果
         INC   SI                 ;修改指针
         INC   CX                 ;计数
         JMP   TST                ;转向 TST,继续循环
DONE:    MOV   LENTH,CX           ;保存结果
         MOV   AX,4C00H
         INT   21H
CODE     ENDS
         END   START
```

如果初学者把程序写成这样:

```
TST:  CMP  BYTE PTR [SI],0        ;比较
      INC  SI                     ;修改指针
      INC  CX                     ;计数
      JNE  TST                    ;转向 TST,继续循环
      ⋮
```

想一想,这个程序错在哪里? 运行结果会怎样?

这个程序的另一种表述如下:

```
      ⋮
      LEA  SI,STRING-1            ;装载字符串指针
      MOV  CX,-1                  ;装载计数器初值
TST:  INC  SI                     ;修改指针
      INC  CX                     ;计数
      CMP  BYTE PTR [SI],0        ;比较
      JNE  TST                    ;未结束,转向 TST 继续循环
      MOV  LENTH,CX               ;字符串结束,保存结果
      ⋮
```

初学者读这段程序时,会认为这个程序有点"怪异",反复地阅读,你会体会到它的简捷和流畅。

【例 4-13】 一维无符号字数组 ARRAY 以-1 作为数组结束标志,求这个数组各元素的平均值。

```
DATA    SEGMENT
ARRAY   DW    1,2,3,4,5,6,-1
AVRG    DW    ?
DATA    ENDS
```

```
CODE    SEGMENT
        ASSUME  CS:CODE,DS:DATA
START:  MOV   AX,DATA
        MOV   DS,AX
        LEA   BX,ARRAY            ;装载数组指针
        XOR   CX,CX               ;设置计数器初值
        XOR   DX,DX
        XOR   AX,AX               ;清累加器
ONE:    CMP   WORD PTR[BX],-1     ;判数组是否结束
        JE    DONE                ;数组结束,转 DONE,结束处理
        ADD   AX,[BX]             ;累加
        ADC   DX,0                ;保留进位
        ADD   BX,2                ;修改指针
        INC   CX                  ;数组元素个数计数
        JMP   ONE                 ;转 ONE,继续循环
DONE:   JCXZ  NULL                ;数组元素个数为 0,不能求平均值
        DIV   CX                  ;计算数组平均值
        MOV   AVRG,AX             ;保存结果
        JMP   EXIT
NULL:   MOV   AVRG,-1             ;数组为空,记平均值为-1
EXIT:   MOV   AX,4C00H
        INT   21H
CODE    ENDS
        END   START
```

【例 4-14】 查找字母'a'在字符串 STRING 中第一次出现的位置,如果未出现,置位置值为-1。

```
DATA  SEGMENT
POSITION   DW  ?
STRING     DB  "This is a string for example. ",0
DATA  ENDS
CODE  SEGMENT
      ASSUME   DS:DATA,CS:CODE
START:
      MOV    AX,DATA
      MOV    DS,AX
      MOV    SI,-1              ;SI 用作字符串字符指针
      MOV    CX,30             ;字符串长度 30
L0:   INC    SI                 ;修改指针
      CMP    STRING[SI],'a'     ;将字符串内一个字符与'a'进行比较
      LOOPNE L0                 ;字符串未结束,且未找到,转 L0 继续循环
      JNE    NOTFOUND           ;未找到,转 NOTFOUND
      MOV    POSITION,SI        ;保存位置值
      JMP    EXIT
```

```
NOTFOUND:
        MOV     POSITION,-1             ;未找到,置位置值为-1
EXIT:   MOV     AX,4C00H
        INT     21H
CODE    ENDS
        END     START
```

本程序使用 LOOPNE 指令来控制循环,既有计数控制,又有条件控制。循环结束有两种可能性:

(1) 字符串内找到字符'a': 循环结束时 ZF＝1,SI 内是字符的出现位置(从 0 开始);

(2) 字符串内未找到字符'a': 循环结束时 ZF＝0,SI 内是字符串的长度－1(30－1＝29)。

对于 LOOPZ/LOOPE,LOOPNZ/LOOPNE 控制的循环,一般应在循环结束后用条件转移指令分开这两种情况,分别处理。

【例 4-15】 从键盘上输入一个有符号整数(假设为－32768～32767),将它转换成二进制补码,存入 NUM 单元。

```
DATA    SEGMENT
C10     DW      10
NUM     DW      ?
SIGN    DB      ?
ERRMSG  DB      0DH,0AH,"Input a Decimal Digit (0~9) :$"
DATA    ENDS
CODE    SEGMENT
        ASSUME  DS:DATA,CS:CODE
START:
        MOV AX,DATA
        MOV DS,AX
        MOV NUM,0               ;结果单元清零
        MOV SIGN,0             ;符号预设为 0(表示"+")
BEGIN:
        MOV AH,1
        INT 21H                ;从键盘输入一个字符
        CMP AL,0DH
        JE  EXIT               ;是回车,转 EXIT,结束
        CMP AL,"+"
        JE  INPUT              ;是"+",转 INPUT,输入下一个字符
        CMP AL,"-"
        JNE TWO                ;非符号字符,转 TWO,处理该字符
        MOV SIGN,1             ;是"-",把符号标识为 1(表示"-")
INPUT:
        MOV AH,1
        INT 21H                ;从键盘再输入一个字符
```

```
        CMP AL,0DH
        JE   DONE                      ;是回车,转 DONE,结束处理
TWO:
        CMP AL,"0"
        JB   ERRINPUT                  ;输入非数字,显示出错信息
        CMP AL,"9"
        JA   ERRINPUT                  ;输入非数字,显示出错信息
        MOV BX,AX                      ;输入字符转移到 BX 寄存器
        AND BX,000FH                   ;转换成二进制数
        MOV AX,NUM
        MUL C10
        ADD AX,BX                      ;将新输入数字拼接到已输入数字中
        MOV NUM,AX
        JMP INPUT                      ;转 INPUT,输入下一个字符
ERRINPUT:
        LEA DX,ERRMSG
        MOV AH,9
        INT 21H                        ;显示出错信息
        JMP INPUT                      ;转 INPUT,重新输入
DONE:
        CMP SIGN,0                     ;判符号位
        JE   EXIT
        NEG NUM                        ;符号为"-",对已输入数取反
EXIT:
        MOV AX,4C00H
        INT 21H
CODE    ENDS
        END START
```

4.3.4 多重循环

如果一个循环的循环体内包含了另一个循环,称这个循环为多重循环,各层循环可以是计数循环或者条件循环。

图 4-7 展示了两重循环的一般结构,内/外两重循环的循环体用不同颜色的区域表示。

【例 4-16】 打印 20H~7FH 之间的 ASCII 字符表。

假设打印格式为:每行打印 16 个字符,共打印 6 行。

每行打印 16 个字符:打印 1 个字符的过程重复 16 次,构成一个计数循环。

共需要打印 6 行:打印 1 行字符的过程重复 6 次,构成另一个计数循环。

由于一行字符由 16 个字符构成,所以,打印字符的循环包含在打印行的循环之内。称打印一个字符的循环为内循环,打印行的循环为外循环。两层循环之间关系可以从图 4-8 所示的流程图清晰地看到,对应的源程序如下:

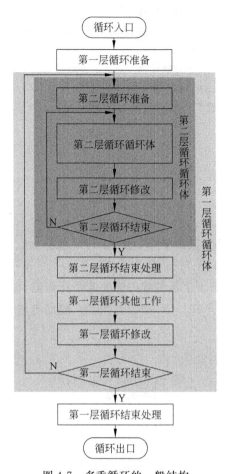

图 4-7 多重循环的一般结构

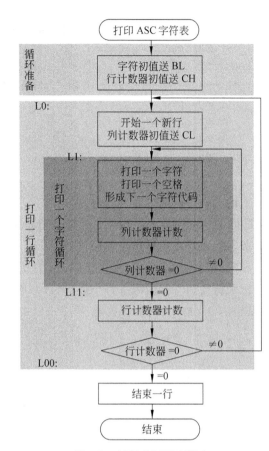

图 4-8 打印 ASCII 字符表

```
INCLUDE   YLIB.H
CODE   SEGMENT
       ASSUME   CS:CODE,DS:CODE
START:
       MOV   BL,20H                                      ;第一个字符的 ASCII 代码
       MOV   CH,6                                        ;行数计数器初值
;════════════════════打印一行循环开始════════════════════
L0:    CALL CRLF                                         ;开始一个新行
       MOV   CL,16                                       ;列计数器初值
;────────────────打印一个字符的循环开始 ────────────────
L1:    MOV   DL,BL                                       ;装入一个字符 ASCII 代码
       MOV   AH,2
       INT   21H                                         ;输出一个字符
       MOV   DL,20H
       MOV   AH,2
       INT   21H                                         ;输出一个空格
       INC   BL                                          ;准备下一个待输出的字符 ASCII 代码
```

```
        DEC   CL                                       ;列数计数
L11:    JNZ   L1                                        ;列数未满 (本行未完),转 L1 继续
;-----------------打印一个字符的循环结束------------------
        DEC   CH                                        ;行数计数
L00:    JNZ   L0                                        ;行数未满,转 L0 继续
;=================打印一行的循环结束==================
        CALL CRLF                                       ;结束最后一行
        MOV  AX,4C00H
        INT  21H
CODE  ENDS
      END  START
```

上面的程序由两层循环组成,标号 L1~L11 之间的指令行构成内层循环,标号 L0~L00 之间的指令构成外层循环。初学者请特别注意置输出字符初值,置行计数器初值,置列计数器初值这几个操作出现的位置。

在前面的计数循环中,常常使用 CX 作为计数器。上面的程序需要两个计数器,分别用于记录行数和一行内的字符个数(列数),所以改用 CH,CL 作为计数器。借助于堆栈,也可以将 CX 分身为两个计数器。

```
        ⋮
        MOV   BL,20H                                    ;第一个字符的 ASCII 代码
        MOV   CX,6                                      ;行数计数器初值
;=================打印一行循环开始==================
L0: CALL CRLF                                           ;开始一个新行
    PUSH CX                                             ;保存 CX 中的行计数器值
    MOV  CX,16                                          ;CX 中置入列计数器初值
;-----------------打印一个字符的循环开始------------------
L1: MOV   DL,BL                                         ;装入一个字符 ASCII 代码
    ⋮
L11:LOOP L1                                             ;列数未满 (本行未完),转 L1 继续
;-----------------打印一个字符的循环结束------------------
    POP   CX                                            ;恢复 CX 为行计数器
L00:LOOP L0                                             ;行数计数,行数未满,转 L0 继续
;=================打印一行的循环结束==================
    ⋮
```

在输出一行内各字符时,行计数器处于"休眠"状态,利用这一特点,将它的值压入堆栈保护,将 CX 用作列计数器。一行输出完毕,列计数器完成了它的"使命",这时又将堆栈里保存的行计数器值弹出,CX 又成为行计数器。

运行该程序,显示结果为:

```
    !  "  #  $  %  &  '  (  )  *  +  ,  -  .  /
    0  1  2  3  4  5  6  7  8  9  :  ;  <  =  >  ?
    @  A  B  C  D  E  F  G  H  I  J  K  L  M  N  O
```

```
P  Q  R  S  T  U  V  W  X  Y  Z  [  \  ]  ^  _
`  a  b  c  d  e  f  g  h  I  j  k  l  m  n  o
p  q  r  s  t  u  v  w  x  y  z  {  |  }  ~
```

【例 4-17】 用"冒泡"的方法对数组 P 的元素排序,按从小到大的顺序排列。

排序是计算机最常用算法之一,有多种可以选用的方法,"冒泡"是其中比较简单的一种。它的基本方法是将相邻元素通过比较进行整序,通过多次、多遍的邻元素整序,实现整个数组的整序。表 4-4 展示了数组通过"冒泡"算法进行排序的直观过程。

表 4-4　5 元素数组"冒泡"排序的操作过程

排序遍数	本遍整序前	第 1 次整序后	第 2 次整序后	第 3 次整序后	第 4 次整序后
1	32 16 84 8 5	16 32 84 8 5	16 32 84 8 5	16 32 8 84 5	16 32 8 5 84
2	16 32 8 5 **84**	16 32 8 5 **84**	16 8 32 5 **84**	16 8 5 32 **84**	
3	16 8 5 **32 84**	8 16 5 **32 84**	8 5 16 **32 84**		
4	8 5 **16 32 84**	5 8 **16 32 84**			

从表中可以看出,对于 5 个元素($N=5$)的数组,整个排序通过 4 遍($=N-1$)邻元素整序完成。每一"遍"的整序由若干次邻元素整序组成。4 遍整序中,邻元素整序的次数依次为 4,3,2,1。表 4-4 内,"第 1 次整序后"、"第 2 次整序后"、……各列中,用下划线指出了本次整序后的两个邻元素。

完成第一遍整序后,数组中最大的元素被移动到最后,已经到达它应该占据的位置,不需要参加下一遍的整序。表 4-4"本遍整序前"这一列用矩形框指出了需要参加这一"遍"整序的元素。

```
INCLUDE   YLIB.H
DATA      SEGMENT
P         DW  10 DUP(?)
N         DW    ?
MESS1     DB  0DH,0AH,'Input Numbers of Elements in Array P (1~ 10):$'
MESS2     DB  0DH,0AH,'Input Values of Elements in Array P:$'
MESS3     DB  0DH,0AH,'NO.$'
MESS4     DB  0DH,0AH,'Array P After Sort:',0DH,0AH,'$'
DATA      ENDS
CODE      SEGMENT
          ASSUME   CS:CODE,DS:DATA
START:    MOV   AX,DATA
          MOV   DS,AX
          LEA   DX,MESS1
          CALL  READINT                    ;输入数组元素个数
          MOV   N,AX
          LEA   DX,MESS2
```

```
                MOV   AH,9
                INT   21H                      ;输出提示信息,准备输入数组各元素的值
;********************** 从键盘输入数组各元素 **********************
                MOV   BX,0                     ;输入数组循环准备
                MOV   CX,N                      ;BX=元素在数组内的位移,CX=数组元素个数
INPUT:  LEA   DX,MESS3
                MOV   AX,N
                SUB   AX,CX
                INC   AX
                CALL  WRITEINT                  ;输出元素序号,从 1 开始
                MOV   DX,0FFFFH
                CALL  READINT                   ;输入一个元素
                MOV   P[BX],AX                  ;保存该元素的值
                INC   BX
                INC   BX                        ;修改指针
                LOOP  INPUT                     ;输入未结束,转 INPUT 继续
;********************** 开始排序 **********************
                MOV   CX,N                      ;设置外层循环计数器
                DEC   CX                        ;CX 中为排序的"遍数"(=N-1)
;========================= 外层循环循环体开始 =========================
LOOP1:  PUSH  CX                        ;保存外循环计数器
                MOV   BX,0                      ;BX=整序元素在数组内的位移
                                                ;每一遍从第一个元素开始
;----------内层循环循环体开始,CX 的值是内层循环的次数 ----------
LOOP2:  MOV   AX,P[BX]
                CMP   AX,P[BX+2]                 ;邻元素比较
                JLE   NEXT                       ;不需要整序,转 NEXT
                XCHG  AX,P[BX+2]                 ;交换邻元素位置
                XCHG  AX,P[BX]
NEXT:   INC   BX                        ;修改指针
                INC   BX
                LOOP  LOOP2                      ;本遍未结束,转 LOOP2 继续
;--------------------内层循环循环体结束 --------------------
                POP   CX                         ;恢复外层循环计数器
                LOOP  LOOP1                      ;"遍数"未满,转 LOOP1 继续
;========================= 外层循环循环体结束 =========================
;********************** 输出排序后的数组 P **********************
                LEA   DX,MESS4
                MOV   AH,9
                INT   21H                       ;输出提示信息
                MOV   BX,0
                MOV   CX,N                       ;输出循环准备:BX=位移,CX=循环次数
OUTPUT:MOV    DX,0FFFFH
                MOV   AX,P[BX]                   ;取出一个排序后的数组元素
```

```
        CALL  WRITEINT                    ;交"WRITEINT"输出
        INC  BX
        INC  BX                           ;修改指针
        LOOP OUTPUT                       ;输出未完成,转 OUTPUT 继续
        CALL CRLF                         ;结束本行
        MOV  AX,4C00H
        INT  21H
CODE    ENDS
        END  START
```

该程序汇编、连接、运行如下(带下划线的内容从键盘输入):

D:\TASM5> TASM EX417

Assembling: ex417.asm

Error messages: none

Warning messages: None

Passes: 1

Remaining memory: 452k

D: \TASM5> TLINK EX417,,,YLIB16

Turbo Link Version 7.1.30.1 Copyright © 1987,1996 Borland International

Warning: No stack

D:\TASM5> EX417

Input Number of Elements in Array P (1~10): 5

Input Values of Elements in Array P:

NO. 1 32

NO. 2 16

NO. 3 84

NO. 4 8

NO. 5 5

Array P After Sort:

5   8 16 32 84

【例 4-18】 从键盘上输入一个无符号字整数,分解出它的所有质因数,输出在显示器上。例如:

```
17=1 * 17
24=1 * 2 * 2 * 2 * 3
  ⋮
```

求解这个问题的基本思路如下:

将键盘输入的数据被 2 除,如果整除,输出"∗2",将商继续被 2 除,直到不能被 2 整除。

将余下的商被 3 除,如果整除,输出"∗3",将商继续被 3 除,直到不能被 3 整除。

重复以上的过程,直到商为 1。

与前面的程序比较,这个程序稍微要复杂一些。对于初学者来说,画出它的流程图是

一件事半功倍的事情。请特别留意图 4-8 中对堆栈操作的图示,堆栈操作必须成对进行,特别是产生分支后,必须保证每个分支上堆栈操作的匹配,否则会产生错误而且难以调试。

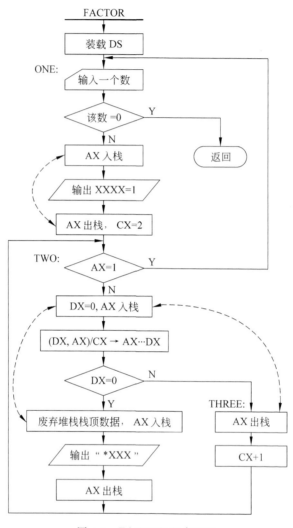

图 4-9　FACTOR 程序流程

程序中用 AX 存放被分解的数据,CX 中存放待分解的因数。源程序如下:

```
INCLUDE  YLIB.H
DATA     SEGMENT
MESS1    DB  0DH,0AH,'Input a Number (=0,Exit):$'
MESS2    DB  '=1$'
DATA     ENDS

CODE     SEGMENT
         ASSUME  CS:CODE,DS:DATA
```

```
START:   MOV   AX,DATA
         MOV   DS,AX

ONE:     LEA   DX,MESS1              ;从键盘输入一个无符号数
         CALL READDEC
         CMP   AX,0
         JZ    EXIT                  ;如果输入数据为 0,转 EXIT 结束程序

         PUSH AX                     ;为了输出,保存 AX 中的输入数据
         MOV   DX,0FFFFH
         CALL WRITEDEC               ;输出这个数
         LEA   DX,MESS2
         MOV   AH,9
         INT   21H                   ;输出"=1"

         MOV   CX,2                  ;准备分解因数,预设除数 CX=2
         POP   AX                    ;把输入数据从堆栈中弹出,恢复 AX

TWO:     CMP   AX,1                  ;已分解结束 (AX=1)?
         JE    ONE                   ;分解结束,转 ONE
         MOV   DX,0                  ;通过除法试探是否含有该因数
         PUSH AX                     ;除法进行之前保存 AX 的值
         DIV   CX
         CMP   DX,0                  ;是否整除?
         JNZ   THREE                 ;不含有该因数,转 THREE
         POP   SI                    ;整除,含有该因数,废弃堆栈里的数据
         PUSH AX                     ;把除法的商置入堆栈保护

         MOV   DL,'*'                ;输出"*"
         MOV   AH,2
         INT   21H

         MOV   AX,CX                 ;输出该因数
         MOV   DX,0FFFFH
         CALL WRITEDEC

         POP   AX                    ;恢复堆栈中保存的商
         JMP   TWO                   ;转 TWO,继续试探分解同一个因数

THREE:   POP   AX                    ;试探不成功 (未整除),从堆栈恢复原数据
         INC   CX                    ;除数加 1,试探下一个因数
         JMP   TWO                   ;转 TWO 继续分解

EXIT:    CALL CRLF                   ;处理结束,输出一个空行
```

```
        MOV  AX,4C00H
        INT  21H
CODE    ENDS
        END  START
```

4.4 程序的调试

程序调试是软件开发一个不可缺少,十分重要的过程。程序调试的目的是尽可能多地发现错误并改正这些错误,直到不能继续找到新的错误。也就是说,程序调试是为了找出程序中的错误,而不是着眼于证明程序是正确的。

在计算机专业的"软件工程"课程里,对于软件的调试步骤和方法有着系统的论述。本节仅仅针对初学者编制的中、小规模程序的调试方法作一番分析和总结。

4.4.1 程序调试的基本过程

程序员编完程序之后,总是认为自己编写的程序一定是正确的。其实,对于初学者而言,程序出现这样那样的问题完全是正常的事情。反之,写完程序,输入、汇编、连接之后就能正确无误地工作,倒应该被认为是一种巧合。

导致程序出错的原因如下:

(1) 源程序书写、输入可能发生错误(文字/语法错误);

(2) 对指令的功能,汇编语言中各种语句的作用理解有误,导致不正确地使用(语义错误);

(3) 对待求解问题的算法,特别是复杂问题的算法,有一个从"必然王国"到"自由王国",逐步深入的认识过程(算法错误)。

一个中、小规模的程序的调试,一般可以分为如下 3 个步骤。

(1) 通过汇编、连接,发现并改正源程序中的语法错误。

(2) 程序测试:运行这个程序,输入几组代表性数据,观察它的输出结果或程序产生的动作,找出它在功能上的错误。这一步仅仅是发现错误,还不能立即纠正错误。

(3) 程序调试:针对已经发现的错误,通过多种方法,找出导致产生错误的原因,并改正这些错误。

上面的 3 个步骤可能需要重复多次,直到找不到新的错误。

4.4.2 语法错误的调试

源程序输入错误,保留字拼写错误,不正确地使用标点符号都会导致"语法错误"。程序的语法错误是最容易发生,也是比较容易改正的错误。但是,仍然需要掌握一定的规则。

有的语法错误发生后,只影响产生错误的程序行自身。例如,把指令助记符 MOV 拼写成,或者输入成 MOVE,汇编时会产生如下的出错信息:

```
**Error** XXXX.ASM(10)   Illegal instruction
```

其中的 XXXX.ASM 是正在汇编的源程序文件的名字,括号内的数字是错误所在行的行号。Illegal instruction(非法的指令)则是对错误的描述。对这样的错误,完全可以按图索骥,找到这一行,仔细查看一下,应该不难发现错误所在。

有的语法错误则不仅仅影响它自身所在行,可能还会殃及无辜。例如,把保留字 ASSUME 拼写/输入成 ASUME,不但这一行会报告错误,还会导致连续的许多错误。对该程序汇编时,屏幕上会出现一片错误信息,甚至由于出错信息和其他信息超过了屏幕(窗口)能同时显示文字的行数,导致卷行,看不到错误从哪一行开始。遇到这种情况,可以把汇编命令 TASM 改为 TASM/l,使得在汇编的同时产生与源程序同名的列表文件。用编辑工具打开这个列表文件,可以看到所有的出错信息。通常只要把第一个错误改正,重新对源程序进行汇编,后面的许许多多的错误立即"烟消云散"。不但是拼错保留字,打错标点符号同样可能产生类似的结果。例如,把 ASSUME CS:CODE,DS:DATA 错写为 ASSUME CS:CODE DS:DATA,出现的情形与上面所述类似。

源程序内的有些行是成对出现的,如 DATA SEGMENT 和 DATA ENDS。如果把前面一行错成 DATE SEGMENT,汇编程序会先入为主,认为 DATE 是正确的段名,后面出现的 DATA 成了错误的段名,因此对 DATA ENDS 所在行报告 ∗ Warning ∗ XXXX.asm(XX)Unmatched ENDS:DATA(不匹配的 ENDS:DATA)。对这样的警告信息同样要认真查找、改正而不能视而不见,或者掉以轻心。调试时要把成对出现的行作为一个逻辑整体,对照着进行纠正。

对于汇编阶段发现了错误的源程序,应该返回到编辑阶段,修改这些错误(不要忘记存盘),直到没有错误和警告信息。汇编语言源程序在汇编阶段产生了错误,一般来说不会产生对应的目标文件,如果继续进行下一步的连接操作,将会产生 Unable to open file 'XXXX. obj'(不能打开文件'XXX. obj')的错误。

程序连接阶段产生的错误主要是由程序模块之间的相互引用产生的。例如,在源程序 PROG1. ASM 中包含以下语句:

```
EXTRN   SUB1:FAR,SUB2:FAR
```

那么,连接命令中除了出现 PROG1. OBJ 之外,还必须包含其他的. OBJ 或者. LIB 文件,这些文件里必须包含对 SUB1、SUB2 的定义,并且具有与 PROG1. OBJ 中所叙述的一致的属性。

总之,源程序语法错误出现频率较高,只要细心,改正起来也不难。

4.4.3 程序测试

所谓程序测试,就是运行这个程序,按照预定的方案,有目的地进行典型数据的输入。然后,观察程序的输出,判断程序能否完成预定的功能。程序测试阶段的效率取决于测试数据的选取,或者说,测试方案的制定。

按照测试的目的,程序测试可以划分为两种。

(1) 正确性测试:输入正确范围内的数据,将输出结果与人工计算得到的正确结果进行比较,判断程序完成预定功能的正确性。

(2) **健壮性测试**:对程序输入不正确的数据,不应该导致程序死循环等其他不正确运行状态。一个健壮的程序应能辨别输入数据的正确性,对不正确的输入数据不应产生貌似正确的结果。

测试数据应具有完整性和代表性。测试数据的选取要符合以下原则:

(1) 每一个"等价类"至少要选取一个(组)数据;

(2) 应包含每个临界点;

【例 4-19】 曾经计算如下的分段函数:

$$Y = \begin{cases} 3X-2, & |X| \leqslant 3 \\ 6, & |X| > 3 \end{cases}$$

进行正确性测试时,这个程序的输入数据应包含三个等价类:$(-\infty,-3)$,$(-3,+3)$,$(+3,+\infty)$ 和两个临界点:-3、$+3$。按照上述原则,这个程序至少应进行 5 组数据的测试,包括 $(-\infty,-3)$,$(-3,+3)$,$(+3,+\infty)$ 三个区间的各一个数据和两个临界点数据 $+3$ 和 -3。

对于有经验的程序员,还会有一些隐含的等价类。仍以上面的例子为例,等价类 $(-3,+3)$ 应进一步划分为 $(-3,0)$ 和 $[0,+3]$,这个划分主要针对 X 求绝对值算法的正确性。如果变量 X 定义为字节变量,等价类 $(3,+\infty)$ 应进一步划分为 $[4,252]$、$[254,255]$ 两个等价类和 253 这个临界点。有符号数和无符号数处理使用不同的方法,对于有符号数 U 和无符号数 V,假设 $[U]_{补码}=254$,$[V]_{二进制}=254$,则有:$U<-3$,$V>-3$(因为 $[-3]_{补码}=253$)。如果程序中进行 $X<-3$ 比较时混淆了两种不同类型数据的不同判断方法,使用 $X=254$ 或者 $X=-2$ 进行测试就能发现存在的错误。

对上面例子进行健壮性测试时,可以如下进行。

(1) 输入超出原规定范围的数据。如原题规定 X 为字节数据,可以通过输入 $(-\infty,-129]$,$[+128,+\infty)$ 之间的数据进行测试。

(2) 输入非数字,或者十六进制数字进行测试。

(3) 输入"空",即直接输入回车符进行测试。

4.4.4 程序逻辑错误的调试

对于测试发现的错误,需要确定发生错误的具体位置,找出发生错误的语句/程序段落,并加以改正,这就是程序调试阶段需要完成的任务。

程序调试有静态与动态两种基本方法。

(1) 所谓**静态调试**就是程序员对照着源程序,人工模仿计算机进行处理。对每一组输入,仿照 CPU 的处理方法,一条一条指令地执行,确定程序执行的路线是否正确,验证每一个阶段的处理结果是否正确。有的初学者认为这种方法太过简单、原始,嫌它麻烦而不愿意静下心来做静态调试。其实,经验表明,静态调试可以发现 70% 以上的程序错误,是一种效率很高的调试方法,应该加以提倡。而且,通过认真地阅读源程序,还可能发现一些在测试中尚未发现的错误,发现程序中可以进一步优化的地方。

(2) 所谓**动态调试**就是在计算机上运行这个程序。进行动态调试时,程序员主要着眼于两个方面：

① 程序流程正确性。对于一组输入，检查程序是否执行了正确的流程。对于选择结构程序来说，程序是否按照预定的路线执行？对于循环结构程序，程序是否如设计的那样，进入了循环？循环次数是否正确？有无提前退出循环？

② 程序处理正确性。对于一组输入，是否进行了正确的计算，或者进行了正确的响应？

测试程序流程正确性的主要方法是跟踪程序的执行过程，可以通过单步执行程序，或者设置断点，分段执行程序来验证。在调试程序 TD 中，跟踪命令主要有以下几种：

F7：单步执行，遇到 CALL,INT 指令则进入子程序继续调试；

F8：单步执行，遇到 CALL,INT 指令时，把子程序看作一条"大指令"，不进入子程序；

F4：从目前位置执行到光标位置（事先把光标设置在需要停止的位置上）；

F9：连续运行，需要事先设置断点。

测试"程序处理正确性"的主要方法是对每一阶段/每条指令的执行结果进行验证，判断这一阶段/这条指令执行的正确性。执行结果包括程序或指令执行后相关的寄存器、存储器、标志位的值。

【例 4-20】 假设为计算如下分段函数：

$$Y = \begin{cases} 3X-2, & |X| \leqslant 3 \\ 6, & |X| > 3 \end{cases}$$

已编制汇编语言源程序如下：

```
INCLUDE    YLIB.H                              ;1
                                               ;2
DATA       SEGMENT                             ;3
MESS1      DB   0DH,0AH,'Input a number X:$'   ;4
MESS2      DB   0DH,0AH,'The value of Y=$'     ;5
DATA       ENDS                                ;6
                                               ;7
CODE       SEGMENT                             ;8
           ASSUME  CS:CODE,DS:DATA             ;9
START:     MOV     AX,DATA                     ;10
           MOV     DS,AX                       ;11
           LEA     DX,MESS1                    ;12
           CALL    READINT                     ;13
           CMP     AX,3                        ;14
           JAE     GREAT                       ;15 (2): JGE GREAT (3):JG GREAT
           CMP     AX,-3                       ;16
           JAE     LESS&EQU                    ;17 (4): JGE  LESS&EQU
GREAT:     MOV     AX,6                        ;18
                                               ;19 (1):JMP  DISP
LESS&EQU:  MOV     BX,AX                       ;20
```

```
        SHL     AX,1                         ;21
        ADD     AX,BX                        ;22
        SUB     AX,5                         ;23
DISP:   LEA     DX,MESS2                     ;24
        CALL    WRITEINT                     ;25
        MOV     AX,4C00H                     ;26
        INT     21H                          ;27
CODE    ENDS                                 ;28
        END     START                        ;29
```

对该程序进行第一次测试的结果如表 4-5 所示。

表 4-5 对例 4-19 源程序的第 1 次测试纪录

序号	输入	预定输出值	实际输出值	测试结果
1	4	6	13	错误
2	3	4	13	错误
3	−2	−11	13	错误
4	−3	−14	13	错误
5	−4	6	13	错误

对程序进行跟踪,输入 $X=4$,程序流程为:…,12(√),13(√),14(√),15(√),18(√),20(×)。符号"(√)"表示流程正确,"(×)"表示流程错误。一旦发现流程错误,可以立即分析错误的原因,无须继续往下执行。此处执行第 18 行 MOV AX,6 之后,对 Y 的计算已经结束,程序应转向标号 DISP 而不是进入第 20 行 LESS&EQU。将第 19 行改为 JMP DISP,对源程序重新汇编连接,进行第 2 次测试如表 4-6。

表 4-6 对例 4-19 源程序的第 2 次测试纪录

序号	输入	预定输出值	实际输出值	测试结果
1	4	6	6	正确
2	3	4	6	错误
3	−2	−11	6	错误
4	−3	−14	6	错误
5	−4	6	6	正确

再次对程序进行跟踪,输入 $X=3$,程序流程为:…,13(√),14(√),15(√),18(×)。$X=3$,应归属于 $|X|\leqslant3$ 一类,进入 18 行(GREAT)是错误的。原因是第 15 行进行有符号数比较时使用了无符号数的比较指令 JAE,而且边界条件使用错误。将第 15 行改为 JG GREAT,对源程序重新汇编连接,进行第 3 次测试如表 4-7。

表 4-7　对例 4-19 源程序的第 3 次测试纪录

序号	输入	预定输出值	实际输出值	测试结果
1	4	6	6	正确
2	3	4	6	错误
3	−2	−11	−11	正确
4	−3	−14	−14	正确
5	−4	6	6	正确

继续对程序进行跟踪,输入 $X=3$,程序流程为:…,13($\checkmark$),14($\checkmark$),15($\checkmark$),16($\checkmark$),17($\checkmark$),18($\times$)。$X=3$,$X \neq 3$,进入 16,17 行是正确的,但 $X=3>-3$,进入 18 行是错误的。原因是第 17 行指令进行有符号数比较时使用了无符号数的比较指令 JAE。将第 17 行改为 JGE LESS&EQU,对源程序重新汇编连接,进行第 4 次测试如表 4-8。

表 4-8　对例 4-19 源程序的第 4 次测试纪录

序号	输入	预定输出值	实际输出值	测试结果
1	4	6	6	正确
2	3	4	4	正确
3	−2	−11	−11	正确
4	−3	−14	−14	正确
5	−4	6	6	正确

至此,对选定的测试数据运行正确。可以初步认为,程序基本能够完成预定的功能。但是,任何测试方案都难以覆盖所有的输入可能,测试方案也有优劣之分。所以,通过了测试,不等于程序已经完全正确。同时读者也可以发现,上述错误大多数都可以通过"静态调试"来纠正。

习题四

4.1　什么是 3 种基本结构?解释基本两个字在其中的含义。

4.2　什么叫做控制转移指令?它和数据传送、运算指令有什么区别?它是怎样实现它的功能的?

4.3　指令 JMP DI 和 JMP WOR PTR [DI]作用有什么不同?请说明。

4.4　什么是近程转移?什么是远程转移?它们的实现方法有什么不同?

4.5　已知(AX)=836BH,X 分别取下列值,执行 CMP AX,X 后,标志位 ZF、CF、OF、SF 各是什么?

(1) X=3000H　(2) X=8000H　(3) X=7FFFFH　(4) X=0FFFFH　(5) X=0

4.6　已知(AX)=836BH,X 分别取下列值,执行 TEST AX,X 后,标志位 ZF、CF、OF、

SF 各是什么？

(1) X＝0001H　(2) X＝8000H　(3) X＝0007H　　(4) X＝0FFFFH　(5) X＝0

4.7　测试名为 X 的一个字节,如果 X 的第 1,3 位均为 1,转移到 L1,如果只有一位为 1,转移到 L2,如果两位全为 0,转移到 L3。写出对应的指令序列。

4.8　假设 X 和 X+2 字单元存放有双精度数 P,Y 和 Y+2 字单元存放有双精度数 Q,下面程序完成了什么工作？

```
        MOV   DX,X+2
        MOV   AX,X
        ADD   AX,X
        ADC   DX,X+2
        CMP   DX,Y+2
        JL    L2
        JG    L1
        CMP   AX,Y
        JBE   L2
L1:     MOV   Z,1
        JMP   SHORT  EXIT
L2:     MOV   Z,2
EXIT:...
```

4.9　编写指令序列,将 AX 和 BX 中较大的绝对值存入 AX,较小的绝对值存入 BX。

4.10　编写指令序列,比较 AX、BX 中的数的绝对值,绝对值较大的数存入 AX,绝对值较小的数存入 BX。

4.11　编写指令序列,如果 AL 寄存器存放的是小写字母,把它转换成大写字母,否则不改变 AL 内容。

4.12　计算分段函数:$Y=\begin{cases}X-3 & X<-2 \\ 5X+6 & -2\leqslant X\leqslant 3 \\ 2 & X>3\end{cases}$,X 的值从键盘输入,Y 的值送显示器输出。

4.13　计算分段函数:$Y=\begin{cases}A+B & (A<0)\lor(B<0) \\ 2 & (A=0)\land(B=0) \\ A-B & (A>0)\land(B>0)\end{cases}$

A,B 的值从键盘输入,Y 的值送显示器输出($\land$ 表示"并且",$\lor$ 表示"或者")。

4.14　编写程序,求 10 元素字数组 LIST 中绝对值最小的数,存入 MIN 单元。

4.15　编写程序,求 20 元素无符号字数组 ARRAY 中最小的奇数,存入 ODD 单元,如果不存在奇数,将 ODD 单元清零。

4.16　一个有符号字数组以 0 为结束标志,求这个数组的:最大值、最小值、平均值。

4.17　数组 SCORE 中存有一个班级 40 名学生的英语课程成绩。按照 0～59,60～74,75～84,85～100 统计各分数段人数,存入 N0,N1,N2,N3 变量内。

4.18　STRING 是一个 16 个字符组成的字符串,RULE 是一个字整数。编写程序,测试

STRING 中的每一个字符,如果该字符为数字字符,把 RULE 中对应位置 1,否则置"0"。

4.19 S_ARRAY 是一个 5 个字符串组成的字符串数组,每个字符串由 16 个字符组成,S_RULE 是一个 5 个元素的字数组。编写程序,按照 4.18 题的规则,用 S_RULE 数组记录 S_ARRAY 数组的特征。

4.20 编写程序,从键盘上输入一个无符号字整数,用"四进制"格式输出它的值(也就是,每 2 位二进制看作一位四进制数,使用数字 0~3)。

4.21 编写程序,把一个 30 个元素的有符号字数组 ARRAY 按照各元素的正负分别送入数组 P 和 M,正数和零元素送 P 数组,负数送 M 数组。

4.22 缓冲区 BUFFER 中存放有字符串,以 0 为结束标志。编写程序,把字符串中的大写字母转换成小写字母。

4.23 编写程序,从键盘上输入无符号字整数 X,Y 的值,进行 $X+Y$ 的运算,然后按以下格式显示运算结果和运算后对应标志位的状态。

```
SUM=XXXX
ZF=Y,OF=Y,SF=Y,CF=Y
```

(其中 X 为十进制数字,Y 为 0 或 1)

4.24 编写程序,从键盘上输入一个字符串,统计其中数字字符,小写字母,大写字母,空格的个数并显示。

4.25 编写程序,从键盘输入一个无符号字整数,判断它是否为素数,输出判断结果。

4.26 编写程序,按学号(1~40)输入一个班的汇编语言考试成绩,统计每个学生成绩在班内的排名,按学号顺序输出这个排名。(提示:排名等于成绩高于他的人数加 1)

4.27 编写程序,读入 20 个数据,统计每个相同数据出现的次数。

4.28 编写程序,打印九九乘法表。

4.29 编写程序,显示 1000 以内的所有素数。

4.30 编写程序,输入 N,计算:$S=1\times2+2\times3+\cdots+(N-1)N$。

4.31 编写程序,输入 N,输出如下矩阵(设 $N=5$)

```
1 1 1 1 1
2 2 2 2 1
3 3 3 2 1
4 4 3 2 1
5 4 3 2 1
```

第5章

子 程 序

用汇编语言编写的应用程序,源程序规模常常比较大。一个中等规模的应用程序,源程序代码可以达到几万行甚至更多。随着代码行数量的增加,程序的编制、调试和维护变得越来越困难。为了解决这个问题,把程序需要完成的任务分解为若干个子任务,每个子任务由一段相对独立的程序完成,称为**子程序**(subroutine)。相对而言,调用子程序的程序称为**主程序**或者**主调程序**。子程序也称为**过程**(procedure),在高级语言里还称作**函数**(function)。

使用子程序结构编制程序可以带来以下好处。

(1) 一个程序划分成若干个子程序之后,主程序各语句表述的都是程序的主要功能,每项功能的具体实现由子程序完成。这样,主程序的主要流程被凸显出来,程序结构清晰,提高了程序的可阅读性和可维护性。

(2) 每个子程序可以独立地进行调试,由于程序规模较小,调试难度降低了。

(3) 每个子程序就是一个具有特定功能的独立的程序,如同一个标准化生产的机械零件,可以把它们收集在一个子程序库里,供其他程序重复使用。这样做,提高了程序的可重用性,提高了软件开发效率。

进行较大规模程序设计时,首先将需要解决的问题从问题本身出发,逐级进行划分,确定整个程序由哪些过程组成,同时给每个过程规定明确的任务,之后才开始程序的编码,这种方法称为自顶向下的程序设计(top-down design)。

5.1 子程序结构

子程序调用和返回的过程如图 5-1 所示。

主程序通过执行调用指令(CALL)进入子程序。该指令执行时,CS/IP 寄存器的内容是 CALL 指令下一条指令的地址,也就是子程序执行完毕之后需要返回的地址。该地址被压入堆栈保存;同时,子程序的入口地址置入 IP(CS)寄存器,实现主程序向子程序的转移。

子程序执行完毕后,用返回指令(RET)回到主程序。返回指令把堆栈里保存的返回地址送回 IP(CS)寄存器,实现子程序向主程序的返回。也就是说,子程序执行之后,回到调用指令的下一条指令执行。

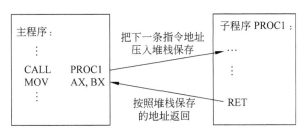

图 5-1 子程序的调用和返回

由此可见,调用指令出现在主程序中,返回指令出现在子程序中。它们成对使用,但是出现在不同的程序中。

子程序调用指令和前面所学的 JMP 指令有相似之处,它们都是通过改变 CS 和 IP 的值进行程序的转移。两者的不同之处在于调用指令要求返回,即子程序执行完成必须返回调用它的程序继续执行,而后者可以"一去不复返"。

按照子程序入口地址的长度,有两种类型的子程序。

(1) **近程子程序**:只能被同一个代码段里的程序调用的子程序。由于主程序和子程序处于同一个代码段,CS 寄存器的值保持不变,调用和返回时只需要改变 IP 寄存器的值。近程子程序的入口地址用 16 位段内偏移地址表示。

(2) **远程子程序**:能够被同一代码段的程序调用,也能被不同代码段的程序调用的子程序。调用这样的子程序时,需要同时改变 CS 和 IP 寄存器的值,返回时,需要从堆栈里弹出 32 位的返回地址送入 IP,CS 寄存器。远程子程序的入口地址用 16 位段基址和 16 位段内偏移地址(共 32 位)表示。

子程序的类型在它定义时说明。

5.1.1 CALL 和 RET 指令

1. CALL(Call,调用)指令

CALL 指令用来调用子程序,与 JMP 指令类似,有 4 种不同的寻址方式。

(1) 段内直接调用。

格式:

CALL   子程序名

操作:

SP←SP- 2,SS:[SP]←IP   (保存 16 位返回地址)
IP←子程序的偏移地址

这条指令用来调用与主程序在同一代码段,并且定义为近程的子程序。为了保证子程序执行后能正确返回,要将返回地址(CALL 下一条指令的偏移地址,也就是当时 IP 寄存器的值)压入堆栈保护,然后将子程序入口的偏移地址送入 IP。

例如：

```
CALL    PROC1
```

（2）段内间接调用。

格式：

```
CALL   REG16/MEM16
```

操作：

```
SP←SP-2,SS:[SP]←IP                (保护 16 位返回地址)
IP←REG16/MEM16
```

这条指令用来调用近程子程序,子程序的入口偏移地址事先已存放在一个 16 位寄存器或者一个 16 位的存储器字变量中。

例如：

```
LEA   CX,  PROC1
CALL CX                           ;调用近程子程序 PROC1
```

或者

```
ADD_PROC1   DW   PROC1            ;子程序偏移地址放入存储器字变量
   ⋮
CALL        ADD_PROC1            ;调用近程子程序 PROC1
```

或者

```
   ⋮
LEA   BX,ADD_PROC1
CALL WORD PTR [BX]               ;调用近程子程序 PROC1
```

（3）段间直接调用

格式：

```
CALL   FAR   PTR   子程序名
```

操作：

```
SP←SP-2,SS:[SP]←CS       (保存 32 位返回地址)
SP←SP-2,SS:[SP]←IP       (偏移地址 IP 保存在较小地址处)
IP←子程序的偏移地址,CS←子程序的段基址
```

这条指令用来调用被定义为远程的子程序。FAR PTR 用来指明该子程序为远程子程序。如果这个子程序名在调用之前已经说明为远程,可以省去 FAR PTR。调用远程子程序的入口地址和返回地址都是 32 位,包括 16 位的偏移地址和 16 位的段基址。

例如：

```
CALL   FAR PTR PROC2
```

（4）段间间接调用。

格式：

```
CALL  MEM32
```

操作：

```
SP←SP-2,   SS:[SP]←CS
SP←SP-2,   SS:[SP]←IP
IP←[MEM32], CS←[MEM32+2]
```

这条指令用来调用远程子程序,32 位的子程序入口地址事先已存放在一个 32 位的存储器双字变量中。

例如：

```
ADD_PROC1  DD  PROC2              ;子程序入口地址放入存储器双字变量
           ⋮
      CALL  ADD_PROC1             ;调用远程子程序 PROC2
```

2. RET(Return,返回)指令

RET 指令用来从子程序返回主程序,有以下 4 种返回方式。

（1）无参数段内返回。

格式：

```
RET
```

操作：

```
IP←SS:[SP],SP←SP+2
```

这条指令在近程子程序内使用,将执行 CALL 指令时保存在堆栈的 16 位返回地址送回 IP,返回主程序。

（2）有参数段内返回。

格式：

```
RET  D16
```

操作：

```
IP←SS:[SP],SP←SP+2
SP←SP+D16
```

这条指令除了将堆栈内 16 位偏移地址送入 IP,还用一个 16 位的位移量（立即数或表达式）修改 SP 的值,这个操作用来废弃主程序存放在堆栈里的入口参数。

（3）无参数段间返回

格式：

RET

操作：

IP←SS:[SP]，SP←SP+2

CS←SS:[SP]，SP←SP+2

这条指令在远程子程序内使用,将执行 CALL 指令时保存在堆栈的 32 位返回地址送回 IP 和 CS,返回主程序。该指令的助记符与段内返回指令相同,但是它们汇编产生的机器代码是不同的,代表了两条不同的机器指令。这条指令也可以写作 RETF。

（4）有参数段间返回。

格式：

RET D16

操作：

IP←SS:[SP]，SP←SP+2

CS←SS:[SP]，SP←SP+2

SP←SP+D16

这条指令在远程子程序内使用,将执行 CALL 指令时保存在堆栈的 32 位返回地址送回 IP 和 CS,返回主程序,并且用 16 位位移量修改 SP 的值。该指令的助记符与段内返回指令相同,但是它们汇编产生的机器代码是不同的。

说明：以上对 CALL 和 RET 指令的介绍都是针对 16 位 80x86CPU 进行的,对于工作在实模式下的 32 位 80x86CPU,有两点不同：

① 偏移地址仍然为 16 位,送入 EIP 低 16 位后,EIP 的高 16 位被清零。

② 使用 32 位的堆栈指针 ESP,它的高 16 位为零。

5.1.2 子程序的定义

子程序的定义要写在代码段内,也就是位于 XXX SEGMENT 和 XXX ENDS 之间。

子程序的定义格式如下：

```
子程序名  PROC  [NEAR/FAR]
    程序体
子程序名  ENDP
```

子程序名应为合法的标识符,子程序名不能与同一个源程序中的标号、变量名、其他子程序名相同。方括号中的内容是子程序的远近属性选项,二者可选其一,如果缺省,默认为 NEAR。用 NEAR 说明的子程序是近程子程序,它只能被与它同一代码段的程序调用。用 FAR 说明的子程序是远程子程序,它不仅能被与它同一代码段的程序调用,也能被其他代码段的程序调用。

子程序的程序体由一组指令组成,它完成一个特定的动作或运算。例如：

```
ZEROBYTES  PROC                    ;定义一个"近程"子程序
```

```
              XOR    AX,  AX              ;将 AX 清零
              MOV    CX,  128             ;循环次数送 CX
ZEROLOOP:     MOV    [BX],AX              ;将一个字存储单元清零
              ADD    BX,  2               ;修改地址
              LOOP   ZEROLOOP             ;循环控制
              RET                         ;结束子程序运行,返回主程序
ZEROBYTES   ENDP                          ;子程序结束
```

这段程序将 BX 寄存器间接寻址的连续 256B 内存单元清零。使用这个子程序之前,需要在主程序中,将需要清零的内存区域首地址放到 BX,然后用 CALL 指令调用 ZEROBYTES 子程序。

子程序体中至少应包含一条返回指令,也可以有多于一条的返回指令。一般情况下,子程序的最后一条指令应该是返回指令。

上述定义中,PROC 和 ENDP 是伪指令,它们没有对应的机器码,它们用来向汇编程序报告一个子程序的开始和结束。这个子程序也可以简单地写成下面的形式:

```
ZEROBYTES:  XOR   AX,  AX              ;AX 寄存器清零
            MOV   CX,  128             ;计数器 CX 置初值
ZEROLOOP:   MOV   [BX],AX              ;一个字单元清零
            ADD   BX,  2               ;修改地址指针,指向下一个字
            LOOP  ZEROLOOP             ;循环控制
            RET                        ;结束子程序运行,返回主程序
```

用这种方式定义的子程序,它的边界不容易清晰地区分。而且,这种方式只能定义近程子程序,只能被同一代码段内的程序调用,因此不予提倡。

用户编写的"主程序"也可以看作是由操作系统调用的一个子程序:

```
CODE    SEGMENT               ;代码段开始
  MAIN  PROC  FAR             ;主程序开始
        PUSH  DS              ;操作系统的返回点在 DS:0
        XOR   AX,AX
        PUSH  AX              ;把 32 位返回点地址(DS:0)压入堆栈
        ⋮                     ;主程序的指令序列
        RET                   ;返回 DOS
  MAIN        ENDP            ;主程序结束
        ⋮                     ;其他程序
CODE    ENDS                  ;代码段结束
        END   MAIN            ;源程序结束
```

也可以用 4CH 系统功能调用直接返回操作系统:

```
CODE    SEGMENT               ;代码段开始
  MAIN  PROC  FAR             ;主程序开始
        ⋮                     ;主程序的指令序列
        MOV   AX,4C00H
```

```
                INT    21H                    ;返回 DOS
        MAIN    ENDP                           ;主程序结束
                ...                            ;其他程序
        CODE    ENDS                           ;代码段结束
                END    MAIN                    ;源程序结束
```

采用这种方法后,不再需要把 32 位返回点地址压入堆栈。

【例 5-1】 子程序 FRACTOR 用来计算一个数的阶乘。主程序利用它计算 1~5 的阶乘,存入 FRA 数组。

```
        .386
        DATA    SEGMENT USE16
        FRA     DW      5 DUP (?)
        DATA    ENDS
        CODE    SEGMENT USE16
        ASSUME  CS:CODE,DS:DATA
        START:  MOV     AX,DATA
                MOV     DS,AX
                MOV     EBX,1              ;BX 中存放待求阶乘的数
                                          ;高 16 位为零
                MOV     CX,5              ;求阶乘次数(循环次数)
        LOOP0:  CALL    FRACTOR           ;调用 FRACTOR 求阶乘
                MOV     FRA[2 * EBX-2],AX ;保存结果(阶乘)
                INC     BX                ;产生下一个待求阶乘的数
                LOOP    LOOP0             ;循环控制
                MOV     AX,4C00H
                INT     21H

        FRACTOR PROC    NEAR              ;在代码段内定义子程序
                MOV     CX,BX             ;待求阶乘的数转入 CX 寄存器
                MOV     AX,1              ;累乘器 AX 置初值"1"
        FRALOOP:MUL     CX                ;累乘
                LOOP    FRALOOP           ;循环控制
                RET
        FRACTOR ENDP
        CODE    ENDS
                END     START
```

运行这个程序,发现它不能产生预期的结果。仔细阅读这个程序,子程序将 CX 用于阶乘运算,子程序运行之后都会使 CX=0。而主程序将 CX 用作循环计数器,CX 中存放了尚未完成的循环的次数。显见,主程序和子程序对 CX 的使用产生了冲突,子程序的执行破坏了主程序使用的 CX 寄存器的值,因而导致错误。为此,可以修改子程序 FRACTOR 如下:

```
        FRACTOR  PROC  NEAR
```

```
          PUSH    CX                        ;把 CX 压入堆栈保护
          MOV     CX,BX                     ;待求阶乘的数转入 CX 寄存器
          MOV     AX,1                      ;累乘器置初值"1"
FRALOOP:  MUL     CX                        ;累乘
          LOOP    FRALOOP                   ;循环控制;
          POP     CX                        ;从堆栈里弹出 CX 的原值
          RET
FRACTOR   ENDP
```

在子程序入口处把相关寄存器的值入栈保护,程序返回前再恢复它们的值,这个操作称为**保护现场**和**恢复现场**。

那么,哪些寄存器需要入栈保护呢? 从原理上说,只需要保护与主程序发生使用冲突的寄存器(如上例的 CX)。但是,一个子程序可以为多个主程序调用,究竟哪些寄存器会发生使用冲突就不易确定了。所以,从安全角度出发,可以把子程序中所有使用到的寄存器都压入堆栈保护。但是,请注意,不应包括带回运算结果的寄存器,例如上例中的 AX 寄存器。

另一方面,保护现场和恢复现场能否在主程序中进行?

从理论上说,保护现场和恢复现场可以在主程序中进行。但是,如果主程序中多次调用同一段子程序,那么就需要多次书写保护现场和恢复现场的指令,这显然不如在子程序中进行来得方便,在那里只需写一次就可以了。

从上例中可以得出子程序的基本格式:

```
子程序名   PROC        [NEAR/FAR]
          PUSH    …                        ;保护现场 (寄存器等)
          PUSH    …                        ;个数根据具体情况决定
           ⋮                               ;子程序主体
          POP     …                        ;恢复现场,注意出栈次序
          POP     …                        ;先进栈的寄存器后出栈
          RET                              ;返回
子程序名   ENDP
```

5.1.3 子程序文件

编写一个子程序的源代码之前,首先应该明确:

(1) 子程序的名字;

(2) 子程序的功能;

(3) **入口参数**:为了运行这个子程序,主程序为它准备了哪几个"已知条件"? 这些参数存放在什么地方?

(4) **出口参数**:这个子程序的运行结果有哪些? 存放在什么地方?

(5) **影响寄存器**:运行这个子程序会改变哪几个寄存器的值?

(6) 其他需要说明的事项。

上述说明性文字,加上子程序使用的变量说明,子程序的程序流程图,源程序清单,就构成了**子程序文件**。有了这样一个文档,程序员就可以放心地使用这个子程序,不必花更多的精力来了解它的内部细节。

许多时候,把上述内容以"程序注释"的方式书写在一个子程序的首部,以方便使用者。例如,一个名为 SQUARE 的子程序,用来求一个数的平方根,源程序如下:

```
;名称:Square
;功能:求16位无符号数的平方根
;入口参数:16位无符号数在AX中
;出口参数:8位平方根数在AL中
;影响寄存器:AX(AL)
SQUARE   PROC   NEAR
         PUSH   CX              ;程序中要使用并改变CX,BX的值
         PUSH   BX              ;因而被压入堆栈保护
         MOV    BX,AX           ;要求平方根的数送BX
         MOV    AL,0            ;AL中存放平方根,初值0
         MOV    CX,1            ;CX置入第一个奇数1
NEXT:    SUB    BX,CX           ;利用公式:N²=1+3+…+(2N-1)求平方根
         JL     DONE
         ADD    CX,2            ;形成下一个奇数
         INC    AL              ;AL存放已减去奇数的个数
         JMP    NEXT
DONE:    POP    BX              ;恢复现场,后压入的寄存器先弹出
         POP    CX              ;先压入的寄存器后弹出
         RET                    ;返回
SQUARE   ENDP
```

显然,上面的程序里不能把 AX 也列入保护现场和恢复现场的范围,如果是,那么这个子程序将无功而返。

5.1.4 子程序应用

准备好子程序文件之后,就可以着手编制主程序了。每调用一次子程序,主程序需要做 3 件事:

(1) 为子程序准备入口参数;

(2) 调用子程序;

(3) 处理子程序的返回参数。

例如,为了求 5 个无符号数的平方根,可以编制主程序如下:

```
DATA    SEGMENT
X       DW      59,3500,139,199,77      ;欲求平方根的数组
ROOT    DB      5 DUP(?)                ;存放平方根内存区
DATA    ENDS
CODE    SEGMENT
```

```
        ASSUME CS: CODE,DS: DATA
START:  MOV     AX,DATA
        MOV     DS,AX
        LEA     BX,X                    ;初始化指针
        LEA     SI,ROOT
        MOV     CX,5                    ;设置计数器初值
ONE:    MOV     AX,[BX]                 ;设置入口参数
        CALL    SQUARE                  ;调用子程序
        MOV     [SI],AL                 ;保存返回参数(平方根)
        ADD     BX,2                    ;修改指针
        INC     SI                      ;修改指针
        LOOP    ONE                     ;循环控制
        MOV     AX,4C00H                ;返回 DOS
        INT     21H
SQUARE  PROC    NEAR
        PUSH    CX                      ;保护现场
        ⋮
        POP     CX
        RET                             ;返回
SQUARE  ENDP
CODE    ENDS
        END     START
```

本例中,主程序把求平方根的数通过 AX 传送给子程序。子程序返回后,主程序把子程序运算结果(平方根)保存到 ROOT 数组中。

【例 5-2】 从键盘上输入 10 个十进制数,从中找出最大的数,在屏幕上显示出来。

```
INCLUDE YLIB.H                      ;声明外部函数
.MODEL  SMALL
. DATA
        NUM     DW  10  DUP(?)
        PROMPT1 DB  0AH,0DH,"Input a Number: $"
        PROMPT2 DB  0AH,0DH,"The Maximun Number is : $"
. CODE
START:  MOV     AX,@ DATA
        MOV     DS,AX
        MOV     CX,10
        LEA     BX,NUM
NEXT:   LEA     DX,PROMPT1              ;设置 READINT 子程序的入口参数
        CALL    READINT
        MOV     [BX],AX                 ;读入十进制数
        ADD     BX, 2
        LOOP    NEXT
        LEA     BX,NUM                  ;为子程序 MAX 准备入口参数
        MOV     CX,10
```

```
            CALL    MAX
    ;MAX 子程序找出 N 个数中最大的数,并将此数从 AX 返回
            LEA     DX,PROMPT2
            CALL    WRITEINT                    ;在屏幕上显示 AX 中的数
            MOV     AX, 4C00H
            INT     21H


    ;子程序 MAX
    ;功能:求若干个数中的最大值
    ;入口参数:BX=第一个数据的偏移地址,CX 中是数据个数
    ;出口参数:最大值在 AX 中
MAX         PROC
            MOV     AX,8000H                    ;最小的 16 位有符号数
AGAIN:      CMP     AX,[BX]
            JGE     SKIP
            MOV     AX,[BX]                     ;将当前最大数送 AX
SKIP:       INC     BX
            INC     BX
            LOOP    AGAIN
            RET                                 ;AX 返回最大数
MAX         ENDP
            END     START
```

如果将程序中的语句看成一个零件,那么子程序就是具有特定功能的部件。设计一台机器,不必都从零件做起,可以利用已有的部件将它们拼装起来。这样做,不但可以缩短程序开发时间,而且程序结构变得更清晰,更易于维护。本例利用了 READINT 和 WRITEINT 两个库子程序,使程序结构显得十分清晰。

这个程序使用了一种简化段定义格式,使用这种格式时,必须使用. MODEL 伪指令说明程序的规模,更详细的信息在第 5.4.2 小节中介绍。

5.2 参数的传递

主程序和子程序之间需要相互传递参数。传递的参数有两种类型。

(1) **值传递**。把参数的值放在约定的寄存器或存储单元传递给子程序,或者,由子程序返回给主程序。如果一个入口参数是用值传递的,子程序可以使用这个值,但是无法改变这个入口参数自身的值。

(2) **地址传递**。把参数事先存放在某个存储单元,把这个存储单元的地址作为参数传递给子程序。如果一个参数使用它的地址来传递,子程序可以使用这个参数,也可以改变这个参数的值。例如,把存放结果的存储单元的地址作为入口参数传递给子程序,子程序就可以把运算结果直接存入这个单元。

按照参数的存放位置,有 3 种类型:

(1) 参数存放在寄存器中；

(2) 参数存放在主、子程序"共享"的数据段内；

(3) 参数存放在堆栈内。

下面通过例子介绍这几种参数传递方法。

1. 用寄存器传递参数

【例 5-3】 求斐波那契数列的前 N 项。菲波那契数列的前两项为 $1,1$，以后的每一项都是其前两项之和。$X_0=1, X_1=1, X_i=X_{i-1}+X_{i-2}(i \geqslant 2)$。

```
.MODEL    SMALL
.DATA
  FIBLST DW  1,1,18 DUP (?)
  N      DW  20
.CODE
START:   MOV AX,@DATA
         MOV DS,AX
         LEA SI,FIBLST           ;SI 用作数组指针
         MOV CX,N
         SUB CX,2                ;CX 是循环计数器,初值 N-2
ONE:     MOV AX,[SI+2]           ;为子程序准备入口参数
         MOV BX,[SI]             ;AX=Xi-1,BX=Xi-2
         CALL FIB                ;调用子程序
         MOV [SI+4],AX           ;从子程序返回,AX=Xi,保存结果
         ADD SI,2                ;修改指针
         LOOP ONE
         MOV AX,4C00H
         INT 21H


         ;子程序 FIB
         ;功能:求菲波那契数列的一项
         ;入口参数:AX=Xi-1,BX=Xi-2
         ;出口参数:AX=Xi-1+Xi-2=(Xi)
FIB      PROC
         ADD AX,BX
         RET
FIB      ENDP
         END START
```

本例使用寄存器 AX,BX 来传递参数,传递的是参数的值。

下面的程序仍然利用寄存器传递参数,但是传递的是参数的地址。

```
.MODEL      SMALL
.DATA
    FIBLST  DW     1,1,18 DUP (?)
```

```
         N       DW     20
.CODE
START:           MOV    AX,@DATA
                 MOV    DS,AX
                 LEA    SI,FIBLST              ;SI 用作数组指针
                 MOV    CX,N
                 SUB    CX,2                   ;CX 是循环计数器,初值 N-2
ONE:             CALL   FIB
                 ADD    SI,2                   ;修改指针
                 LOOP   ONE
                 MOV    AX,4C00H
                 INT    21H

                 ;子程序 FIB
                 ;功能:求斐波那契数列的一项
                 ;入口参数:SI=X_{i-2}的段内偏移地址
                 ;出口参数:无(结果已由子程序存入数组内)
         FIB     PROC
                 PUSH   AX
                 MOV    AX,[SI]                ;从数组中取出 X_{i-2}
                 ADD    AX,[SI+2]              ;加上 X_{i-1},得到 X_i
                 MOV    [SI+4],AX              ;把 X_i 直接存入数组
                 POP    AX
                 RET
         FIB     ENDP
                 END    START
```

由于传递的是参数的地址,子程序根据这个地址取出 X_{i-2} 和 X_{i-1},计算得到的结果直接存入变量 X_i 中。

2. 变量(共享数据段)传递参数

仍以例 5-3 为例,程序作如下修改:

```
. MODEL   SMALL
. DATA
    FIBLST   DW    1,1,18 DUP(?)
    N        DW    20
    XI_1     DW    ?
    XI_2     DW    ?
    XI       DW    ?
. CODE
START:   MOV   AX,@DATA
         MOV   DS,AX
         LEA   SI,FIBLST                 ;设置地址指针
         MOV   CX,N
         SUB   CX,2                      ;设置计数器初值
```

```
ONE:      MOV AX,[SI]
          MOV  XI_2,AX                    ;X_{i-2}置入 XI_2
          MOV  AX,[SI+ 2]
          MOV  XI_1,AX                    ;X_{i-1}置入 XI_1
          CALL FIB                        ;调用子程序
          MOV  AX,XI                      ;取出子程序计算结果
          MOV  [SI+4],AX                  ;取出 X_i,置入 FIBLST 数组
          ADD  SI,2                       ;修改地址指针
          LOOP ONE                        ;循环控制
          MOV  AX,4C00H
          INT  21H
;子程序 FIB
;功能：计算斐波那契数列的一项
;入口参数：XI_1=X_{i-1},XI_2=X_{i-2}
;出口参数：XI=X_{i-1}+X_{i-2}
FIB       PROC
          PUSH AX                         ;保护现场
          MOV  AX,XI_1                    ;AX=X_{i-1}
          ADD  AX,XI_2                    ;AX=X_{i-1}+X_{i-2}
          MOV  XI,AX                      ;XI←AX
          POP  AX                         ;恢复现场
          RET
FIB       ENDP
          END  START
```

本例中，主程序把数列的两个项先后送入与子程序共享的 XI_1 和 XI_2 单元，子程序直接访问这两个单元，得到的结果存入共享的 XI，由主程序将它转存入数组。

3. 堆栈传递参数

高级语言的函数普遍使用堆栈来传递参数。仍以例 5-3 为例，程序作如下修改：

```
.MODEL   SMALL
.DATA
    FIBLST  DW    1,1,18 DUP(?)
    N       DW    20
.CODE
START: MOV    AX,@DATA
       MOV    DS,AX
       LEA    SI,FIBLST                   ;设置地址指针
       MOV    CX,N
       SUB    CX,2                        ;设置计数器初值
ONE:   PUSH   AX                          ;为保存结果,在堆栈"预留"单元
       PUSH   WORD   PTR [SI]             ;X_{i-2}入栈
       PUSH   WORD   PTR [SI+2]           ;X_{i-1}入栈
       CALL   FIB                         ;调用子程序,执行后堆栈状态 1
       POP    AX                          ;从堆栈弹出结果,执行后堆栈状态 4
```

```
        MOV      [SI+4],AX                      ;把结果存入 FIBLST 数组
        ADD      SI,2
        LOOP     ONE
        MOV      AX,4C00H
        INT      21H

;子程序 FIB
;功能：计算斐波那契数列的一项,X_i = X_{i-1} + X_{i-2}
;入口参数：X_{i-1},X_{i-2} 在堆栈中
;出口参数：X_i 置入堆栈中的"预留"单元
FIB     PROC
        PUSH     BP                             ;BP 用作堆栈指针,先入栈保护
        MOV      BP,SP                          ;堆栈状态 2
        MOV      AX,[BP+4]                       ;从堆栈取出 X_{i-1}
        ADD      AX,[BP+6]                       ;AX=X_{i-1} + X_{i-2}
        MOV      [BP+8],AX                       ;结果存入堆栈预留单元
        POP      BP                             ;恢复 BP
        RET      4                              ;返回,SP=SP+4,执行后堆栈状态 3
FIB     ENDP
        END      START
```

本例中,主程序将子程序所需的参数压入堆栈,通过堆栈传递给子程序。图 5-2 给出了程序执行过程中堆栈的变化。

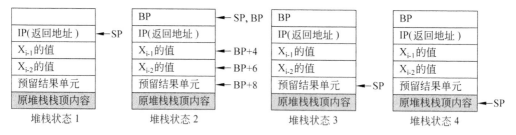

图 5-2 调用子程序过程中堆栈状态的变化

上面源程序中,预留结果单元的操作 PUSH AX 可以用 ADD SP,2 代替。从堆栈弹出结果,存入数组的两条指令 POP AX/MOV [SI+4],AX 可以用一条指令 POP WORD PTR[SI+4]代替。

不同的参数传递方法各有不同的特点和适用范围,可以根据需要灵活地选择使用。

5.3 嵌套和递归子程序

5.3.1 嵌套子程序

被调用的子程序在返回前又调用了其他子程序,称为**子程序嵌套**(也称**过程嵌套** nest procedure call)。例如：

```
;主程序
    ...
    CALL    SUBA        ;① 第一次(层)调用
    ...
;子程序 SUBA
    SUBA    PROC
    ...
    CALL    SUBB        ;② 第二次(层)调用
    ...
    RET
    SUBA    ENDP
;子程序 SUBB
    SUBB    PROC
    ⋮
    ⋮
    RET
    SUBB    ENDP
```

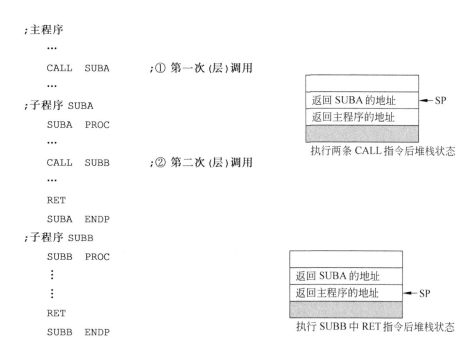

执行两条 CALL 指令后堆栈状态

执行 SUBB 中 RET 指令后堆栈状态

主程序调用 SUBA 过程，SUBA 又调用了 SUBB 过程。SUBB 结束时执行 RET 指令，从堆栈弹出返回地址送 IP，返回到 SUBA。SUBA 结束时执行 RET 指令，从堆栈弹出返回地址送 IP，返回主程序。

5.3.2 递归子程序

递归过程(recursive procedure)是一个直接或间接调用自身的过程。许多问题的算法可以用递归的方法来定义。例如，计算 $1 \sim N$ 自然数之和可以定义为：

$$\text{SUM}(N) = 1 + 2 + 3 + \cdots + N$$

也可以定义为：

$$\text{SUM}(N) = \begin{cases} 1, & N = 1 \\ N + \text{SUM}(N-1), & N > 1 \end{cases}$$

$N=1$ 时，SUM 函数直接返回 1。

$N>1$ 时，计算 SUM(N)分成两步：

(1) 计算 SUM($N-1$)：设置入口参数为 $N-1$，调用 SUM 函数(调用自身)

(2) 进行加法运算：$N + \text{SUM}(N-1)$

如果一个问题可以分解为几个子问题，而这些子问题又和原问题有相同的算法时，递归过程是非常方便的表达方式。递归过程可以使用堆栈传递参数，也可以用寄存器或存储单元传递参数。

【例 5-4】 用递归过程计算 $1 \sim N$ 的和。

```
.MODEL  SMALL
.STACK  100                     ;定义 100B 用作堆栈
```

```
        .CODE
        START:  MOV   CX,3                   ;为子程序准备参数
                CALL  SUM                     ;调用子程序 SUM
                MOV   CS:TOTAL,AX             ;保存结果
                MOV   AX,4C00H
                INT   21H                     ;返回
        ;递归过程 SUM
        ;入口参数:CX=N,出口参数:AX=1~N 的和
        SUM     PROC
                PUSH  CX                      ;保存入口参数(N)
                CMP   CX,1                     ;判 CX(N)是否为 1
                JE    BACK                     ;CX(N)为 1,转 BACK
                DEC   CX                       ;CX-1,为下一次调用 SUM 准备参数 N-1
                CALL  SUM                      ;递归调用,计算和 SUM(N-1),结果在 AX 中
                INC   CX                        ;恢复 CX 为 N
                ADD   AX,CX                     ;加到 AX 中:N+SUM(N-1)
                JMP   EXIT                      ;得到 SUM(N),转 EXIT 返回
        BACK:   MOV   AX,1                      ;N=1 时,通过 AX 返回 1
        EXIT:   POP   CX                        ;恢复入口参数
                RET
        SUM     ENDP
        TOTAL   DW    ?
                END   START
```

从图 5-3 可以看出,程序中,一次又一次通过 CALL 指令对子程序进行调用,最后一次进入子程序之后,一次又一次通过 RET 指令进行层层返回,递归名称因此而来。

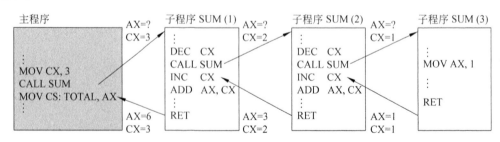

图 5-3　递归调用和返回

这个程序使用寄存器进行参数的传递。执行这个程序,主程序中的 CALL SUM 指令执行了一次,子程序 SUM 中的指令 CALL SUM 执行了 2 次,CALL 指令先后共执行了 3 次,先后 3 次进入同一个子程序 SUM。三次执行前,CX 分别为 3,2,1,执行后,AX 分别返回 1,3,6。执行过程可以从图 5-3 直观地看到。

编写递归程序时,必须保证要有一个终止条件,而且,经过有限次执行这个子程序,这个终止条件能够实现。否则,程序将产生死循环或者其他的错误状态。

高级语言中的递归程序普遍使用堆栈传递参数。上面的例子可以改写如下。

```
.MODEL   SMALL
.STACK   100                    ;定义 100 字节用作堆栈
.CODE
START:
        PUSH  AX                ;为返回结果预留单元,AX 中内容无意义
        MOV   AX,3              ;为子程序准备参数
        PUSH  AX                ;入口参数压入堆栈
        CALL  SUM               ;调用子程序 SUM
        POP   CS:TOTAL          ;③保存结果
        MOV   AX,4C00H
        INT   21H               ;返回
;递归过程 SUM
;入口参数:[SP+2]=N,出口参数:1~N 的和在堆栈栈顶
;影响寄存器:AX,CX
SUM     PROC
        PUSH  BP
        MOV   BP,SP             ;①
        MOV   CX,[BP+4]         ;取出入口参数 N,存入 CX
        CMP   CX,1              ;N=1 ?
        JE    BACK              ;N=1,转 BACK
        DEC   CX                ;CX-1,为下一次调用 SUM 准备参数
        PUSH  AX                ;为保留下一次调用结果预留单元
                                ;AX 中内容无意义
        PUSH  CX                ;入口参数 (N-1)压入堆栈
        CALL  SUM               ;递归调用,计算 1~ N-1 的和
        POP   AX                ;②从堆栈弹出子程序运算结果(1~ N-1 的和)
        ADD   AX,[BP+4]         ;把 N 加到 AX 中,得到 1~N 的和
        MOV   [BP+6],AX         ;1~N 的和存入堆栈预留单元
        JMP   EXIT
BACK:   MOV WORD PTR[BP+6],1    ;N=1 时,返回 1
EXIT:   POP   BP
        RET   2
SUM     ENDP
TOTAL DW      ?
        END   START
```

上面程序内,三次调用子程序 SUM 的过程中堆栈状态变化如图 5-4 所示。

三次调用 SUM,进入 SUM,执行指令①之后,堆栈状态分别如图 5-4(a)~图 5-4(c)所示。BP+4 指向入口参数 N,BP+6 指向为保留本次结果预留的字单元。

三次从 SUM 返回,执行指令 RET 2 之后,SP 指向上一次预留结果的单元,POP AX 指令把上一次的执行结果从堆栈弹出,存入 AX。两次执行指令②,一次执行指令③之前,堆栈分别如图 5-4(d)~图 5-4(f) 所示。

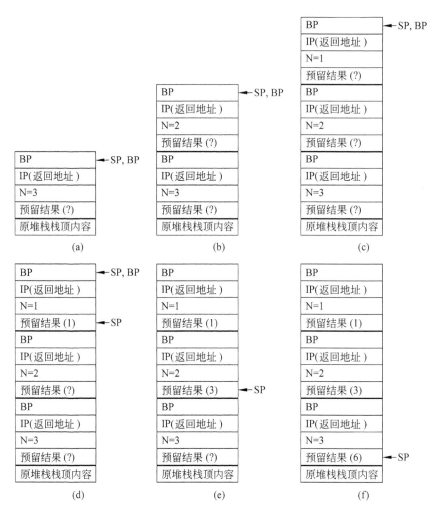

图 5-4 递归调用使用堆栈传递参数时的堆栈变化

5.4 多模块程序设计

一个可供实际应用的应用程序,它的源程序基本上都是由若干个程序文件组成的。产生这种状况的原因如下。

(1) 一个应用程序的开发由一个小组,而不是一个人完成的。每个程序员编制的源程序自然地构成一个(或者是多个)源程序文件。每个源程序文件内包括了一个,或多个子程序。这些源程序文件常常被称为模块(module),有时候也把位于同一个源程序文件内的各个子程序,或者一个数据段定义等称为模块。

(2) 源程序文件规模过大,会造成管理,维护上的困难。所以,即便是一个人开发的应用程序,也应把一个大的程序分解成多个源代码文件。这样,每个文件长度适中,容易阅读和维护,如果修改了某个模块,只需对该模块重新汇编,然后再和其他模块链接,无须把每个模块重新汇编一次。

（3）多个子程序可以组成子程序库，便于它们的重复使用。

5.4.1 段的完整定义

所有的程序都由一个或多个段组成。从第 2 章开始，已经开始使用伪指令 SEGMENT 和 ENDS 来定义一个段。完整的段定义格式如下：

```
段名    SEGMENT  [对齐方式] [组合方式] [使用类型] ['类']
  语句
段名    ENDS
```

SEGMENT 伪指令所在行内，方括号扩起来的内容称为可选项，它的出现与否可以由使用者根据需要决定。

同一个源程序文件中允许出现一个以上同名的段，这些段在汇编时被合并成一个段。

1. 对齐方式

一个新的段开始时，对齐方式通知连接程序怎样确定这个段的起始地址。对齐方式可以有下面几种选择。

BYTE   使本段从前面段结束之后的下一个字节地址开始。

WORD   使本段从前面段结束之后的下一个字地址开始。

DWORD 使本段从前面段结束之后的下一个双字地址开始。

PARA   使本段从前面段结束之后的下一个节的地址（16B 的倍数）开始存放，是默认的对齐方式。也就是说，如果没有出现对齐方式说明，自动按照 PARA 来对齐。

PAGE   使本段从前面段结束之后的下一个页地址（256B 的倍数）开始。

假设前面一个段的结束地址为 30204H，用不同对齐方式的结果如表 5-1 所示。

表 5-1　不同对齐方式下的段开始地址

对齐方式	本段起始地址	段基址	段起始偏移地址	段间空隙（字节）
BYTE	30205H	3020H	0005H	0
WORD	30206H	3020H	0006H	1
DWORD	30208H	3020H	0008H	3
PARA	30210H	3021H	0000H	11
PAGE	30300H	3030H	0000H	251

使用 BYTE 对齐方式时，段之间没有间隙，但是，段内偏移地址从 0005H 开始分配使用。使用 PAGE 对齐方式时，两个相邻段之间最多可能有 255B 的间隙。

2. 组合方式

同一个源程序文件允许多次出现相同名字的段，它们最终被合并成一个段。如果在不同的源程序文件中出现了相同名字的段,可以在段定义时用组合方式规定怎样来处理这些段。组合方式可以有下面几种选择。

（1）PRIVATE。这个段不与其他同名段合并,每个段都有自己的段地址,是默认的组合方式。

（2）PUBLIC。将该段和其他名称相同,组合方式同为 PUBLIC 的段前后连接在一起,合并成一个段,产生一个新的段地址,所有标号的偏移地址都进行调整。

（3）STACK。将所有的 STACK 段连接为一个新的 STACK 段,类似于 PUBLIC。

（4）COMMON。所有同名的段使用相同的起始地址,这样,这些段共享这一片共同的存储区间。

（5）AT 表达式。段的起始地址由表达式的值来指定,用于设定一些特殊的段。

3. 使用（USE）类型

使用类型仅仅在使用 80386 以上指令系统的汇编程序中出现,它指定这个段使用 16 位寻址方式（USE 16）,还是 32 位寻址方式（USE 32）。使用 16 位寻址方式时,段内偏移地址 16 位,每个段最大 64KB。使用 32 位寻址方式时,段内偏移地址为 32 位,一个段最大可达 4GB。运行在实模式下的程序使用 16 位段。

4. 类名称

一个段除了有一个段名之外,还可以有一个类名称。类名称是以引号引起来的任意字符串。类名称相同的段被安置在一片相邻的存储区间,但不会合并成同一个段。

【例 5-5】 本例中有两个代码段、两个数据段和一个堆栈段。

```
CSEG    SEGMENT     'CODE'                        ;类名称为 CODE
   ASSUME CS: CSEG,DS: DATA1,SS: MYSTACK
MAIN   PROC
        MOV        AX,DATA1
        MOV        DS,AX
        MOV        AX,SEG VAL2
        MOV        ES,AX

        MOV        AX,VAL1
        LEA        SI,VAL2
        MOV        BX,ES:[SI]
        ;…
        CALL       FAR PTR SUB1
        MOV        AX,4C00H
        INT        21H
MAIN   ENDP
CSEG   ENDS
;══════════════════════════════════════════════
SUBCODE SEGMENT   'CODE'                           ;类名称为 CODE
```

```
        ASSUME CS：SUBCODE,DS：DATA1,SS：MYSTACK
SUB1    PROC        FAR
            ；过程体
RET
SUB1    ENDP
SUBCODE ENDS
;═══════════════════════════════════════════════════
DATA1   SEGMENT     'DATA'                           ；类名称为 DATA
        VAL1        DW  1001H
DATA1   ENDS
;═══════════════════════════════════════════════════
DATA2   SEGMENT     'DATA'                           ；类名称为 DATA
        VAL2        DW  1002H
DATA2   ENDS
;═══════════════════════════════════════════════════
MYSTACK SEGMENT PARA STACK 'STACK'
    DB 100H  DUP(?)
MYSTACK         ENDS
;═══════════════════════════════════════════════════
END MAIN
```

主程序 MAIN 与子程序 SUB1 分别在不同的代码段中，它们的类名称相同，两个数据段也有相同的类名。经过链接，从对应的 MAP 文件中可以看到程序有两个代码段、两个数据段和一个堆栈段：

```
Start       Stop        Length      Name        Class
00000H      00022H      00023H      CSEG        CODE
00030H      00030H      00001H      SUBCODE     CODE
00040H      00041H      00002H      DATA1       DATA
00050H      00051H      00002H      DATA2       DATA
00060H      0015FH      00100H      MYSTACK     STACK
```

同类型名的段相邻存放。如果将 SUBCODE 的段名改为 CSEG，将 DATA2 段名改为 DATA1，则连接器创建的 MAP 文件是这样的：

```
Start       Stop        Length      Name        Class
00000H      00023H      00024H      CSEG        CODE
00030H      00033H      00004H      DATA1       DATA
00040H      0013FH      00100H      MYSTACK     STACK
```

相同段名的段合并成一个段。

5.4.2 简化段定义

除了前面介绍的段定义方法，还有另一种比较简单的段定义方式。它的功能没有上面的定义方式全面，但是格式简单，使用方便。

注意：使用简化段定义时，每个段有一个段的定义伪指令，表示这个段的开始，但是没有段结束伪指令。一个新的段开始，就意味着上一个段到此结束。

1. 内存模式定义伪指令

使用简化段定义时，需要首先定义所使用的内存模式等参数。

.MODEL 伪指令决定程序的内存模式类型、语言类型、操作系统类型和堆栈选项，格式如下：

```
.MODEL  内存模式 [,语言类型] [,操作系统类型] [,堆栈选项]
```

内存模式可以是以下几种。

(1) 微型(tiny)。数据段和代码段放在同一段，程序只有一个段，供.COM 程序使用。

(2) 小型(small)。一个代码段和一个数据段(包括数据段、附加段、堆栈段)，总长度不超过 128KB。

(3) 中型(medium)。可以有多个代码段，所有数据段合并为一个段(不超过 64KB)。

(4) 紧凑(compact)。一个代码段(不超过 64KB)和多个数据段。

(5) 大型(large)。多个代码段和多个数据段。静态数据(有初值的数据)限制在 64KB 内。

(6) 巨型(huge)。基本与大型同，只是静态数据段长度可以超过 64KB。

(7) 平坦(flat)。代码和数据使用 32 位偏移，所有的代码和数据都在一个 32 位段中。如果要编写在 Windows 下运行的程序，一定要使用这种模式。

语言类型的关键字可以是 C、Basic、FORTRAN 和 Pascal。这个关键字使汇编语言程序员能创建与这些语言兼容的汇编程序。

操作系统选项指定程序运行在什么操作系统之下。可选的只有 OS_DOS 或 OS_OS2，默认项是 OS_DOS。

堆栈选项有 NEARSTACK 和 FARSTACK 两种。NEARSTACK 表示堆栈段寄存器 SS 和数据段寄存器 DS 指向同一个段，堆栈段和数据段同为一个段。FARSTACK 表示堆栈段和数据段不合并。内存模式为 TINY、SMALL、MEDIUM 和 FLAT 时，这个选项默认为 NEARSTACK，其他内存模式时默认为 FARSTACK。

2. 近数据段定义伪指令

(1) .DATA 创建一个数据段，段名是_DATA，主要定义有初值的变量。

(2) .DATA? 用来定义没有初值的变量，段名为_BSS，通常用来定义较大容量的数据缓冲区。.DATA? 段不占用可执行文件的空间。

(3) .CONST 定义只读数据段，段名是_CONST。

.MODEL 伪指令自动产生一个 DGROUP 段组，将_DATA 和_BSS 及_CONST 等近数据段合并到 DGROUP 段组中，它们具有相同的段基址。一个源文件中可以包含多个由.DATA、.DATA? 和.CONST 定义的近数据段，TASM 自动将其合并为一个物理段。

3. 远数据段定义伪指令

.FARDATA[段名]和.FARDATA?[段名]分别用来定义已有初值的数据段和没有初值的数据段。如果段名缺省,默认段名分别为 FAR_DATA 和 FAR_BSS。通过指定段名,可以在源文件中定义多个独立的数据段。远数据段不会被合并。

4. 代码段定义伪指令

.CODE [段名],如果内存模式为 SMALL,.CODE 伪指令不需要给出段名,编译器生成一个名为_TEXT 的代码段,对于多个代码段的内存模式,则应该指明段名。

5. 堆栈段定义伪指令

.STACK [堆栈大小]定义一个堆栈段,缺省大小为 1024B,段名为 STACK。

6. 预定义符号

(1) @CODE 表示由.CODE 定义的代码段的段名,在指令中表示段基址。
(2) @DATA 表示由.DATA、.DATA? 和.CONST 定义的数据段的段名,在指令中表示段基址。

【例 5-6】 本例中有两个代码段。

```
.MODEL    MEDIUM                          ;内存模式为中型
.STACK    100H
.DATA
MSG1      DB        "FIRST MESSAGE",0DH,0AH,"$"
.DATA?                                    ;定义第二个数据段,未初始化
X         DB        10 DUP (?)
.CODE
MAIN      PROC
          MOV       AX,@DATA
          MOV       DS,AX
          LEA       DX,MSG1
          CALL      FAR PTR DISP          ;远调用。
          MOV       X,-1
          MOV       AX,4C00H
          INT       21H
MAIN      ENDP

.CODE     OTHER                           ;再定义一个代码段
DISP      PROC      FAR
          MOV       AH,9
          INT       21H
```

```
            RET
DISP     ENDP
         END      MAIN                      ;源程序结束,入口地址 MAIN
```

经过链接,从对应的 MAP 文件中可以看到程序有两个代码段、两个数据段和一个堆栈段。用. CODE 定义的代码段段名为 MULTCODE_TEXT：

```
Start      Stop       Length      Name             Class
00000H     00011H     00012H      MULTCODE_TEXT    CODE
00012H     00016H     00005H      OTHER            CODE
00020H     0002FH     00010H      _DATA            DATA
00030H     0012FH     00100H      STACK            STACK
00130H     00130H     00001H      _BSS             BSS
```

用 TD 观察这个程序,发现_DATA 和_BSS 使用相同的段基址,被合并成一个物理段。

5.4.3 创建多模块程序

如前所述,一个应用程序可以由多个源程序文件组成。这些模块可能由不同的程序员编写,以不同的文件名存放在磁盘中,把这样的源程序文件称为**模块**。模块内部由若干个段的定义组成,其中仅有一个文件包含有主程序,其他的文件分别包含了一些子程序和数据段、堆栈段等。几个源程序文件在连接、合并成为一个完整的可执行程序时需要解决两个问题：

(1) 不同源程序文件中的段如何排列、组合？

段之间的关系有 3 种：独立、相邻和合并。这些关系可以在段定义时指定。

(2) 一个源程序文件怎样调用/访问位于另一个文件中的子程序、变量？

为使模块 A 中的程序能够调用位于模块 B 中的子程序,或者,访问模块 B 中的某个变量,需要在模块 A 中用 EXTERN 伪指令申明要调用的过程名或变量名。反之,为了使模块 B 中的子程序、变量能够被其他模块所引用,需要在模块 B 中用 PUBLIC 伪指令申明哪些子程序名或变量名是可以供其他模块调用的。两条伪指令的格式如下：

```
EXTRN    符号名:TYPE[,…]
PUBLIC   符号名 1,符号名 2,…
```

伪指令 EXTRN 中,符号名是需要引用的其他模块中的子程序名、标号或变量名。如果符号名是变量,则 TYPE(类型)应该是 BYTE、WORD、DWORD 等;如果符号名是标号或过程名,则 TYPE 为 NEAR 或 FAR。

伪指令 PUBLIC 说明本模块中哪些子程序名、标号、变量名可以被其他模块引用,这些符号的类型在模块内部定义,PUBLIC 伪指令中不需要再次指出符号的类型。

【例 5-7】 计算 ARRAY 数组元素之和,存放到 SUM 单元。其中主程序在模块 MODULA. ASM 中,求和子程序在模块 MODULB. ASM 中。

```
;MODULA.ASM                              ;模块 A 源程序
```

```
        EXTRN    ARRAYSUM: FAR              ;声明外部函数 ARRAYSUM,
                                            ;此函数将在本模块中被调用

        PUBLIC ARRAY                        ;声明全局变量;可供其他模块使用
        DSEG1    SEGMENT  PUBLIC            ;数据段可与其他模块同名段合并成一个段
        ARRAY   DW   2,4,6,8
        LENTH   EQU   ($-ARRAY)/2           ;LENTH 定义为一个符号常数,等于 4
        DSEG1    ENDS
        DSEG2    SEGMENT
        SUM     DW   ?
        DSEG2    ENDS
        CSEG    SEGMENT
        ASSUME CS: CSEG,DS: DSEG2
        MAIN    PROC   FAR
                MOV    AX,DSEG2
                MOV    DS,AX
                MOV    CX,LENTH             ;等同于 MOV   CX,4
                CALL   ARRAYSUM             ;调用外部函数
                MOV    SUM,AX               ;结果存入 DSEG2 段的 SUM 变量中
                MOV    AX,4C00H
                INT    21H
        MAIN    ENDP
        CSEG    ENDS
                END    MAIN
```

以上源程序构成模块 A,存放在文件 MODULA. ASM 中。以下是文件 MODULB.
ASM,包含有求和子程序 ARRAYSUM。

```
        EXTRN    ARRAY: WORD               ;声明外部变量
                                           ;该模块没有数据段
        STAK     SEGMENT  'STACK'
                 DW    10 DUP(?)
        STAK     ENDS


        CSEG     SEGMENT
        ASSUME   CS: CSEG
        ;子程序 ARRAYSUM
        ;功能:求外部数组 ARRAY 各元素之和
        ;入口参数:CX=数组元素个数,出口参数:AX=数组 ARRAY 各元素之和
        ARRAYSUM PROC FAR
                 PUSH    DS                ;保护原 DS
                 MOV     AX,SEG ARRAY
                 MOV     DS,AX             ;把外部变量的段基址放入段寄存器 DS
                 PUSH    SI
                 MOV     AX,0              ;累加器清零
                 LEA     SI,ARRAY          ;装载数据地址指针
```

```
L1:     ADD     AX,[SI]                     ;累加
        ADD     SI,2                        ;修改地址指针
        LOOP    L1
        POP     SI
        POP     DS                          ;恢复原 DS
        RET
 ARRAYSUM ENDP
CSEG    ENDS
        END
```

本例中,为了使模块 B 能够访问模块 A 中定义的数组 ARRAY,采取了两条措施:

(1) 通过 EXTRN 伪指令将 ARRAY 定义为外部字变量;

(2) 把 ARRAY 所在段的段基址装入 DS 寄存器。

也可以在模块 B 中定义一个与模块 A 中数据段 DSEG1 同名的空数据段,通过段的 PUBLIC 属性将它们合并为一个段。这样,模块 B 就可以像访问自己定义的变量一样访问 ARRAY 数组了。MODULB.ASM 可以修改为如下:

```
;MODULB.ASM                                 ;模块 B
PUBLIC  ARRAYSUM                            ;声明子程序 ARRAYSUM 可供其他模块调用
EXTRN   ARRAY: WORD                         ;声明 ARRAY 是外部字变量

DSEG1   SEGMENT  PUBLIC                     ;为了使模块 B 能访问模块 A 中的变量
DSEG1   ENDS                                ;本数据段与模块 A 的同名数据段合并成一个段

STAK    SEGMENT  'STACK'                    ;堆栈段
        DW       10 DUP(?)
STAK    ENDS
CSEG    SEGMENT                             ;代码段
        ASSUME   CS: CSEG,DS: DSEG1
        ARRAYSUM PROC   FAR                 ;求和子程序
        PUSH     DS                         ;保护原 DS
        MOV      AX,DSEG1
        MOV      DS,AX
        PUSH     SI
        MOV      AX,0
        LEA      SI,ARRAY                   ;引用外部变量 ARRAY
L1:     ADD      AX,[SI]
        ADD      SI,2
        LOOP     L1
        POP      SI
        POP      DS                         ;恢复 DS
        RET                                 ;AX 返回和
        ARRAYSUM ENDP
CSEG    ENDS
        END
```

5.5 汇编语言与C语言混合编程

与高级语言开发的程序相比,汇编语言开发的应用程序占用内存空间小、运行速度快、能够直接控制硬件。但是,用汇编语言开发的程序依赖于具体CPU的指令系统,可移植性差,用它来编写大规模的程序比使用高级语言耗时多。所以,在一些对空间、速度要求较高的应用场合,可以用高级语言编写操作界面、人机接口等外层程序,用汇编语言编写需要进行大量计算的内核部分,充分发挥两类语言各自的优势,这样的编程方法称为混合编程。

5.5.1 C语言源程序编译为汇编源程序

高级语言编写的程序在执行之前,必须通过编译转换为由机器指令构成的可执行程序,程序中的每一条语句被转换为几条机器指令。为了理解C语言程序的实现原理,将C语言程序 simple.c 编译为汇编语言的源程序。

【例 5-8】 程序求两个数中最大值并输出。

```
#include<stdio.h>
int max(int,int)                        /* 在使用之前,先申明函数max原型 */
main()
{ int c;
  c=max(-5,9);
  printf("max is %d",c);
}
int max(int x,int y)
{
    int z;
    z=x>y ? x : y;
    return(z);
}
```

主函数 main() 做了 3 件事:

(1) 调用函数 max(int x,int y) 得到两个数的最大值;

(2) 把这个最大值赋给变量 c;

(3) 调用 printf() 函数输出 c 的值。

在 Borland C 中键盘输入编译命令:

```
        BCC  -S  simple.c
```

可以将这个C语言程序编译为下面的汇编语言程序 simple.asm,其中的注释是作者添加上去的。

```
_TEXT  SEGMENT  BYTE  PUBLIC 'CODE'          ;定义一个"空"_TEXT段
_TEXT  ENDS
```

```
DGROUP GROUP    _DATA, _BSS
                ;定义一个名为"DGROUP"的"段组",包含_DATA 和_BSS 两个段
                ;这两个段使用相同的段基址
      ASSUME        CS : _TEXT,DS : DGROUP
_DATA           SEGMENT WORD PUBLIC 'DATA'       ;_DATA 段开始
   D@           LABEL BYTE                        ;定义该段内两个不同属性的名字
   D@W          LABEL WORD                        ;以备调用
_DATA   ENDS                                      ;_DATA 段结束
_BSS    SEGMENT WORD PUBLIC 'BSS'                 ;_BSS 段开始
   B@   LABEL  BYTE                               ;定义该段内两个不同属性的名字
   B@W  LABEL  WORD                               ;以备调用
_BSS   ENDS                                       ;_BSS 段结束
_TEXT   SEGMENT BYTE PUBLIC 'CODE'                ;代码段开始
;
     ; MAIN( )
;
        ASSUME CS: _TEXT
_MAIN  PROC   NEAR                                ;主程序
       PUSH   BP                                  ;保存 BP
       MOV    BP,SP                               ;BP 记录进入之后的堆栈位置
       SUB    SP,2                                ;为整型变量 C 留出 2B 存储单元
;
;   { INT C;
;   C=MAX(-5,9);
;
       MOV    AX,9
       PUSH   AX                                  ;参数入栈,右侧参数(9)先入栈
       MOV    AX,-5
       PUSH   AX                                  ;参数入栈,左侧参数(-5)后入栈
       CALL   NEAR PTR _MAX                       ;调用过程,过程名前加短划"_"
       POP    CX
       POP    CX                                  ;废弃栈顶的两个字(-5和9)
       MOV    WORD PTR [BP-2],AX                  ;把 AX 中的返回结果送入变量 c
;
;   PRINTF("max is % d",C);
;                                                 ;调用 PRINTF 前设置入口参数
       PUSH   WORD PTR [BP-2]                     ;变量 C 的值压入堆栈
       MOV    AX,OFFSET DGROUP: S@                ;S@ 在下面的_DATA 段定义
       PUSH   AX                                  ;打印格式字符串首地址压入堆栈
       CALL   NEAR PTR _PRINTF
       POP    CX
       POP    CX                                  ;废弃栈顶的两个字(C和格式串首地址)
;   }
```

图表:
z	← SP
bp	← BP
main的返回地址	
-5	
9	

```
        MOV     SP,BP                              ;恢复 SP
        POP     BP                                 ;恢复 BP
        RET
_MAIN   ENDP
;
;   INT MAX(INT X,INT Y)                           ;C 程序中的 MAX 过程,对应下面的汇编语句
ASSUME CS: _TEXT
_MAX    PROC    NEAR
        PUSH    BP                                 ;保存 BP
        MOV     BP,SP                              ;BP 记录进入之后的堆栈位置
        SUB     SP,2                               ;为整型变量 Z 留出 2B 存储单元
        MOV     DX,WORD PTR [BP+4]                 ;-5 送 DX
        MOV     BX,WORD PTR [BP+6]                 ;9 送 BX
;   {
;   INT Z;
;   Z=X>Y? X: Y ;
;
        CMP     DX, BX
        JLE     SHORT @1@86
        MOV     AX,DX
        JMP     SHORT @1@114
@1@86:
        MOV     AX,BX
@1@114:
        MOV     WORD PTR [BP-2],AX                 ;最大值置入 Z
;
;   RETURN(Z);
;
        MOV     AX,WORD PTR [BP-2]                 ;变量 Z 的值送 AX
        JMP     SHORT @1@142
@1@142:
;
;   }
;
        MOV     SP,BP                              ;恢复 SP
        POP     BP                                 ;恢复 BP
        RET                                        ;返回
_MAX    ENDP
;
            ⋮
_TEXT   ENDS
_DATA   SEGMENT WORD PUBLIC 'DATA'
S@      LABEL   BYTE
```

```
        DB      'max is %d'                         ;printf 函数使用的格式字符串
        DB      0                                   ;用 0 表示字符串结束
_DATA   ENDS
_TEXT   SEGMENT BYTE PUBLIC 'CODE'
_TEXT   ENDS
PUBLIC  _MAIN
PUBLIC  _MAX
EXTRN   _PRINTF: NEAR                               ;声明使用外部函数 printf
_S@     EQU     S@
END
```

可以看到,一个 C 语言函数的执行过程如下:

(1) BP 压入堆栈,把此刻堆栈栈顶位置送 BP 保存;

(2) 修改 SP 的值,在堆栈中为动态变量分配存储单元;

(3) 执行函数内的各项操作;

(4) 对于 int 函数,运行结果置入 AX,对于 long 函数,运行结果置入 DX、AX;

(5) 恢复 SP 和 BP 的值,用 RET 指令返回被调函数。

C 语言调用一个函数的过程如下:

(1) 把调用该函数使用的实参按照从右到左的顺序压入堆栈。如果实参是变量(表达式),把它的值压入堆栈。如果实参是字符串,把字符串的首地址压入堆栈;

(2) 调用该函数;

(3) 从函数返回后,执行 POP 指令废弃堆栈中的实参。

程序中还定义了一些空段,用于抢占位置,保证不同段的固定先后顺序。

5.5.2　C 语言调用汇编子程序

常见的混合编程是用高级语言编写主程序,用汇编语言编写子程序。将它们编写完成后,分别编译/汇编成为目标文件(XXXX.obj),然后把它们连接起来,形成可执行文件(XXXX.exe)。C 语言提供了和汇编语言一样的 6 种存储模型:微型(tiny)、小型(small)、中型(medium)、紧凑(compact)、大型(large)和巨型(huge)。在 Borland C 集成环境中,在菜单条上先后选择 Option/Compiler/Code Generation,出现名为 Code Generation 的选择窗口,在 Model 选项中选择所需的存储模型。注意,C 语言程序和汇编语言程序必须使用相同的存储模型。

【**例 5-9**】　仍然以输出两数中较大者这个题目为例:

(1) C 语言程序 ex509.c,存储模型为 small。

```
extern   int max(int,int)                /*声明外部函数*/
main()                                   /*C 语言主程序*/
{  printf("max is %d",max(-5,9));
}
```

(2) 汇编语言程序 ex5091.asm

```
.MODEL   SMALL
PUBLIC   _MAX                    ;声明此函数可供外部模块调用,名字前加下划线
.CODE
_MAX     PROC
         PUSH  BP
         MOV   BP,SP             ;指令执行后堆栈状态如图 5-5
         MOV   AX,[BP+4]         ;取第一个参数-5送 AX
         CMP   AX,[BP+6]         ;与第二个参数 9 比较
         JG    EXIT              ;如果第一参数较大,直接返回
         MOV   AX,[BP+6]         ;第二参数较大,取到 AX 中
EXIT:    POP   BP
         RET                     ;AX 返回最大值
_MAX     ENDP
         END
```

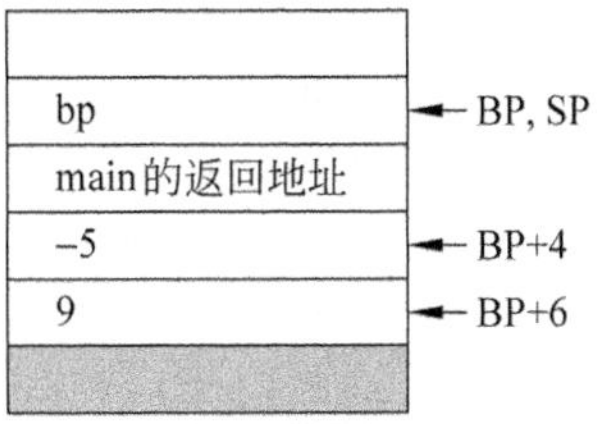

图 5-5　进入程序_max 后的堆栈

在 Borland C 集成环境中的编译、连接过程如下:

(1) 编写汇编子程序文件 ex5091.asm。

(2) 进入 BC 环境,选择 Project/Open Project,新建一个工程文件 ex509.prj,可以建在与 C 程序和汇编子程序同一个目录下。

(3) 选择 Add item,将文件名 ex5091.asm 和 ex509.c 加入到工程文件中。

(4) 选择 Compile/Build all,编译、连接该工程文件,生成 ex509.exe。

5.5.3　汇编语言调用 C 语言函数

也可以用汇编语言编写主程序,调用 C 语言编写的函数(子程序)。

【例 5-10】　汇编语言程序调用 C 语言函数。

C 语言函数 power()

功能: 计算 $Y=X^N$。

入口: $*Y$(指针),X,N。

出口: 无(X^N 的值已通过指针存入 Y)。

(1) 汇编语言编写的主程序 EX510.ASM,通过调用 C 函数计算 $Y=X^N$。

```
INCLUDE   YLIB.H
EXTRN   _POWER : NEAR              ;声明外部函数,函数名用下划线"_"开始
.MODEL SMALL
.DATA
X       DW      4
N       DW      3
Y       DW      ?
MESS    DB      0DH,0AH,"Power=$"
.CODE
START: MOV    AX,@DATA
```

```
        MOV    DS,AX
        MOV    AX,N
        PUSH   AX                       ;参数入栈,传递给 C 子程序
        MOV    AX,X
        PUSH   AX                       ;参数入栈,传递给 C 子程序
        LEA    AX,Y
        PUSH   AX
        CALL   _POWER                   ;调用子程序
        SUB    SP,6                     ;清除堆栈中的入口参数
        LEA    DX,MESS
        MOV    AX,Y
        CALL   WRITEDEC                 ;输出结果
        CALL   CRLF
        MOV    AX,4C00H
        INT    21H
END     START
```

（2）C 语言编写的函数（子程序），用来求 X^N。

```
/ * power.c求幂子程序 * /
void power ( int * y,int x ,int n)
{  int   p,i ;
   if (n<=1) p=1;
   else
      for( p=1,i=1;i<=n;i++) p=p * x ;
    * y=p ;
}
```

（3）编译、连接、运行。

① 利用 BC 集成环境,对 power.c 进行编译:按下 ALT＋F9,生成 power.obj。

② 对汇编语言程序 ex510.asm 进行汇编,生成 ex510.obj 文件。

③ 用 TLINK 命令链接:tlink ex510＋power＋ylib16.lib,生成与第一个文件同名的 ex510.exe 文件。

④ 执行 ex510.exe,在屏幕上输出:

```
Power=64
```

5.6 DOS 和 BIOS 调用

在 PC 主板的只读存储器芯片（ROM）中,有一组特殊的程序,称为基本的输入输出系统（BIOS）。BIOS 由许多子程序组成,这些子程序为应用程序提供了一个使用 IBM-PC系统中常用设备的接口。例如,要在屏幕上显示字符,你可以通过调用 BIOS 提供的显示子程序,而不必关心显示卡的型号、特性等一系列问题。

MS-DOS 操作系统在更高一个层次为用户提供了与系统及硬件的接口,称为 DOS 功

能调用。例如,从软盘上读取文件,如果通过 BIOS 功能调用来完成,首先要读出磁盘目录,查出该文件在软盘上的存储位置(磁头号、磁道号、扇区号),然后再读出该文件内容。但是如果通过 DOS 功能调用,只需知道路径和文件名就可以了。许多 DOS 功能调用实现时需要调用 BIOS 提供的相关功能。

5.6.1 BIOS 功能调用

BIOS 功能(子程序)调用通过软中断指令 INT 实现,其格式如下:

```
INT  n
```

n 的取值范围是 $0\sim255$,每个 n 对应一段子程序。与一般子程序调用一样,在 BIOS 功能调用前也要设入口参数,功能调用也会返回参数(不是所有的功能都有参数返回)。本小节介绍几个最常用的 BIOS 调用,更多的内容请参阅本书附录。

1. INT 16H 键盘输入

(1) AH=0:从键盘读入一键。

返回参数:AL=ASCII 码,AH=扫描码。

功能:从键盘读入一个键后返回,按键不显示在屏幕上。对于无相应 ASCII 码的键,如功能键等,AL 返回 0。

(2) AH=1:判断是否有键输入。

返回参数:若 ZF=0,有键盘输入,AL=ASCII 码,AH=扫描码;ZF=1,键盘无输入。

(3) AH=2:返回变换键的状态。

返回参数:AL=变换键的状态。

变换键指 Ctrl、Alt 和 Num Lock 等,返回的状态字节如表 5-2 所示。

表 5-2 键盘的状态字节

状态字节的位	变换键的状态	状态字节的位	变换键的状态
$D_0=1$	右 Shift 键被按下	$D_4=1$	Scroll Lock 键状态变化
$D_1=1$	左 Shift 键被按下	$D_5=1$	Num Lock 键状态变化
$D_2=1$	Ctrl 键被按下	$D_6=1$	Caps Lock 键状态变化
$D_3=1$	Alt 键被按下	$D_7=1$	Insert 键状态变化

2. INT 33H 鼠标功能

INT 33H 用于提供鼠标的相关信息,如鼠标的当前位置、最近一次的按键和移动速度、鼠标的按下和释放状态等。注意,INT 33H 的功能号应该送 AX 而不是常用的 AH。下面介绍几种最常用的鼠标功能。

(1) AX=1,显示鼠标指针。使鼠标指针显示在屏幕上,无返回参数。

（2）AX=2,隐藏鼠标指针。无返回参数,执行后鼠标指针不可见,但是鼠标的位置仍然被记录。

（3）AX=3,获取鼠标位置和状态。返回参数:

BX=鼠标状态,其中 $D_0=1$ 表示左键被按下, $D_1=1$ 表示右键被按下, $D_2=1$ 表示中键被按下;

CX=鼠标当前的 X 坐标(水平位置,以像素为单位);

DX=鼠标当前的 Y 坐标(垂直位置,以像素为单位)。

在 MS-DOS 下,一个字符宽和高都是 8 个像素,因此像素的坐标除以 8 就转换成字符的坐标。

（4）AX=4,设置鼠标的位置。

入口参数:

CX=X 坐标(水平位置,以像素为单位);

DX=Y 坐标(垂直位置,以像素为单位)。

无返回参数。

如果想把鼠标定位于第 5 行第 6 列字符处,置 CX=5 * 8=40,DX=6 * 8=48。

（5）AX=5,获取按钮的按下信息。

返回参数:

AX=键的状态,AX 的 D_0、D_1、D_2 位被置 1,分别表示鼠标的左、右、中键被按下;

BX=鼠标的下压计数;

CX=最近一次按下键时的 X 坐标;

DX=最近一次按下键时的 Y 坐标。

（6）AX=6,获取鼠标按键释放的信息。

入口参数:BX=按钮编号(0=左键,1=右键,2=中键)。

返回参数:

AX=键的状态;

BX=鼠标的释放次数计数;

CX=最后一次释放键时的 X 坐标;

DX=最后一次释放键时的 Y 坐标。

【例 5-11】 跟踪鼠标,在屏幕的右上角显示鼠标的即时坐标。

```
INCLUDE      YLIB.H
.MODEL       SMALL
.CODE
MAIN         PROC
             CALL   SHOWMOUSE              ;使得鼠标指针可见
AGAIN:
             CALL   SETXY                 ;设置光标位置:1行 60 列
             CALL   GETPOSITION           ;获得鼠标的当前位置
             CALL   SHOWPOSITION          ;在光标处显示鼠标位置,格式为"行:列"
             MOV    CX,2000H
             LOOP   $                     ;延时
```

```
                JMP    AGAIN              ;重复上面过程,直到按 Ctrl+Break 键
MAIN            ENDP

SHOWMOUSE       PROC                      ;子程序 SHOWMOUSE,使鼠标指针可见
                PUSH   AX
                MOV    AX,1
                INT    33H
                POP    AX
                RET
SHOWMOUSE       ENDP

SETXY           PROC                      ;子程序 SETXY,设置光标位置为 1 行
60 列
                MOV    AH,2               ;为显示鼠标所在位置作准备
                MOV    DH,1               ;光标位置行号
                MOV    DL,60              ;光标位置列号
                MOV    BH,0
                INT    10H
                RET
SETXY           ENDP

GETPOSITION     PROC                      ;子程序 GETPOSITION,读取鼠标当前位置
                MOV    AX,3
                INT    33H                ;得到鼠标当前位置在 CX/DX 中
                RET
GETPOSITION     ENDP

SHOWPOSITION    PROC                      ;子程序 SHOWPOSITION,显示鼠标所在
位置
                PUSH   CX                 ;把鼠标所在列号压入堆栈保护
                MOV    AX,DX
                MOV    DX,0FFFFH
                CALL   WRITEINT           ;显示鼠标当前的行号(垂直位置)
                MOV    DL,':'
                MOV    AH,02H             ;输出一个冒号
                INT    21H
                POP    AX                 ;从堆栈弹出鼠标所在列号
                MOV    DX,0FFFFH
                CALL   WRITEINT           ;显示鼠标当前的列号(水平位置)
                RET
SHOWPOSITION    ENDP
                END    MAIN
```

5.6.2 DOS 功能调用

与 BIOS 功能调用相比,DOS 功能调用功能更强大,使用更方便。但是,DOS 功能调用没有"重入"功能,也就是不能"递归"调用,所以不能在中断服务程序(见第 8 章)内使用。

MS-DOS 负责文件管理、设备管理、内存管理、任务管理和一些辅助功能,功能十分强大。DOS 功能调用使用 INT 21H 指令,AH 中存放功能号,表示需要完成的功能。每个功能调用,都规定了使用的入口参数,存放该参数的寄存器,调用产生的返回参数也通过寄存器传递。

前面各章已经介绍了一些常用的 DOS 功能调用,更多的信息可以查阅本书附录。

习题五

5.1 根据下面条件,画出每次调用子程序或返回时的堆栈状态。
   (1) 主程序调用 NEAR 属性的 SUB1 子程序,返回的偏移地址为 1200H。
   (2) 进入 SUB1 后调用 NEAR 属性的 SUB2 子程序,返回的偏移地址为 2200H。
   (3) 进入 SUB2 后调用 FAR 属性的 SUB3 子程序,返回的段基址为 4000H,偏移地址为 0200H。
   (4) 从 SUB3 返回 SUB2 后。
   (5) 从 SUB2 返回 SUB1 后。
   (6) 从 SUB1 返回主程序后。

5.2 编写几个简单的子程序。
   (1) 显示一个字符的子程序。入口参数:DL=字符的 ASCII 码。
   (2) 从键盘上读取一个字符的子程序。出口参数:读取字符的 ASC 码在 CHAR 中。
   (3) 输出换行回车的子程序。无入口、出口参数。

5.3 过程定义的一般格式是怎样的?子程序入口为什么常有 PUSH 指令?出口为什么有 POP 指令?

5.4 阅读下面的程序,指出该程序计划完成的功能,同时指出程序中尚存在的错误。

```
CODE    SEGMENT
ASSUME: CS:  CODE
START:  MOV     CX,20
LOOP0:  CALL    PRINTSPACE
        LOOP    LOOP0
        MOV     AH,4CH
        INT     21H
PRINTSPACE      PROC    NEAR
        MOV     CX,40
```

```
PSLOOP: MOV    AL,''
        MOV    AH,02H
        INT    21H
        LOOP   PSLOOP
        MOV    AL,0AH
        MOV    AH,02H
        INT    21H
        MOV    AL,0DH
        MOV    AH,02H
        INT    21H
        RET
PRINTSPACE    ENDP
CODE    ENDS
        END    START
```

5.5 编写子程序,把 8 位或 16 位二进制数转换成二进制数字串。

入口参数:CX＝被转换数的位数,DX＝要转换的 16 进制数(如果 CX＝8,那么二进制数在 DL 中),DS：DI＝存放二进制数字字符串缓冲区的首地址。

出口参数:转换后的二进制数字字符串存放在 DS：DI 指向的缓冲区内。

5.6 阅读下面的子程序,叙述它完成的功能,它的入口参数和出口参数各是什么?

```
CLSCREEN   PROC
   MOV     AX,0600H
   MOV     CX,0
   MOV     DH,X
   MOV     DL,Y
   MOV     BH,07H
   INT     10H
   RET
CLSCREEN   ENDP
```

5.7 编写程序,键入一个以 $ 为结束符的数字串,统计其中'0'～'9'各个数字出现的次数,分别存放到 S0～S9 这 10 个单元中去。

5.8 下面程序求某数据区中无符号数据最大值,观察程序执行中堆栈变化,画出以下 5 个堆栈状态图。

(1) CALL   MAX 指令执行之前。

(2) CALL   MAX 指令执行之后。

(3) 保护现场之前。

(4) 恢复现场之后。

(5) 执行指令 RET 2 之后。

程序清单如下:

```
STACK   SEGMENT
        DW    32 DUP(?)
```

```
        STACK   ENDS
        DATA    SEGMENT
        BUF     DW      98,34,897,345,678,21345,67,2
        COUNT   EQU     ($-BUF)/2
        SMAX    DW      ?
        DATA    ENDS
        CODE    SEGMENT
        ASSUME SS:STACK,CS:CODE,DS:DATA
        START:  MOV     AX,DATA
                MOV     DS,AX
                LEA     AX,BUF              ;入口参数进栈
                PUSH    AX
                MOV     AX,COUNT
                PUSH    AX
                CALL    MAX
                POP     SMAX                ;最大值出栈,送 SMAX
                MOV     AH,4CH
                INT     21H
        MAX     PROC
                PUSH    BP
                MOV     BP,SP
                MOV     SI,[BP+6]           ;BUF 的偏移地址送 SI
                MOV     CX,[BP+4]           ;COUNT 送 CX
                MOV     BX,[SI]             ;取第一个数据至 BX
                DEC     CX
        MAX1:   ADD     SI,2
                CMP     BX,[SI]
                JAE     NEXT
                MOV     BX,[SI]             ;取第二个数至 AX
        NEXT:   LOOP    MAX1
                MOV     [BP+6],BX           ;最大值进栈
                POP     BP
                RET     2                   ;返回后 SP 指向最大值
        MAX     ENDP
        CODE    ENDS
                END     START
```

5.9 编写求绝对值的子程序,利用它计算 3 个变量的绝对值之和。

5.10 子程序计算从 2 开始的 $N(N<50)$ 个偶数之和$(2+4+6+\cdots)$,主程序从键盘输入
      整数 N,调用子程序求出 N 个偶数之和,并显示结果。用以下 3 种方法编写完整
      程序。
      (1) 子程序和主程序在同一代码段。
      (2) 在同一模块(源程序文件),但不在同一代码段。
      (3) 各自独立成模块,即在不同的源程序文件中。

5.11 从键盘输入一串字符,以 $ 为结束符,存储在 BUF 中。用子程序来实现把字符串中的大写字母改成小写字母,最后送显示器输出。

5.12 从键盘输入一个字符串(长度<80),若该字符串不包括非数字字符,则显示 YES,否显示 NO。设计一个过程,判断字符串是否为数字串。

5.13 编写程序,判断某年是否是闰年。年份从键盘输入,输出是否是闰年的信息。
判断是闰年的条件是(AX 中为键盘输入的年份表达式):
(((AX) MOD 4==0) AND ((AX) MOD 100 <>0)) OR ((AX) MOD 4==0)
为真。

5.14 设计一个子程序,求 N * N 字数组的主对角线之和并在屏幕上显示出来,数组按行的次序存储。
入口参数:DS:SI=数组首地址,CX=N;
出口参数:AX=主对角线之和;

5.15 利用本教材提供的库子程序编写程序,从键盘输入两个带符号十进制数以及一个"+"或"-"运算符,计算两数的和或差,在屏幕上输出其十进制结果。

5.16 编写完整程序,调用 READINT 子程序,从键盘读入一个带符号整数,以二进制格式输出它的补码。

5.17 设计一个子程序,求带符号字数组中绝对值最大的数,并返回其地址和该最大值。
入口参数:DS:SI=数组首地址,CX=元素个数(大于 0);
出口参数:ES:DI=绝对值最大的数所在的地址,AX=绝对值最大的数;

5.18 利用子程序 READINT 和 WRITEINT,编写完整程序,对输入的两个整数比较大小,输出其中大的一个。

5.19 编写排序子程序 SORT,以 DS、SI 和 CX 作为入口参数,把 DS:SI 为起始地址的一个带符号的字型数组进行由小到大排序,参数 CX 中存放的是数组中元素个数。

5.20 编写一个子程序,以 AX 为入口参数,把 AX 中的各个二进制位颠倒次序后还放回 AX 中。比如,入口参数 AX=1011000111101001B,处理后 AX 应为 1001011110001101B。

5.21 编写子程序,入口参数是一个字型数据,存放在 AX 中,统计该字的 16 个二进制位中含有多少个 1 和多少个 0。

5.22 用 C 语言编写主程序,定义一个一维数组 ARRAY,调用汇编子程序 MAX 求数组中的最大值。

5.23 用 C 语言主程序调用汇编子程序,完成两个变量的减法 Z=X-Y,要求采用堆栈传递参数,画出堆栈传递参数的示意图。

5.24 编写一段递归子程序计算 N!($N \geq 0$)。其递归定义如下:

$$\begin{cases} N! = 1, & N = 0 \\ N! = N * (N-1)!, & N > 0 \end{cases}$$

字符串与文件处理

计算机中常常用到字符串,如变量名、文件名等都是字符串,每个字符的编码占用1B,连续地存放在内存储器中。对这个字符串进行处理,实际上就是对每个字符进行相同的、重复的处理。此外,还可以有其他各种各样的数据串,每个数据占用相同的字节数(2B 或 4B)。也可以采用类似的方法,对这些数据进行相同的、重复的处理,统称为串操作。

文件是存放在外存储器上的程序或数据。计算机关闭电源后,读写存储器中的所有信息全部丢失。所以,需要长期保存的程序和数据必须以文件的形式,存放在外存储器上。对文件信息的读写,称为**文件处理**。

6.1 串操作指令

串操作是对组成字符串的各个数据进行相同的、重复的操作,这些处理都可以用循环结构程序完成。80x86 微处理器为了提高处理速度,专设了一组字符串操作指令。

串操作指令组包含 3 条重复前缀和 5 条串操作指令。前缀本身不是指令,不能单独执行,要和指令配合起来使用。

所有串操作指令的共同特点如下:

(1) 源操作数由 DS：[SI]提供,有时也可以由累加器 AL,AX,EAX 提供。

(2) 目的操作数由 ES：[DI]提供。

(3) 每次对串中的一个字节、字或双字单元进行操作。操作数的长度由串操作指令的最后一个字母指出。例如,字符串传送指令 MOVS 有 3 种格式：MOVSB 指令每次传送 1B 的数据,MOVSW 指令每次传送 2B 的数据,MOVSD 指令每次传送 4B 的数据。

(4) 每执行一次串操作,自动修改 SI 和(或)DI,使其指向下 1B,2B 或 4B。方向标志 DF 控制对 SI/DI 递增或是递减：若 DF＝0,则 SI/DI 加 1(字节)、2(字)或 4(双字);若 DF＝1,则 SI/DI 减 1(字节)、2(字)或 4(双字)。

(5) 指令 STD 将 DF 置"1",指令 CLD 将 DF 清零。

6.1.1 与无条件重复前缀配合使用的指令

REP 称为无条件重复前缀,与 REP 配合工作的字符串操作指令有 MOVS,STOS,LODS,INS 和 OUTS。

1. MOVS 字符串传送指令

格式:

MOVSB/MOVSW/MOVSD

MOVS 指令可以把 1B,2B,4B 的源数据区数据传送到目的存储单元,同时根据方向标志对源变址寄存器和目的变址寄存器进行修改。

这组指令的寻址方式是隐含的,源操作数地址由 DS：SI 提供,目的串操作数地址由 ES：DI 提供。

执行的操作:

(1) 目的操作数单元←源操作数,即 ES：[DI]←DS：[SI]。

(2) 修改 SI 和 DI 值。

MOVSB 指令每次传送 1B 数据,MOVSW 指令每次传送 2B 数据,MOVSD 指令每次传送 4B 数据。方向标志 DF＝0 时,执行 MOVSB 指令后,SI/DI 加 1,执行 MOVSW 指令后,SI/DI 加 2,执行 MOVSD 指令后,SI/DI 加 4。DF＝1 时,SI/DI 减 1,2 或 4。

MOVS 指令的执行不影响标志位。

2. REP 串重复操作前缀

格式:

REP 串操作指令

其中串操作指令可为 MOVS,LODS,STOS,INS 和 OUTS。

执行的操作:重复执行串操作指令,直到 CX 的值为零。也就是说:

如果(CX)≠ 0,重复执行:

(1) (CX)＝(CX)－1;

(2) 执行串指令。

如果(CX)＝0,本指令操作结束。

【例 6-1】 把长度为 100 的字符串 str1 复制到 str2 开始的存储单元中。

假设已经执行如下指令,装载了 DS：SI 和 ES：DI。

```
MOV   AX,SEG  str1            ;源数据的段基址
MOV   DS,AX                   ;送入 DS
LEA   SI,str1                 ;源数据的起始偏移地址送入 SI
MOV   AX,SEG  str2            ;目的数据的段基址
MOV   ES,AX                   ;送入 ES
LEA   DI,str2                 ;目的数据的起始偏移地址送入 DI
```

（1）用循环控制方法编写的程序。

```
        MOV   CX,100              ;字符串长度送入 CX
AGAIN: MOV   AL,[SI]             ;从源数据区取出 1B 内容
        MOV   ES:[DI],AL          ;存入目的数据区
        INC   SI                 ;修改源数据区指针
        INC   DI                 ;修改目的数据区指针
        LOOP AGAIN               ;重复上面的操作 100 次
```

（2）用字符串传送指令编写的程序。

```
        MOV    CX,100            ;字符串长度送入 CX
AGAIN: MOVSB                    ;从源数据区传送 1B 内容到目的数据区
        LOOP   AGAIN            ;重复上面的操作 100 次
```

（3）用带重复前缀的字符串传送指令编写的程序。

```
        CLD                      ;方向标志 DF 清零
        MOV  CX,100              ;字符串长度送入 CX
        REP  MOVSB               ;执行 100 次 MOVSB 指令
```

上面 3 个程序执行结果相同,但是采用了不同的方法。就执行速度和程序结构来说,第 3 种方法具有明显的优势。当然,如果改用字传送指令 MOVSW,或者双字传送指令 MOVSD,则更能发挥 CPU 的效能,执行速度会更快。

3. STOS 存字符串指令

格式：

```
STOSB/STOSW/STOSD
```

执行的操作如下。

（1）目的存储单元←累加器。

字节操作：ES：[DI]←(AL)。

字操作：ES：[DI]←(AX)。

双字操作：ES：[DI]←(EAX)。

（2）修改 DI 值。

STOSB 是字节存储指令,STOSW 是字存储指令,STOSD 是双字存储指令。方向标志 DF＝0 时,执行 STOSB/STOSW/STOSD 指令后,将目的操作数地址 DI 分别加 1,2 或 4；DF＝1 时,DI 分别减 1,2 或 4。

下面两组指令序列的执行结果分别是什么？

```
MOV  DI,1000H
MOV  CX,100
XOR  AL,AL
REP  STOSB
```

```
MOV  DI,1000H
MOV  CX,50
MOV  AX,00FFH
REP  STOSW
```

STOS 指令的执行不影响标志位。

4. LODS 取字符串指令

格式：

LODSB/LODSW/LODSD

执行的操作如下。

（1）累加器←源存储单元。

字节操作：（AL）←DS：[SI]。

字操作：（AX）←DS：[SI]。

双字操作：（EAX）←DS：[SI]。

（2）修改 SI 值。LODSB 是取字节指令，LODSW 是取字指令，LODSD 是取双字指令。方向标志 DF＝0 时，执行 LODSB/LODSW/LODSD 指令后，源操作数地址 SI 分别加 1，2 或 4；DF＝1 时，SI 分别减 1，2 或 4。

LODS 从字符串取出数据存入累加器，一般不能与重复前缀联合使用。下面的指令序列计算数组 ARRAY 内 100 个有符号字数据的和，存入双字单元 SUM。

```
        .386
        ⋮
        MOV     AX, SEG ARRAY
        MOV     DS, AX
        LEA     SI, ARRAY
        MOV     CX, 100
        MOV     SUM,0
AGAIN:
        LODSW
        MOVSX   EAX,AX
        ADD     SUM,EAX
        LOOP    AGAIN
        ⋮
```

上面程序中，使用取字符串指令 LODSW 后，省去了修改指针 SI 的操作。

LODS 指令的执行不影响标志位。

与 REP 前缀配合使用的串操作指令还有 INS 和 OUTS，用于对外部设备接口的输入输出，在第 8 章讨论。

6.1.2 与有条件重复前缀配合使用的指令

REPE/REPZ 或 REPNE/REPNZ 称为有条件重复前缀，与它们配合使用的串指令有 CMPS 和 SCAS。

1. CMPS 串比较指令

格式：

CMPSB/CMPSW/CMPSD

CMPSB/CMPSW/CMPSD 对两个字符串对应位置上的字符(数据)进行比较,它的寻址方式是隐含的,源操作数由 DS：[SI]提供,目的操作数由 ES：[DI]提供。

执行的操作如下。

(1) 源操作数－目的操作数。

即(DS：[SI])－(ES：[DI]),不保存减法得到的差,但产生新的状态标志。

(2) 修改 SI 和 DI 值。

CMPSB 是字节比较指令,每次进行一个字节的比较;CMPSW 是字比较指令,每次进行一个字的比较;CMPSD 是双字比较指令,每次进行一个双字的比较。方向标志 DF＝0 时,执行 CMPSB,CMPSW,CMPSD 指令后,SI,DI 分别加 1,2 或 4;DF＝1 时,SI,DI 分别减 1,2 或 4。

CMPS 指令执行后对标志位的影响与 CMP 指令相同。

2. REPZ/REPE 当为零/相等时重复操作前缀

格式：

REPZ/REPE　串指令

重复执行如下的操作：

如 ZF＝1 且(CX)≠0,则

(1) 执行串操作指令;

(2) (CX)＝(CX)－1。

ZF＝0 或(CX)＝0,停止执行本行内的串操作指令,执行下一行的指令。

这组指令在字符串比较和查找子字符串时非常有用。

【例 6-2】　两个字符串 STRING1,STRING2 长度相同,编写一个程序,比较它们是否相同。相同,则显示"Yes, Strings are matched.",否则显示"No, Strings are not matched."。

(1) 用循环控制方法编写的程序。

```
DATA      SEGMENT
  STRING1 DB    'ALL STUDENTS…'
  STRING2 DB    'ALL STODENTS…'
  N       EQU   STRING2-STRING1
  MESS1   DB    0DH,0AH,'Yes,Strings are matched. $'
  MESS2   DB    0DH,0AH,'No,Strings are not matched. $'
DATA      ENDS
CODE      SEGMENT
          ASSUME   CS: CODE,DS: DATA
START:    MOV    AX,DATA
          MOV    DS,AX
          MOV    ES,AX
```

```
            LEA    SI,STRING1
            LEA    DI,STRING2
            MOV    CX,N                ;循环次数,N 相当于一个立即数
AGA:        MOV    AL,[SI]
            CMP    AL,ES：[DI]         ;比较一对字符
            JNE    NO                  ;不相等,转 NO
            INC    SI                  ;相等,修改指针,继续比较
            INC    DI
            LOOP   AGA
YES:        LEA    DX,MESS1            ;比较结束,全部对应相等,显示 MESS1
            JMP    DISP
NO:         LEA    DX,MESS2            ;不相等,显示 MESS2
DISP:       MOV    AH,09H
            INT    21H
            MOV    AX,4C00H
            INT    21H
CODE        ENDS
            END    START
```

（2）用带重复前缀 REPZ / REPE 的字符串比较指令编写的程序。

```
;装载 DS：SI,ES：DI,CX 的程序同上
        ⋮
        REPZ   CMPSB
        JNE    NO
YES:    LEA    DX,MESS1
        JMP    DISP
NO:     LEA    DX,MESS2
DISP:…
```

3. REPNZ/REPNE 当不为零/不相等时重复操作前缀

该前缀与 REPZ/REPE 对标志位 ZF 的判别条件刚好相反。REPNZ/REPNE 重复条件是：如果 ZF＝0 且(CX)≠0,重复串操作。

格式：

```
REPNZ/REPNE   串指令
```

重复执行如下的操作：

如果 ZF＝0 且(CX)≠0,则

（1）执行串指令；

（2）(CX)＝(CX)－1。

如果 ZF＝1,或者(CX)＝0,停止执行本指令,执行下一条指令。

4. SCAS 串扫描指令

格式：

SCASB/SCASW/SCASD

执行的操作如下：

（1）累加器－目的操作数。

字节操作：(AL)－(ES:[DI])。

字操作：(AX)－(ES:[DI])。

双字操作：(EAX)－(ES:[DI])。

（2）修改 DI 值。SCASB 是字节扫描指令，SCASW 是字扫描指令，SCASD 是双字扫描指令。方向标志 DF＝0 时，执行 SCASB/ SCASW/SCASD 指令后，将目的操作数地址 DI 分别加 1,2 或 4；DF＝1 时，DI 分别减 1,2 或 4。

假设 ES：DI 开始有 50 个字的数据（占用 100B），执行下面程序，分别会得到什么结果？

```
MOV    CX,50
MOV    AX,0
REPE   SCASW
```

```
MOV    CX,50
MOV    AX,0
REPNE  SCASW
```

【例 6-3】 字符串由 ASCII 代码 0 表示结束，它的首地址由 ES：DI 指出，编制函数 LEN，求该字符串的长度，置入 AX 返回。

```
;函数"LEN"
;功能：求一个字符串的长度
;入口：字符串首地址在 ES：DI 中,字符串以 ASC 码 0 结束
;出口：字符串的长度在 AX 中
;影响寄存器：AX,FLAGS
;说明：假设字符串长度不超过 60000 字符
.MODEL   SMALL
PUBLIC   LEN
.CODE
LEN     PROC    FAR
        PUSH    CX
        PUSH    DI
        CLD
        XOR     AX,AX
        MOV     CX,60000
        REPNE   SCASB              ;查找 ASC 码 0
        MOV     AX,60000
        SUB     AX,CX
        DEC     AX                 ;计算字符串长度
        POP     DI
        POP     CX
        RET
LEN     ENDP
        END
```

6.2 文件的建立和打开

操作系统提供了两种类型的磁盘文件服务：文件控制块存取法和文件代号存取法。文件控制块法是早期使用的方法，需要由用户建立和维护一张称为文件控制块（FCB）的表格，使用比较繁琐，目前已很少使用。文件代号法把文件的相关信息全部交由操作系统管理，简单易用，而且支持树状目录结构。本书介绍文件代号法文件操作。

6.2.1 文件

1. 路径名和 ASCIZ 串

文件的路径名指出该文件在辅助存储器上的位置，包括磁盘驱动器号、目录路径和文件名。路径名和一个全 0 字节构成的字符串称为 ASCIZ 串。下面是两个 ASCIZ 串：

```
FILEA   DB   'D:\RESULT.ASM',0
FILEC   DB   'E:\STUDENT\NAME.TXT',0
```

不同的文件有不同的 ASCIZ 串。

2. 文件代号

对一个磁盘文件进行操作时，该文件从静止状态转变为活动状态，称为打开。操作系统为每个处于活动状态的文件分配一个用 16 位二进制表示的**文件代号**（handle），在之后的文件操作中，文件代号代表这个已经打开，可以进行读、写等操作的文件。

3. 文件属性

每个文件有一个记录该文件特性的字节，称为**文件属性**。该字节各位所代表的含义如下：

D_0 表示只读文件，该文件不能进行写操作；

D_1 表示隐藏文件，用 DIR 查不到该文件；

D_2 表示系统文件，用 DIR 查不到该文件；

D_3 表示该文件内容为磁盘的卷标；

D_4 表示子目录，该文件内容为下一级文件的目录；

D_5 表示归档位，已写入并关闭了的文件。

只读位为"1"，表明该文件只可读，不能写入，可以防止文件被修改。隐藏位为"1"使文件隐藏起来，文件的名字一般不会在目录中列出。系统文件位为"1"，表明该文件是操作系统的系统文件。属性字节的 6 和 7 位是保留位，一般把它置"0"。

一个文件可以同时具有几种属性，也就是说文件属性字节中的几位可以同时为"1"。例如，IBMBIO. COM 和 IBMDOS. COM 文件既是只读文件，又是隐藏文件和系统文件。

4. 文件代号方式的 DOS 功能调用

对磁盘文件的处理都是使用 DOS 或 BIOS 的功能调用来实现的。BIOS 功能调用（中断服务 INT 13H）实现最底层的文件操作，它需要给出文件在磁盘上的物理地址。DOS 中断服务（INT 21H）能实现高级的文件操作，只要给出文件名或者文件代号（文件已经打开）就能读写文件。表 6-1 给出了用文件代号方式实现文件管理的 DOS 功能调用。

表 6-1　文件代号方式 DOS 文件管理功能调用

功能号 AH	功　能	调　用　参　数	返　回　参　数
3CH	建立文件	DS＝ASCIZ 串的段基址 DX＝ASCIZ 串的偏移地址 CX＝文件属性	操作成功：CF＝0，AX＝文件代号 操作出错：CF＝1，AX＝错误代码
3DH	打开文件	DS＝ASCIZ 串的段基址 DX＝ASCIZ 串的偏移地址 AL＝存取代码	操作成功：CF＝0，AX＝文件代号 操作出错：CF＝1，AX＝错误代码
3EH	关闭文件	BX＝文件代号	操作成功：CF＝0 操作出错：CF＝1，AX＝错误代码
3FH	读文件或设备	DS＝数据缓冲区段基址 DX＝数据缓冲区偏移地址 BX＝文件代号 CX＝读取的字节数	读成功：CF＝0，AX＝实际读入的字节数 　　　　　　AX＝0 表示文件结束 读出错：CF＝1，AX＝错误代码
40H	写文件或设备	DS＝数据缓冲区段基址 DX＝数据缓冲区偏移地址 BX＝文件代号 CX＝写入的字节数	写成功：CF＝0，AX＝实际写入的字节数 写出错：CF＝1，AX＝错误代码
42H	移动文件指针	CX＝所需字节的偏移地址（高位） DX＝所需字节的偏移地址（低位） AL＝移动方式码 BX＝文件代号	操作成功：CF＝0，DX：AX＝新指针位置 操作失败：CF＝1，AX＝错误代码
43H	读写文件属性	AL＝0 读文件属性 AL＝1 置文件属性　CX＝新属性 DS＝ASCIZ 串的段基址 DX＝ASCIZ 串的偏移地址	操作成功：CF＝0，AL＝0 　　　　　　CX＝属性 操作失败：CF＝1，AX＝错误代码

5. 文件操作返回代码

对磁盘文件进行操作，如果成功，返回时 CF 置为"0"。如果操作不成功，返回时 CF 被置成"1"，这时，AX 中包含了错误代码，用来指明对磁盘文件操作失败的原因。每个错误代码都代表一个具体的错误信息，表 6-2 列出了错误代码及与之对应的错误信息。

表 6-2　错误返回代码

错 误 码	错 误 信 息	错 误 码	错 误 信 息
01	非法功能号	19	磁盘写保护
02	文件未找到	20	未知单元
03	路径未找到	21	驱动器没有准备好
04	同时打开的文件太多	22	未知命令
05	拒绝存取	23	CRC 数据错
06	非法文件代号	24	请求指令长度错
07	内存控制块被破坏	25	搜索错
08	内存不够	26	未知的介质类型
09	非法存储块地址	27	扇区未发现
10	非法环境	28	打印机纸出界
11	非法格式	29	写故障
12	非法存取代码	30	读故障
13	非法数据	31	一般性失败
14	（未用）	32	共享违例
15	非法指定设备	33	锁违例
16	试图删除目录	34	非法磁盘更换
17	设备不一致	35	FCB 无效
18	已没有文件	36	共享缓冲区溢出

6. 数据传送区

文件处理过程中，从磁盘读出的数据或要写入磁盘的数据，都要存放在一个指定的内存区域，这个区域称为数据传送区(DTA)，或者**磁盘缓冲区**。一个可执行文件(.exe)执行时，操作系统在它的程序段前缀(PSP)的偏移地址 80H 处预留了一个 128B 的数据传送区，供用户使用。用户也可以在数据段重新建立自己的数据传送区。

6.2.2　文件的建立、打开和关闭

1. 文件的建立

对于一个磁盘上不存在的文件，使用之前首先要建立这个文件。

【例 6-4】　在 D 盘的 STUDENT 文件夹下建立一个名为 TEST1. DAT 文件，建立成功显示"The file has been CREATED."，将文件代号存放在 HANDLE 字单元，否则显示"The file fail to be CREATED."。

程序代码如下：

```
DATA    SEGMENT
    FILENAME    DB    'D:\STUDENT\TEST1.DAT',0
    HANDLE      DW    ?
    SUCCESS     DB    0DH,0AH,'The file has been CREATED. $ '
    FAIL        DB    0DH,0AH,'The file fail to be CREATED. $ '
DATA            ENDS
CODE            SEGMENT
    ASSUME CS: CODE,DS: DATA
START:  MOV AX,DATA
        MOV DS,AX
        LEA DX,FILENAME          ;ASCIZ 串地址置入 DS: DX
        MOV CX,0                 ;文件属性为 0(普通文件)
        MOV AH,3CH
        INT 21H                  ;建立该文件
        JNC SUCCE                ;CF=0,转 SUCCE
        LEA DX,FAIL              ;CF=1,置出错信息地址
        JMP QUIT
SUCCE:  MOV HANDLE,AX            ;保存文件代号
        LEA DX,SUCCESS           ;取成功信息地址
QUIT:   MOV AH,09H
        INT 21H                  ;显示成功/失败信息
        MOV AH,4CH
        INT 21H
CODE    ENDS
        END START
```

注意：建立文件时，应确保在同一个目录中不存在该文件，否则将覆盖原来存在的同名文件，造成信息的丢失，除非就是要用这种方法同时删除一个不再需要的旧文件。

2. 文件的打开

对一个已经存在的磁盘文件进行读、写操作前，首先要打开这个文件。使用功能号为 3DH 的 DOS 功能调用打开一个文件时，除了将 ASCIZ 串首地址装入 DS：DX 之外，还要将一个文件存取代码置入 AL 寄存器。存取代码告诉操作系统打开这个文件要进行什么样的操作。常用的文件存取代码如下。

0：为读而打开文件；

1：为写而打开文件；

2：为读和写打开文件。

只读文件只能用代码 0 来打开，如果使用存取代码 1 或 2 时将报告错误。打开一个不存在的文件同样也会报告错误。

3. 关闭文件

一个文件读写完毕之后，需要将它关闭，这个文件从活动状态回到静止状态。关闭文

件的操作通过 3EH 的 DOS 功能调用实现。关闭文件时操作系统进行的操作如下。

（1）把尚未写入磁盘的剩余信息写入磁盘。

（2）在该文件的"目录项"中填写文件实际长度，文件建立、修改的日期、时间等信息。

（3）删除操作系统为该文件建立的表格。

由此可见，关闭文件是一件十分重要，而且是必须进行的操作，千万不能贪图省事而省略这个操作，否则将造成信息丢失等不确定的后果。

6.3 文件读写

6.3.1 文件写

在磁盘上建立一个文件，将一组信息记录在这个文件中，用户需要进行如下的操作。

（1）建立文件：新文件名 ASCIZ 串的段基址：偏移地址装入 DS:DX，新文件的文件属性（普通文件属性为 00）装入 CX，使用 3CH 的 DOS 功能调用建立这个文件，保存返回的文件代号。

（2）写文件：把需要写入磁盘文件的内容写入磁盘缓冲区，然后使用 40H 的 DOS 功能调用把这些信息写入文件。重复上述过程，直到写完全部内容。

（3）关闭文件：使用 3EH 的 DOS 功能调用关闭这个文件。

【例 6-5】 下面的程序首先要求输入一个磁盘文件名，随后把键盘输入的文字存放到这个磁盘文件中。从键盘输入 Ctrl＋Z，文件输入结束。（该键的代码为 1AH，表示 End Of File，EOF）

```
DATA    SEGMENT
MESS0    DB      0DH,0AH,"Input File Name Please: $ "
BUFFER   DB      60,?
FILENAME DB      60 DUP( ?)
HANDLE   DW      ?
DTA      DB      ?
PROMPT   DB      0DH,0AH,'Input Text Please: $'
SUCCESS  DB      0DH,0AH,'Write Success $'
FAIL1    DB      0DH,0AH,'Fail to Create $'
FAIL2    DB      0DH,0AH,'Fail to Write $'
DATA     ENDS
CODE     SEGMENT
    ASSUME  CS: CODE,DS: DATA
START:   MOV     AX,DATA
         MOV     DS,AX
         LEA     DX,MESS0                        ;为输入文件名输出提示信息
         MOV     AH,09H
         INT     21H
         LEA     DX,BUFFER                       ;输入文件名
```

```
            MOV     AH,0AH
            INT     21H


            MOV     BL,BUFFER+1
            MOV     BH,0
            MOV     FILENAME[BX],0          ;把回车字符修改为 00H,形成 ASCIZ 串

            LEA     DX,FILENAME             ;ASCIZ 串首地址装入 DS：DX
            MOV     AH,3CH                  ;建立文件的功能代号
            MOV     CX,00H                  ;文件属性 (普通文件)
            INT     21H                     ;建立文件
            JC      ERR1                    ;建立出错,转 ERR1
            MOV     HANDLE,AX               ;保存文件代号
            LEA     DX,PROMPT
            MOV     AH,09H
            INT     21H                     ;显示提示信息,要求用户键盘输入
            LEA     DX,DTA                  ;DTA 地址装入 DS：DX
            MOV     BX,HANDLE               ;文件代号装入 BX
AGAIN:
            MOV     AH,01H
            INT     21H
            MOV     DTA,AL                  ;键盘上输入一个字符,送入 DTA
AGN1:       MOV     AH,40H
            MOV     CX,1
            INT     21H                     ;把这个字符写入磁盘文件
            JC      ERR2                    ;写文件错误,转 ERR2
            CMP     DTA,0DH                 ;刚输入字符是回车?
            JNE     AGN2
            PUSH    DX                      ;保护 DX 的值
            MOV     AH,2
            MOV     DL,0AH
            INT     21H                     ;输入回车字符后在显示器上输出换行
            POP     DX                      ;恢复 DX 的值
            MOV     DTA,0AH                 ;换行字符填入 DTA
            JMP     AGN1                    ;换行字符补写到磁盘文件
AGN2:       CMP     DTA,1AH                 ;刚写入文件字符是 EOF?
            JNE     AGAIN                   ;不是 EOF,继续键盘输入
            LEA     DX,SUCCESS
            CALL    DISP                    ;显示写文件成功信息
CLOSE:      MOV     AH,3EH
            MOV     BX,HANDLE
            INT     21H                     ;关闭文件
            JMP     EXIT
ERR1:       LEA     DX,FAIL1
```

```
            CALL  DISP                        ;显示打开错误信息
            JMP   EXIT                        ;打开不成功,无需关闭,转 EXIT 结束
ERR2:       LEA   DX,FAIL2                    ;显示写文件错信息
            CALL  DISP
            JMP   CLOSE                       ;文件已打开,需要关闭
EXIT:       MOV   AH,4CH
            INT   21H                         ;返回 OS
DISP:       MOV   AH,09H
            INT   21H
            RET
CODE        ENDS
            END   START
```

这个程序从表面上看,键盘每输入一个字符就写一次磁盘文件。但是,实际的写操作并没有真正发生。所谓的写操作,仅仅是把 DTA 中的信息转储到由操作系统管理的一个缓冲区,一直等到这个缓冲区满,或者关闭文件时,才把信息真正写入磁盘。这也就是多次强调关闭文件操作的必要性的原因。上面程序里,对每一个输入的回车符,补送一个换行符到文件,同时还送到显示器,使输入回显的字符不产生重叠。

汇编、连接后执行上面的程序,从键盘上输入文件名 D:\FILE1.TXT,然后输入该文件的若干行信息,最后以 Ctrl+Z 结束。屏幕上显示"WRITE SUCCESS",键盘输入内容被写入文件。执行命令:TYPE D:\FILE1.TXT,该文件的内容显示在显示器上,它就是刚才键盘输入的那些字符。

6.3.2 文件读

从一个磁盘文件中读出它记录的信息,用户需要进行如下的操作。

(1) 打开文件。文件名 ASCIZ 串的段基址:偏移地址装入 DS:DX,打开方式 0 装入 CX,使用 3DH 的 DOS 功能调用打开这个文件,保存返回的文件代号。

(2) 读文件。把磁盘缓冲区首地址装入 DS:DX,文件代号装入 BX,读取字节数装入 CX,使用 3FH 的 DOS 功能调用把文件信息读到磁盘缓冲区内。对缓冲区的读出内容进行处理。重复上述过程,直到读完全部内容。

(3) 关闭文件。使用 3EH 的 DOS 功能调用关闭这个文件。

【例 6-6】 打开磁盘上的一个文本文件,将它的内容显示在显示器上(类似于 DOS 命令 TYPE)。

```
;EX606.ASM
DATA      SEGMENT
HANDLE    DW ?
DTA       DB ?
PROMPT0 DB 0DH,0AH,'No Filename in Command Line. $'
PROMPT1 DB 0DH,0AH,'Open File Error. $'
PROMPT2 DB 0DH,0AH,'Read File Error. $'
DATA      ENDS
```

```
CODE    SEGMENT
        ASSUME: CODE,DS: DATA
START:
        CLD
        MOV     DI,0081H                    ;命令行参数区在 PSP 中的偏移量
        CMP     BYTE PTR[DI-1],0            ;有参数字符?
        JE      ERR0                        ;参数为"空",报告错误
        MOV     AL,0DH
        MOV     CX,40
        REPNE   SCASB                       ;测试参数长度
        JNZ     ERR0                        ;长度超过 40 字符,报告错误
        MOV     BYTE PTR [DI-1],0           ;将回车字符修改为 0,形成 ASCIZ 串

        MOV     DX,0082H                    ;DS: DX 指向 ASCIZ 串
        MOV     AH,3DH
        MOV     AL,0                        ;打开方式 0,为读打开
        INT     21H                         ;打开这个文件
        JC      ERR1                        ;打开失败,转 ERR1

        MOV     HANDLE,AX                   ;保存文件代号
        MOV     CX,DATA
        MOV     DS,CX                       ;装载 DS

AGAIN:  LEA     DX,DTA                      ;DS: DX 指向 DTA
        MOV     BX,HANDLE                   ;BX=文件代号
        MOV     CX,1                        ;CX=读取字节数
        MOV     AH,3FH
        INT     21H                         ;从文件中读 1B,存入 DTA
        JC      ERR2                        ;读错,转 ERR2
        CMP     AX,0                        ;读出字节数为 0?
        JE      CLOSE                       ;读出字节数为 0,转 CLOSE
        CMP     DTA,1AH                     ;读出内容是 EOF?
        JE      CLOSE                       ;读出内容是 EOF,转 CLOSE
        MOV     DL,DTA
        MOV     AH,2
        INT     21H                         ;将读出字符送显示器输出
        JMP     AGAIN                       ;重复上述过程

ERR0:   MOV     AX,DATA                     ;尚未装载 DS
        MOV     DS,AX                       ;为显示出错信息装载 DS
        LEA     DX,PROMPT0
        CALL    DISP                        ;显示"命令行无参数"错误
        JMP     EXIT
ERR1:   MOV     AX,DATA                     ;尚未装载 DS
```

```
        MOV     DS,AX              ;为显示出错信息装载 DS
        LEA     DX,PROMPT1
        CALL    DISP               ;显示"文件打开错误"
        JMP     EXIT
ERR2:   LEA     DX,PROMPT2
        CALL    DISP               ;显示"文件读错误"
CLOSE:  MOV     AH,3EH
        MOV     BX,HANDLE
        INT     21H                ;关闭文件
EXIT:   MOV     AH,4CH
        INT     21H                ;返回 OS
DISP:   MOV     AH,09H
        INT     21H
        RET
CODE    ENDS
        END     START
```

在命令行方式下,可执行文件名的后面可以带有若干参数,这些参数由操作系统存放在程序段前缀(PSP)内偏移地址为 81H 的位置上,以回车字符作为结束标志。上面的程序找到这个回车字符,把它修改为 00H,形成文件名的 ASCIZ 串,并用它打开需要显示内容的这个文件。此后,将该文件内容逐个字符读入磁盘缓冲区 DTA 并输出到显示器上。

例如,需要显示文件 D:\MYDOC. TXT 的内容,可以在命令行方式下输入:

```
D:\TASM5>EX606  D:\MYDOC.TXT
```

可执行文件 EX606. EXE 被执行,它打开文件 D:\MYDOC. TXT,在显示器上显示该文件的全部内容。

进行文件读操作时,磁盘缓冲区的大小可以根据需要来确定。如果一个文件由许多等长的"记录"组成,则可以把缓冲区设置成一个记录,或者整数倍个记录的大小,以方便使用。

6.3.3　文件指针

1. 文件的指针

前面的文件操作例子里,对文件的读写操作都是从文件的头部开始,顺序读、写它的内容,直到文件结束。这种方式称为文件的**顺序读**或者**顺序写**。

操作系统为每一个打开的文件保存着一个称为**文件指针**的变量,它记录应从文件的什么地方读出数据,或者应向文件的什么地方写入数据。建立或打开一个文件时,这个文件的指针被置为 0,指向文件的开始位置。每一次读或写操作都使文件指针增加,增加的值等于实际读写的字节数。采用顺序读、写方式时,用户感觉不到这个指针的存在,也无须对指针进行额外的操作。

但是,有些情况下,用户需要根据当时的需要,跳跃式地读写文件中某一个指定位置开始的内容,这种操作称为随机读(写)。这时,需要由用户移动文件的读写指针,使它指向需要读写的位置。

操作系统提供了移动文件指针的功能(功能号 42H),要求在 BX 中指定文件代号,CX:DX 指定一个双字长的偏移值,这个偏移值是一个带符号的整数,可以是正数,也可以是负数。它们和 AL 中的代码一起,决定指针的新位置。其中:

(1) AL=0 绝对移动方式,以文件开头位置(0)加 CX:DX 偏移值来移动指针。

(2) AL=1 相对移动方式,以当前指针位置加 CX:DX 偏移值来移动指针。

(3) AL=2 绝对倒移方式,以文件尾的位置加 CX:DX 偏移值来移动指针。

从该调用返回后,如果成功(CF=0),CX:DX 中为移动后的新指针的值。

具体采用上述 3 种方式的哪一种,要根据需要和方便来确定。例如,想从当前的指针位置向前或向后移动若干个字节,可用 AL=1 相对移动方式。如果要在一个已有的文件后面添加新的记录,取 CX:DX=00:00,使用 AL=2 的绝对倒移方式,这样,文件指针指向这个文件的尾部。

2. 文件追加

文件追加,就是在已有的文件后面添加新的内容。进行文件追加的步骤如下

(1) 以写方式打开这个文件(AL=1)。

(2) 取 CX:DX=00:00,使用 AL=2 的绝对倒移方式移动指针,使文件指针指向文件尾部。

(3) 把追加内容存入磁盘缓冲区。

(4) 使用 AH=40H 的系统功能调用,把磁盘缓冲区内容写入文件。

(5) 重复步骤(3),(4),直到所有内容写入文件。

(6) 关闭这个文件。

【例 6-7】 把文本文件 D:\MYDOC2.TXT 拼接在文本文件 D:\MYDOC1.TXT 的后面,实现文件的"连接"。

```
DATA    SEGMENT
FILENAME1   DB      'D:\MYDOC1.TXT',0
FILENAME2   DB      'D:\MYDOC2.TXT',0
DTA         DB      256  DUP(?)                 ;磁盘缓冲区
HANDLE1     DW      ?
HANDLE2     DW      ?
DONE        DB      0                           ;文件 2 读操作完成标志
FAIL1       DB      0DH,0AH,'Open File Error. $'
FAIL2       DB      0DH,0AH,'Move File Pointer Error. $'
FAIL3       DB      0DH,0AH,'Read File Error. $'
FAIL4       DB      0DH,0AH,'Write File Error. $'
DATA        ENDS
CODE        SEGMENT
   ASSUME CS: CODE,DS: DATA
```

```
START:      MOV     AX,DATA
            MOV     DS,AX
            MOV     DONE,0                          ;置"未完成"标志

            LEA     DX,FILENAME1                    ;为"写"打开文件 1
            MOV     AL,01H
            MOV     AH,3DH
            INT     21H
            JC      ERR11                           ;打开不成功,转 ERR11
            MOV     HANDLE1,AX

            LEA     DX,FILENAME2                    ;为"读"打开文件 2
            MOV     AL,0
            MOV     AH,3DH
            INT     21H
            JC      ERR12                           ;打开不成功,转 ERR12
            MOV     HANDLE2,AX

            MOV     AH,42H                          ;把文件 1 指针移动到文件尾部
            MOV     AL,02
            MOV     DX,0
            MOV     CX,0
            MOV     BX,HANDLE1
            INT     21H
            JC      ERR2                            ;移动指针不成功,转 ERR2

AGAIN:      MOV     AH,3FH                          ;读文件 2
            LEA     DX,DTA
            MOV     BX,HANDLE2
            MOV     CX,256
            INT     21H
            JC      ERR3                            ;读文件失败,转 ERR3
            CMP     AX,0
            JNE     AGA1
            MOV     DONE,1                          ;读出字节数为 0,文件结束
            JMP     FINISH                          ;置结束标记,转 FINISH
AGA1:       CMP     AX,256
            JE      CONT                            ;读出字节数不足 256,文件结束
            MOV     DONE,1                          ;置完成标志

CONT:       PUSH    AX                              ;本次写入字节数压入堆栈
            MOV     AH,40H                          ;写文件 1
            LEA     DX,DTA
            MOV     BX,HANDLE1
```

```
           POP    CX                      ;本次写入字节数从堆栈弹出
           INT    21H
           JC     ERR4                     ;写文件失败,转 ERR4
           CMP    DONE,0
           JE     AGAIN                    ;文件 1 未读完,转 AGAIN

FINISH:    MOV    AH,3EH                   ;关闭文件 2
           MOV    BX,HANDLE2
           INT    21H
FINISH1:   MOV    AH,3EH
           MOV    BX,HANDLE1               ;关闭文件 1
           INT    21H
           JMP    EXIT

ERR11:     LEA    DX,FAIL1                 ;打开文件 1 失败,显示信息
           MOV    AH,09H                   ;然后直接返回操作系统
           INT    21H
           JMP    EXIT
ERR12:     LEA    DX,FAIL1                 ;打开文件 2 失败,显示信息
           MOV    AH,09H                   ;转向 FINISH1,关闭文件 1
           INT    21H
           JMP    FINISH1
ERR2:      LEA    DX,FAIL2                 ;移动指针失败,显示信息
           JMP    DISP
ERR3:      LEA    DX,FAIL3                 ;读文件失败,显示信息
           JMP    DISP
ERR4:      LEA    DX,FAIL4                 ;写文件失败,显示信息
DISP:      MOV    AH,09H                   ;显示出错信息
           INT    21H
           JMP    FINISH                   ;转 FINISH,关闭文件
EXIT:      MOV    AX,4C00H
           INT    21H
CODE       ENDS
           END    START
```

假设文件 D:\MYDOC1.TXT 和 D:\MYDOC2.TXT 已经存在,先后执行命令:

```
D:\TASM5>DIR D:\MYDOC?.TXT
D:\TASM5>EX607
D:\TASM5>DIR D:\MYDOC?.TXT
D:\TASM5>TYPE D:\MYDOC1.TXT
```

将会发现,执行程序 EX607.EXE 之后,文件 MYDOC1.TXT 的长度是执行之前文件 D:\MYDOC1.TXT 和 D:\MYDOC2.TXT 长度之和,而且它的内容也是原来这两个文件内容的连接。

但是,如果把例 6-5 产生的文本文件 D:\FILE1.TXT 更名为 D:\MYDOC1.TXT,上面程序执行的情况会比较复杂。执行第二个 DIR D:\MYDOC?.TXT 命令后,文件 D:\MYDOC1.TXT 的长度确实等于原来两个文件之和,但是用 TYPE D:\MYDOC1.TXT 显示出的文件 D:\MYDOC1.TXT 的内容却与 EX607.EXE 执行之前没有发生变化。这是由于,连接后文件 D:\MYDOC1.TXT 的内容为:

原文件 1 内容、1AH、原文件 2 内容

执行 TYPE 命令时,一旦发现字符 1AH,就认为文件已经结束,不再显示后面的内容。解决这个问题的方法是:在对文件 1 进行追加之前,对文件的最后一个字符进行检查。如果是 1AH,把指针向文件头部移动 1 个字符的距离,然后再进行追加操作。有的文本文件用 1AH 表示结束,也有些文本文件没有这个结束标志,这取决于产生该文件的不同的编辑软件。

从这个程序也可以看到,不论在什么情况下,都要关闭已经打开的文件,否则会造成难以预料的结果。

3. 随机读写

许多磁盘文件内部由若干组信息组合而成的。例如,记录一个学生基本情况的信息组成如下:

学号(双字长整型,4B),姓名(字符串,8B),性别(布尔型,1B),出生年月日(整型,2+1+1B),家庭住址(字符串,50B),联系电话(双字长整型,4B)。

这个信息组称为**记录**(record),它具有固定的长度 71B。

构成记录的每一项数据称为**数据域**(field)或**字段**。数据域的格式根据数据的特征确定,上例中的"姓名"由 8 个字符组成,可以直接送显示器输出;"学号"则由 4B 无符号整数表示,该数据不能直接送显示器输出。

按照文件的内部结构,磁盘文件可以划分为如下 3 种。

(1) 无记录文件。这种文件由许多前后相连接的数据构成,没有"组"或者"记录"。例如,记录声音的".WAV"文件由许多定时采集的声音信息(幅值)顺序排列而成。

(2) 不等长记录文件。这种文件由若干"组(记录)"信息组成,每个记录长度不等。为了划分,各记录之间用专用字符/数据分割。例如,文本文件由若干"行"组成,每行长度不等,行之间用"回车"、"换行"字符分隔。

(3) 等长记录文件。计算机的数据库文件大多数属于等长记录文件,每个记录有固定的长度。记录的长度储存在文件的首部,也有的等长记录文件本身不储存记录长度的信息,只有文件的建立者、使用者知道。由于记录长度固定,记录之间、字段之间不再需要专门的分隔字符/数据。

对于(1),(2)两种类型的文件,以顺序读、顺序写为基本操作模式,需要时,也可以通过移动读写指针对文件的部分内容进行处理,这样的文件称为**顺序文件**。

对于等长记录文件,文件的读写以记录为单位进行,可以按照记录的自然顺序进行,也可以任意选择其中的一个或几个记录进行,这样的读写方式称为**随机读**、**随机写**。对应

于前面的顺序文件,这样的文件称为随机读写文件。

对随机读写文件进行操作时,磁盘缓冲区大小一般等于文件内一个记录的长度。它的基本操作如下。

(1) 建立随机读写文件。用 AH=3CH 功能建立文件;将磁盘缓冲区清空;用顺序写方式重复写入文件,得到一个由若干个等长的空记录组成的随机读写文件。

(2) 随机读文件。用 AH=3DH 功能打开该文件;根据记录号计算出该记录在文件内的位置;用 AH=42H 功能将文件指针指向该记录;用 AH=3FH 功能读出该记录。

(3) 随机写文件。用 AH=3DH 功能打开该文件;根据记录号计算出该记录在文件内的位置;用 AH=42H 功能将文件指针指向该记录(如果该记录不存在,则仿照建立文件的方法,在该记录前面写入若干个空记录);将该记录内容写入磁盘缓冲区;用 AH=40H 功能将新内容写入该记录。

(4) 修改文件内容。用 AH=3DH 功能打开该文件;根据记录号计算出该记录在文件内的位置;用 AH=42H 功能将文件指针指向该记录;将该记录内容读入磁盘缓冲区;在缓冲区内修改该记录内容;用 AH=42H 功能将文件指针重新指向该记录,用 AH=40H 功能将修改后的记录写入文件的对应位置。

4. 文件修改

对于等长记录的随机读写文件,修改前后文件长度不变,对这类文件的修改上面已经叙述。这里叙述修改前后文件长度发生改变情况下的处理方法。

假设被修改的文件 FILE1.DAT 由 A,B,C 这 3 段组成,需要修改 B 这段内容。操作过程如下:

(1) 以读方式打开文件 FILE1.DAT;

(2) 建立一个临时文件 FILE2.DAT;

(3) 从文件头部开始,读出 FILE1.DAT 文件的 A 区内容,写入文件 FILE2.DAT;

(4) 读出 FILE1.DAT 文件的 B 区内容,在磁盘缓冲区内进行修改。随后将修改过的内容写入文件 FILE2.DAT;

(5) 将文件 FILE1 指针指向 C 区,读出 C 区内容,写入文件 FILE2.DAT;

(6) 关闭两个文件;

(7) 将文件 FILE1.DAT 更名为 FILE1.BAK,将文件 FILE2.DAT 更名为 FILE1.DAT。

建立 FILE1.BAK 文件是为了确保操作的可靠性,如果确定不再需要,可以删去该文件。

6.4 设备文件

从更广泛的意义上来说,文件是存在于计算机主机外部,可以进行读写操作的一种信息载体。从这个意义上,键盘、显示器这样的输入输出设备也可以称为文件。在 PC 上,键盘、显示器、串行通信接口、打印机被称为设备文件,操作系统为它们分配了固定的文件代号，如表 6-3 所示。

表 6-3　字符设备文件代号与标准设备

设备文件代号	标准设备
0000	标准输入设备，通常是键盘
0001	标准输出设备，通常是显示器
0002	错误输出设备，总是指显示器
0003	标准辅助设备，通常为串行通信端口
0004	标准打印机

把这些设备命名为设备文件之后，可以用两种方法来使用这些设备：

（1）通过 DOS 功能调用来使用这些设备；

（2）通过文件读写的方式来使用这些设备。

用文件读写方式使用这些设备时，可以认为，这些设备文件在开机后已经打开，所以无须由用户进行打开操作。同样，由于这些文件将持续使用，用户也无须关闭它们。用户可以通过已知的文件代号直接进行信息的输入输出。设备文件被定义为顺序文件，对它们的读写只能顺序进行，不能对这些文件进行移动读写指针的操作。标准的输入输出设备（即键盘和显示器）允许使用操作系统的管道功能进行改向，也就是说，原定在键盘上进行的输入可以改由其他的磁盘文件输入，原定在显示器上的输出可以改向某个磁盘文件或者打印机、串行通信口输出。

例如，从键盘输入 80 个字符存入内存 IN_BUFFER 的程序为：

```
.MODEL   SMALL
.DATA
  IN_BUFFER  DB  80 DUP(?)
.CODE
START:
  MOV  AX,@DATA
  MOV  DS,AX
  LEA  DX,IN_BUFFER
  MOV  AH,3FH
  MOV  CX,80
  MOV  BX,0
  INT  21H
  JC   ERROR
  ⋮
```

上例中，使用 AH＝3FH 的读文件操作功能调用，从键盘文件读入数据，就如同从磁盘文件中读入数据。同样，也可以用 AH＝40H 的写文件功能调用把内存中的数据从显示器上输出，就如同把数据写入磁盘文件一样。

下面的程序把 OUT_BUFFER 中的 17 个字符送显示器输出。

```
.MODEL SMALL
.DATA
    OUT_BUFFER  DB  0DH,0AH,"How are you?",0DH,0AH
.CODE
START:
    MOV  AX,@DATA
    MOV  DS,AX
    LEA  DX,OUT_BUFFER
    MOV  AH,40H
    MOV  CX,17
    MOV  BX,1
    INT  21H
    JC   ERROR
    ⋮
```

习题六

6.1 使用串操作指令,在 STRING 字符串中查找有无字符'A',如有将标志 flag 置"1",否则将 flag 清零。

6.2 使用串操作指令从左到右把字符串 STRING1 中的字符送到 STRING2 中。

6.3 使用串操作指令从右到左把字符串 STRING1 中的字符送到 STRING2 中。

6.4 在 STRING 中查找空格,记下最后一个空格的位置,存放在变量 SPACE 中。如果没有空格,置 SPACE 为−1。

6.5 两个字符串 str1 与 str2 以'$'字符结束,比较它们的长度是否相同,如果相同,在屏幕上显示"Yes",否则显示"No"。

6.6 什么是文件? 什么是文件代号?

6.7 如何用文件代号方式来建立文件? 打开文件? 关闭文件?

6.8 文件属性指的是什么?

6.9 编写程序,建立一个名为 File1.txt 的文件,建立成功则在屏幕上显示"SUCCESS",否则显示"ERROR"。

6.10 打开文件时,先要在 AL 中设置文件存取代码,其作用是什么?

第7章

显示程序设计

显示器是计算机重要的人机对话界面。送往显示器输出的文字或图形,首先被送到显示适配器(video adapter,也称显卡),然后由显卡的控制电路,将显示内容按照显示器需要的格式送往显示器。可见,显示器在显卡的控制下工作。

显示适配器有字符显示和图形显示两种不同的工作方式。

字符方式也称文本方式,在这种方式下,屏幕只能显示字符及其属性(颜色,亮度等),屏幕被分成若干行和列,最常见的是 80 列×25 行。

图形方式下的屏幕由一个个像素(pixel)组成,例如,标准 VGA 格式的屏幕由 480 行,每行 640 个像素组成。通过读写屏幕上各个像素(点),可以显示出各种单色和彩色的图形。

本章首先介绍宏指令,随后介绍字符方式、图形方式下的显示程序设计方法。

7.1 宏指令

通过第 5 章的学习,已经知道,对于需要多次执行的程序,可以将它们编写为子程序,通过重复调用,使一段程序多处、多次被使用,达到简化程序,提高编程效率的目的。这一节将要介绍的宏指令,也可以多处、多次使用,也能起到简化编程的作用。

宏指令实际上就是一组指令或伪指令,用来完成某项功能。宏指令使用之前,需要为这一组指令起一个名字,称为定义,此后就可以在程序中多次使用。可以将宏指令的定义存放在一个文件中,建立**宏指令库**,就像高级语言的库函数,使用时用 INCLUDE 伪指令将这个库插入源程序。但是,宏指令和子程序从本质上来看,有很大的区别。

(1)宏指令实际上就代表了它对应的一组指令。对程序中出现的宏指令进行汇编时,这条宏指令被它对应的一组指令所代替。如果程序中多次使用宏指令,就等于多次重复拷贝了这个指令组,占用的内存随之增加。

(2)调用子程序通过执行 CALL 指令实现,存在主程序与子程序之间的两次控制转移。使用宏指令不存在控制转移的过程。

(3)使用子程序和宏指令都可以提高编程效率。子程序占用固定大小的存储空间,被主程序调用时,空间不会随调用次数而增加。但是,宏指令占用存储空间会随着使用次数的增加而增加。

7.1.1 宏指令的定义

宏指令使用之前,应进行宏指令的定义,用来向汇编程序声明宏指令对应的一组指令。汇编程序对每一条宏指令汇编时,用它对应的一组指令代替,称为**宏展开**。

宏指令定义格式如下:

```
宏指令名    MACRO[形式参数表]
    ⋮       ;宏体(指令组)
ENDM
```

宏指令名是用户为这组指令起的一个名字,应满足标识符命名的一般规定。MACRO 和 ENDM 是一对伪指令,表示宏定义的开始和结束。形式参数表中的参数可以为空(没有),也可以有多个,用逗号分隔。宏体则由指令、伪指令和前面已经定义的宏指令组成。

【例 7-1】 定义一个宏,输出换行回车符。

```
M_CRLF  MACRO
        MOV  DL,0AH
        MOV  AH,02H
        INT  21H
        MOV  DL,0DH
        INT  21H
        ENDM
```

经过上面的定义,用户使用的指令系统里多出了一条指令。需要输出回车、换行时,可以在程序中用 M_CRLF 代替这 5 条指令。对源程序汇编时,宏指令 M_CRLF 又被还原成这 5 条指令。

【例 7-2】 可以用已经定义的宏指令来定义另一个宏指令,也就是说,宏指令可以嵌套定义。

```
SUM2  MACRO  X,Y
      MOV    AX,X
      ADD    AX,Y
      ENDM
SUM3  MACRO  A,B,C
      SUM2   A,B
      ADD    AX,C
      ENDM
```

宏指令 SUM3 用来求 3 个 16 位数据的和。它首先使用宏指令 SUM2 求出 A 和 B 的和,存放在 AX 中,然后再与 C 相加,在 AX 中得到 3 个 16 位数据的和。

【例 7-3】 定义一个宏,求两个带符号数中的较大者。

```
MAX     MACRO  X,Y,Z
```

```
       LOCAL   L1
               MOV     AX,X
               CMP     AX,Y
               JGE     L1
               MOV     AX,Y
       L1:     MOV     Z,AX
               ENDM
```

LOCAL 称为宏内局部标号定义伪指令,它的作用在下一节叙述。

7.1.2　宏指令的使用

宏指令定义后,可以在程序的任意位置调用它。

【例 7-4】　在屏幕上输出'0'~'9'这 10 个字符,每个字符占一行。

```
;EX704.ASM
  M_CRLF         MACRO
       MOV     DL,0AH
       MOV     AH,02H
       INT     21H
       MOV     DL,0DH
       INT     21H
ENDM
.MODEL SMALL
.CODE
START: MOV     CX,10
       MOV     BL,'0'
AGAIN: MOV     DL,BL
       MOV     AH,02H
       INT     21H
       M_CRLF
       INC     BL
       LOOP    AGAIN
       MOV     AH,4CH
       INT     21H
       END     START
```

为了观察宏指令的展开,可以用 TASM/L EX704 命令对 EX703.ASM 进行汇编,在产生目标文件的同时产生名为 EX704.LST 的源列表文件,该文件列出了每条指令汇编以后的结果。可以看到,宏展开的行前面加上了特殊标志"1",如果该宏指令定义有嵌套,则在嵌套展开的行上用"2"表示是第 2 层展开。

```
;EX704.LST
        1                  M_CRLF  MACRO
        2                  MOV     DL,0AH
        3                  MOV     AH,02H
```

```
    4                                   INT    21H
    5                                   MOV    DL,0DH
    6                                   INT    21H
    7                                   ENDM
    8    0000              .MODEL SMALL
    9    0000                  . CODE
   10    0000  B9 000A START: MOV    CX,10
   11    0003  B3 30          MOV    BL,'0'
   12    0005  8A D3   AGAIN: MOV    DL,BL
   13    0007  B4 02          MOV    AH,02H
   14    0009  CD 21          INT    21H
   15                         M_CRLF
  1 16    000B        B2 0A   MOV    DL,0AH        ;宏展开(16~20行)
  1 17    000D        B4 02   MOV    AH,02H
  1 18    000F        CD 21   INT    21H
  1 19    0011        B2 0D   MOV    DL,0DH
  1 20    0013        CD 21   INT    21H
   21    0015        FE C3    INC    BL
   22    0017        E2 EC    LOOP   AGAIN
   23    0019        B4 4C    MOV    AH,4CH
   24    001B        CD 21    INT    21H
                              END    START
```

【例 7-5】 利用例 7-3 定义的宏指令,求 3 个带符号数中最大的数并显示。

```
;EX705.TXT
INCLUDE   YLIB.H
MAX       MACRO  X,Y,Z                        ;3个参数
LOCAL     L1
          MOV    AX,X
          CMP    AX,Y
          JGE    L1
          MOV    AX,Y
L1:       MOV    Z,AX
          ENDM
.MODEL    SMALL
.DATA
BUF       DW     -90,90,234                   ;3个数
BIG       DW     ?                            ;存放最大数的单元
MESS      DB     0DH,0AH,' The Max is: $'
. CODE
START:    MOV    AX,@DATA
          MOV    DS,AX
          MAX    BUF,BUF+2,BIG                ;求前两个数中的较大者,存入BIG
          MAX    BUF+4,BIG,BIG                ;求第 3 个数与 BIG 中的较大者,存
```

入 BIG

```
        LEA     DX,MESS
        MOV     AX,BIG
        CALL    WRITEINT                    ;输出结果
        MOV     AX,4C00H
        INT     21H                         ;返回操作系统
        END     START
```

本例的列表文件 EX705.LST 如下,为了阅读方便,删去了原程序中的注释,下面文本中的注释是作者加上去的。

```
Turbo Assembler    Version 4.1      05/01/08 23:26:10      Page 1
EX705.TXT
      1              ;EX705.TXT
      2              INCLUDE YLIB.H
  1   3              EXTRN READINT: FAR,READDEC: FAR
  1   4              EXTRN WRITEINT: FAR,WRITEDEC: FAR,WRITEHEX: FAR
  1   5              EXTRN CRLF: FAR
  1   6                          ;伪指令 INCLUDE YLIB.H 被上面 3 行 EXTRN 伪指令取代
  1   7
      8      MAX         MACRO  X,Y,Z
      9                  LOCAL  L1
     10                  MOV    AX,X
     11                  CMP    AX,Y
     12                  JGE    L1
     13                  MOV    AX,Y
     14      L1:         MOV    Z,AX
     15                  ENDM                    ;宏定义汇编时不产生目标代码
     16  0000            .MODEL  SMALL
     17  0000            .DATA
     18  0000  FFA6 005A  00EA     BUF   DW  -90,90,234
     19  0006  ????                BIG   DW  ?
     20  0008  0D 0A 20 54 68 65 20+ MESS  DB  0DH,0AH,' The Max is: $'
     21        4D 61 78 20 49 73 3A+
     22        20 24
     23  0018            .CODE
     24  0000  B8 0000s      START: MOV  AX,@ DATA
     25  0003  8E D8                MOV  DS,AX
     26                             MAX  BUF,BUF+2,BIG        ;第 1 次宏调用
  1  27  0005  A1 0000r             MOV  AX,BUF              ;第 1 次宏展开
  1  28  0008  3B 06 0002r          CMP  AX,BUF+2            ;
  1  29  000C  7D 03                JGE  ??0000              ;L1 用??0000 代替
  1  30  000E  A1 0002r             MOV  AX,BUF+2            ;
  1  31  0011  A3 0006r      ??0000:MOV  BIG,AX             ;第 1 次宏展开
     32                             MAX  BUF+4,BIG,BIG        ;第 2 次宏调用
```

1	33	0014	A1 0004r		MOV AX,BUF+4	;第2次宏展开
1	34	0017	3B 06 0006r		CMP AX,BIG	
1	35	001B	7D 03		JGE ?? 0001	;L1用??0001代替
1	36	001D	A1 0006r		MOV AX,BIG	
1	37	0020	A3 0006r	??0001:	MOV BIG,AX	;第2次宏展开
	38	0023	BA 0008r		LEA DX,MESS	
	39	0026	A1 0006r		MOV AX,BIG	
	40	0029	9A 00000000se		CALL WRITEINT	
	41	002E	B8 4C00		MOV AX,4C00H	
	42	0031	CD 21		INT 21H	
	43				END START	

源程序通过两两比较,找到最大数并输出。在 MAX 宏指令定义中,出现了标号 L1。该指令被二次调用,这样,在目标代码中会出现两个 L1 标号,也就是说,在同一个源程序中出现两个同名标号。为了避免这个错误,宏定义中使用 LOCAL **局部标号定义伪指令**把 L1 定义为**局部标号**。宏展开时,汇编程序对局部标号进行换名处理,用??0000、??0001、…依次代替各个宏展开中的标号。注意,LOCAL 伪指令应紧接 MACRO 语句之后,两行之间不得有其他语句。

7.2 字符方式显示程序设计

7.2.1 文本显示模式和字符属性

1. 显示模式

显示器在字符方式下工作时,有几种可供选择的显示模式,它们具有不同的分辨率和显示颜色,如表 7-1 所示。BIOS 的显示功能调用 INT 10H 的 0 号功能用于设定显示模式。

```
MOV   AH,0
MOV   AL,显示模式号        ;见表 7-1
INT   10H                 ;无返回参数
```

表 7-1 常见的字符显示模式

显示模式	分辨率	颜 色	显示方式
0	40 列×25 行	16 级灰色	黑白文本
1	40 列×25 行	16 色	彩色文本
2	80 列×25 行	16 级灰色	黑白文本
3	80 列×25 行	16 色	彩色文本
7	80 列×25 行	单色	黑白文本

PC 以 MS-DOS 引导后,显示模式自动设为模式 3。

2. 字符属性

文本方式下,显示在屏幕上的每个字符由 2B 长度表示:第一字节是它的 ASCII 码,第二个字节是这个字符的属性。彩色文本模式下属性字节格式如图 7-1 所示。高 3 位是该字符显示区域的背景色,低 4 位是前景色,也就是这个字符本身的颜色。其中,R,G,B 分别代表红、绿、蓝三种颜色,I=1 表示"高亮度"。BL=1 时,字符在屏幕上"闪烁"显示。表 7-2 列出了前景色的各种组合。这样,蓝底白字字符的属性为 00011111B。

图 7-1　16 色方式下的字符属性字节

表 7-2　彩色字符的显示颜色

IRGB	色彩	IRGB	色彩	IRGB	色彩	IRGB	色彩
0000	黑	1000	灰	0100	红	1100	浅红
0001	蓝	1001	浅蓝	0101	洋红	1101	浅洋红
0010	绿	1010	浅绿	0110	棕	1110	黄
0011	青	1011	浅青	0111	浅灰	1111	白

7.2.2　直接写屏输出

PC 中,有一片内存区域用来存放需要在显示器上显示的文本、图形信息,该区域称为**显示存储器**或**显存**(VRAM)。屏幕上每个坐标位置上的字符或图形信息与显存中某些单元的内容一一对应。使用 MOV 指令将数据送到显存的某个单元时,在屏幕的对应位置上就会立即显示出相应的字符或图形。这种通过"写显存"进行屏幕输出的方式称为**直接写屏方式**,它的速度比使用 DOS 调用和 BIOS 调用都要快。

在字符显示模式下,显存从 B800H:0000H 开始,每个待显示字符占用 2B 空间:第一个字节为显示字符的 ASCII 码,第二个字节是字符的显示属性。以 25 行×80 列的字符显示方式为例,一个屏幕可显示 2000 个字符,需要约 4KB 的显示存储器,称为一页。显存中可以同时存放多个屏幕的显示信息,分别称为 0,1,2,3 页。通过改变当前显示的"页号",可以在不同的"页"之间进行快速切换。在 80 列文本显示模式下,第 0,1,2,3 页在内存中的起始地址分别是 B800:0000H,B800:1000H,B800:2000H 和 B800:3000H。

屏幕上某个坐标位置对应显存中的偏移地址有如下关系:

偏移地址=页起始偏移地址+2×(字符行坐标×每行列数+列坐标)

【例 7-6】　清屏并输出字符串,按任意键后,恢复清屏前屏幕内容。

```
;EX706.ASM
DATA  SEGMENT
  BUF  DW  2000 DUP(?)                          ;保存显存信息的缓冲区
  MESS DB  'PRESS ANY KEY TO REVIEW THE SCREEN!' ;显示的信息
```

```
    LEN  EQU  $-MESS
DATA  ENDS
CODE  SEGMENT
ASSUME    CS: CODE,DS: DATA
START:  MOV  AX,DATA
        MOV  DS,AX
        MOV  AX,0B800H
        MOV  ES,AX               ;ES 为显示缓冲区段基址
        MOV  CX,2000             ;2000 个字符
        MOV  SI,0
        LEA  DI,BUF              ;存放显存信息的缓冲区首地址送 DI
NEXT:   MOV  AX,ES:[SI]          ;将显存中的内容全部读入到 BUF
        MOV  [DI],AX
        ADD  SI,2
        ADD  DI,2
        LOOP NEXT
        MOV  DI,0                ;显存首地址送 DI
        MOV  CX,2000             ;屏幕上 2000 个字符都写成空格,即清屏
        MOV  AX,0720H            ;20H 是空格的 ASCII 代码,07H 是显示属性
        CLD                      ;设置串操作指针递增
        REP  STOSW               ;将 AX 内容送显存,共 2000 次,实现清屏
        MOV  DX,050AH            ;屏幕坐标 (5,10)
        CALL CALADDR             ;计算屏幕坐标 (5,10) 在显存中的偏移地址
        LEA  SI,MESS             ;要显示的字符串首地址送 SI
        MOV  CX,LEN              ;字符串长度送 CX
        MOV  AH,1EH              ;显示属性送入 AH
NEXT2:  MOV  AL,[SI]             ;字符 ASCII 码送 AL
        STOSW                    ;字符 ASCII 码及其属性送显存的相应位置
        INC  SI                  ;修改字符串指针
        LOOP NEXT2               ;循环 LEN 次
        MOV  AH,10H              ;等待键盘输入
        INT  16H
;以下程序将 BUF 中的内容恢复到 B800:0000H 开始的 4000B 空间中,恢复原先的屏幕
        MOV  CX,2000
        LEA  SI,BUF
        MOV  DI,0
        REP  MOVSW
        MOV  AX,4C00H
        INT  21H
;计算偏移地址子程序:入口参数 DH=行数,DL=列数
;返回参数 DI=偏移地址
CALADDR PROC NEAR
        PUSH AX
        MOV  AL,80               ;每行 80 列
        MUL  DH
        XOR  DH,DH
```

```
            ADD   AX,DX
            SHL   AX,1
            MOV   DI,AX          ;DI=2×(字符行坐标×总列数+列坐标)
            POP   AX
            RET
    CALADDR ENDP
    CODE    ENDS
            END   START
```

程序首先把第 0 页显存内容送入数据段缓冲区保存,然后通过将空格字符送入 0 页显存,实现"清屏"。此后,将字符代码及其属性送入显存中与(5,10)位置对应的单元,实现显示字符串的目的。最后,在接收键盘输入之后,把缓冲区保存的原显存 0 页内容送回,恢复原屏幕的显示内容。上述功能也可以通过改变当前页号,在不同页之间进行切换,省去 0 页显存内容两次往复传送,读者不妨自己动手一试。

7.2.3 BIOS 显示功能调用

文本显示除了可以使用直接写屏、DOS 功能调用外,还可以利用 BIOS 中提供的显示功能调用 INT 10H,其功能如表 7-3 所示。

表 7-3 BIOS 显示功能调用(INT 10H)

AH	功　　能	入　口　参　数	出口参数
0	设置显示模式	AL=显示模式号	无返回参数
1	设置光标类型	$(CH)_4=0$,光标显示,$(CH)_{0-3}=$光标起始线 $(CL)_{0-3}=$光标结束线,$(CH)_4=1$,光标不显示	无
2	设置光标位置	BH=页号,DH=光标的行号,DL=光标的列号	无
3	读光标位置	BH=页号(显示的当前页号)	CH=光标起始线 CL=光标结束线 DH=光标当前行号 DL=光标当前列号
5	选择当前显示页	AL=选择的页号	无
6	屏幕初始化或向上滚动	AL=要滚动的行数,AL=0,全屏滚动(清屏) CH=滚动窗口左上角行号,CL=滚动窗口左上角列号 DH=滚动窗口右下角行号,DL=滚动窗口右下角列号 BH=滚入行属性	无
7	屏幕初始化或向下滚动	AL=要滚动的行数,AL=0,全屏滚动(清屏) CH=滚动窗口左上角行号,CL=滚动窗口左上角列号 DH=滚动窗口右下角行号,DL=滚动窗口右下角列号 BH=滚入行属性	无

AH	功　能	入　口　参　数	出口参数
8	读光标位置的属性和字符	BH＝显示页	AH＝光标位置字符属性 AL＝光标位置字符
9	在光标位置显示字符及属性	BH＝显示页,BL＝字符属性 AL＝待显示字符的 ASCII 码 CX＝字符重复次数(只显示一个字符,则 CX＝1)	无
0AH	在光标位置只显示字符	BH＝显示页 AL＝待显示字符的 ASCII 码 CX＝字符重复次数(只显示一个字符,则 CX＝1)	无
0EH	显示字符且光标自动前移	AL＝待显示字符的 ASCII 码,BL＝前景色	无
0FH	获取当前的显示模式	无	AL ＝ 当前显示模式号 AH＝当前显示模式每行的列数 BH＝当前显示页号
13H	显示字符串	ES:BP＝字符串首地址 CX＝串长度,BH＝显示页号 DH,DL＝起始行号,列号 AL＝0,BL＝属性,光标保持在原处,串由字符组成,仅显示字符 AL＝1,BL＝属性,光标到串尾,串由字符组成,仅显示字符 AL＝2,光标保持在原处,串由字符及属性组成 AL＝3,光标到串尾,串由字符及属性组成	无

程序中经常要用到清屏、滚屏、设置显示模式、设置光标位置等操作,可以把这些操作编写成宏指令:

```
;宏定义 SCROLL,用于清除屏幕内一个区域的显示内容
SCROLL  MACRO  TOP,LEFT,BOTTOM,RIGHT,ATTRIB
    MOV   AX,0600H           ;屏幕上卷功能
    MOV   CH,TOP             ;左上角行号
    MOV   CL,LEFT            ;左上角列号
    MOV   DH,BOTTOM          ;右下角行号
    MOV   DL,RIGHT           ;右下角列号
    MOV   BH,ATTRIB          ;卷入行属性
    INT   10H                ;对指定范围屏幕清屏
    ENDM
    ;宏定义 CLS,用于清除整个屏幕显示内容
CLS  MACRO
    SCROLL 0,0,24,79,7       ;宏嵌套定义
    ENDM
```

```
    ;宏定义 SETCURSOR,用于设置光标位置
SETCUSOR   MACRO   PAGE1,ROW,COLUMN
    MOV       AH,2                    ;设置光标位置
    MOV       DH,ROW                  ;光标行坐标
    MOV       DL,COLUMN               ;光标列坐标
    MOV       BH,PAGE1                ;BH=页号
    INT       10H                     ;BIOS 功能调用
    ENDM
    ;宏指令 SETMODE,用于设置显示模式
SETMODE    MACRO   MODE1
    MOV       AH,0
    MOV       AL,MODE1
    INT       10H
    ENDM
```

将上面文本添加到 YLIB. H 中。这样,以后需要进行清屏,设置光标操作时,在程序首部写上 INCLUDE YLIB. H,在需要地方写上已经定义的宏指令,就可以实现对应的操作。

下面的例子使用了部分 BIOS 功能调用。

【例 7-7】 在屏幕上建立一个窗口,在规定位置显示信息,窗口尺寸为 5 行 38 列,左上角坐标为(5,10),右下角坐标为(10,48),窗口属性是蓝底黄字。显示信息后,用户可按任意键退出。显示字符串由 DOS 功能调用完成。

```
    ;EX707.ASM
    . MODEL SMALL
    INCLUDE   YLIB.H                  ;头文件,包含清屏、设置光标位置宏指令的定义
    . DATA
MESS      DB       ' Message In Window $'
MESS1     DB       ' Press Any Key To Exit! $'
    . CODE
START:    MOV      AX,@ DATA
          MOV      DS,AX
          CLS                         ;宏指令,清屏
          SCROLL   5,10,10,48,00011110B ;宏指令,建立一个窗口
          ;在屏幕上建立一个蓝底黄字的小窗口
          ;窗口的左上角坐标(5,10),右下角坐标(10,48)
          SETCUSOR 0,7,20             ;设置光标位置,坐标(7,20)
          LEA      DX,MESS            ;DOS 调用,在光标位置显示 MESS 字符串
          MOV      AH,09H
          INT      21H
          SETCUSOR 0,9,20             ;设置光标位置,坐标(9,20)
          LEA      DX,MESS1           ;DOS 调用,光标位置显示 MESS1 字符串
          MOV      AH,09H
          INT      21H
```

```
                MOV     AH,10H                  ;等待键盘输入
                INT     16H                     ;BIOS 调用
                MOV     AX,4C00H
                INT     21H
END START
```

【例 7-8】 题意与上例相同,字符串显示由 BIOS 功能调用 AH＝13H 完成。

```
;EX708.ASM
. MODEL   SMALL
INCLUDE  YLIB.H                                  ;头文件,包含清屏、设置光标位置宏指令的
定义
. DATA
MESS     DB     'H',1EH,'E',1EH,'L',1EH,'L',1EH,'O',1EH
                                                 ;字符串由字符及属性(蓝底黄字)组成
LEN      EQU    ($-MESS)/2
MESS1    DB     'P',3CH,'r',3CH,'e',3CH,'s',3CH,'s',3CH,' ',3CH,'A',3CH
         DB     'n',3CH,'y',3CH,' ',3CH,'K',3CH,'e',3CH,'y',3CH
                                                 ;字符串由字符及属性(绿底红字)组成
LEN1     EQU    ($-MESS1)/2
. CODE
START:   MOV    AX,@DATA
         MOV    DS,AX
         MOV    ES,AX
         CLS                                     ;宏指令,清屏
         SCROLL5,10,10,48,00011110B              ;宏指令,清屏,建立一个窗口
         LEA    BP,MESS                          ;字符串首地址送 BP,ES:BP=字符串首地址
         MOV    AH,13H                           ;AH=13H,显示字符串
         MOV    AL,3                             ; AL=3,光标跟随移动
         MOV    DX,0714H                         ;起始行号=7,列号=20
         MOV    BH,0                             ;页号 0
         MOV    CX,LEN                           ;CX=串长度
         INT    10H                              ;BIOS 调用,显示字符串 MESS
         MOV    AH,13H
         MOV    AL,3
         MOV    DX,0914H                         ;起始行号=9,列号=20
         MOV    BH,0
         MOV    CX,LEN1
         LEA    BP,MESS1
         INT    10H                              ;显示字符串 MESS1
         MOV    AH,10H                           ;等待键盘输入
         INT    16H
         MOV    AX,4C00H
         INT    21H
END      START
```

7.3 图形显示程序设计

图形方式下,显示屏幕由若干行和列的像素点组成。可以通过写各个像素点,在屏幕上显示出各种各样的图形。使用汇编语言进行图形显示的程序设计,能够发挥汇编语言程序接近底层硬件、运行速度快的优势,产生高品质的动态画面效果。

7.3.1 图形显示模式

有多种供选择的图形显示模式,不同的显示模式下屏幕显示的分辨率、颜色数和显示存储器的组织方式都不同。进行图形程序设计时,应首先选择适当的显示模式。常见的显示模式如表 7-4 所示。设置图形显示模式的方法是:AL=模式号,AH=00H,然后通过 BIOS 功能调用 INT 10H 实现。

表 7-4 常见的图形显示模式

显示模式号	分辨率	颜色数	适用的显卡
0DH	320×200	16	EGA VGA
0EH	640×200	16	EGA VGA
0FH	640×350	2	EGA VGA
10H	640×350	16	EGA VGA
11H	640×480	2	MCGA VGA
12H	640×480	16	VGA
13H	320×200	256	MCGA VGA

图形方式下没有光标。显示器一旦设置成图形方式,光标立即消失。

7.3.2 用 BIOS 功能调用设计图形显示程序

INT 10H 提供了图形方式下的读像素和写像素的两项功能调用。

AH=0CH,写像素。

入口参数:AL=像素值,BH=显示页,CX=X 坐标,DX=Y 坐标。

返回参数:无。

AH=0DH,读像素。

入口参数:BH=显示页,CX=X 坐标,DX=Y 坐标。

返回参数:AL=像素值。

与清屏、设置光标一样,可以把上面两项操作写成宏指令,添加到 YLIB. H 中:

```
WRITE_PIXEL   MACRO PAGE1,ROW,COLUMN,COLOR
    MOV         AH,0CH              ;写像素功能
    MOV         AL,COLOR            ;颜色
```

```
        MOV         BH,PAGE1                        ;页号
        MOV         DX,ROW                          ;行坐标
        MOV         CX,COLUMN                       ;列坐标
        INT         10H                             ;写像素
        ENDM
READ_PIXEL MACRO PAGE1,ROW,COLUMN
        MOV         AH,0DH                          ;读像素功能
        MOV         BH,PAGE1                        ;页号
        MOV         DX,ROW                          ;行坐标
        MOV         CX,COLUMN                       ;列坐标
        INT         10H                             ;读像素
        ENDM
```

【例 7-9】 在屏幕上绘制一条直线。

```
;EX709.ASM
. MODEL SMALL
INCLUDE    YLIB.H                      ;头文件,包括读、写像素的宏指令定义
. DATA
OLDMODE    DB      ?                   ;保留原来的屏幕模式,以便恢复
X          DW      100                 ;直线起始点 X 坐标
Y          DW      100                 ;直线起始点 Y 坐标
COLOR      DB      5                   ;洋红色,16色可查表 7-2
LEN        EQU     100                 ;直线的长度 (像素点数)
. CODE
START:  MOV         AX,@ DATA
        MOV         DS,AX
        MOV         AH,0FH                      ;读当前显示模式并保存
        INT         10H
        MOV         OLDMODE,AL
        SETMODE     12H                         ;设置当前显示模式为 12H
        MOV         CX,LEN                      ;直线的长度用作循环计数器
        MOV         DX,Y                        ;水平直线,Y 坐标不变
L1:     PUSH        CX                          ;直线长度计数器值入栈保护
        WRITE_PIXEL 0,Y,X,COLOR                 ;用写像素功能画直线上一点,洋红色
        INC         X                           ;X 坐标加 1,准备画下一点
        POP         CX                          ;恢复直线长度计数器
        LOOP        L1                          ;循环,画直线上下一点
        MOV         AH,0
        INT         16H                         ;等待键盘输入
        MOV         AH,0
        MOV         AL,OLDMODE                  ;恢复原来的显示模式
        INT         10H
        MOV         AH,4CH
        INT         21H
```

```
                END       START
```

如果在每次写像素操作后,同时改变 X 和 Y 坐标,可以画出一条斜线。

【例 7-10】 这是一个用三种颜色各显示一个矩形块的程序,每按一次键出现一个彩色矩形。

```
;EX710.ASM
INCLUDE  YLIB.H
DATA  SEGMENT
ROW         DW      10                  ;矩形块左上角的行
COLUMN      DW      10                  ;矩形块左上角的列
COLOR       DB      1                   ;矩形块的颜色
OLDMODE     DB      ?                   ;保存原来的显示模式,以便恢复
DATA        ENDS
CODE        SEGMENT
            ASSUME  CS: CODE,DS: DATA
START:                                  ;主程序
            MOV     AX,DATA
            MOV     DS,AX
            MOV     AH,0FH              ;读当前显示模式
            INT     10H
            MOV     OLDMODE,AL          ;保存当前显示模式
            SETMODE 0DH                 ;设置 320×200 彩色图形方式
            MOV     CX,4                ;画 4 个矩形块
L1:         CALL    DISP_RECT           ;显示一个矩形
            MOV     AH,0
            INT     16H                 ;等待键盘输入
            INC     COLOR               ;循环一次,点的颜色加 1
            ADD     COLUMN,40           ;产生下一个矩形块的显示位置
            LOOP    L1
            SETMODE OLDMODE             ;恢复原来的显示模式
            MOV     AX,4C00H
            INT     21H                 ;返回 DOS
;显示矩形块的子程序,矩形块的起始位置由 DATA 段中的 ROW、COLUMN 变量指定
;颜色由 COLOR 变量指定,矩形块的大小是固定的: 20 个点宽,100 个点高。
DISP_RECT PROC      NEAR
            PUSH    CX                  ;保护现场
            MOV     AH,0CH              ;"写像素"功能号
            MOV     AL,COLOR            ;取点的颜色
            MOV     DI,100              ;行循环计数器置初值: 100
            MOV     DX,ROW              ;取点的行坐标
DISP_2:
            MOV     SI,20               ;列循环计数器置初值: 20
            MOV     CX,COLUMN           ;取显示点的列坐标
DISP_1:     INT     10H                 ;写一个像素(显示一个点)
```

```
              INC       CX                              ;列坐标加 1(行不变)
              DEC       SI                              ;列循环计数器减 1
              JNZ       DISP_1                          ;列循环控制
              INC       DX                              ;行坐标加 1
              DEC       DI                              ;行循环计数器减 1
              JNZ       DISP_2                          ;行循环控制
              POP       CX                              ;恢复现场
              RET
DISP_RECT     ENDP
CODE          ENDS
              END       START
```

7.3.3 图形方式下的显存组织

图形方式下的显示存储器,存储的是屏幕上各像素的颜色、亮度信息。在不同的显示模式下,显存的组织方式也不同。

VGA 显示工作在模式 12H 时,分辨率 640×480,每个像素由 4 位二进制表示,可显示 16 种颜色。

由于 PC 原始设计只给显示缓冲器留了较少的地址空间,所以,VGA 显卡上的 256KB 显存,被划分成 4 个 64KB 的位平面,4 个位平面重复使用 A0000H～AFFFFH 共 64KB 的系统地址空间。也就是说,对 A0000H～AFFFFH 地址范围任何一个单元进行"读"操作,都可以同时读出 4B 的数据。

每个位平面上的一位二进制,表示一个像素的一个颜色分量,4 个位平面上相同位置上的 4 位二进制合在一起,表示屏幕上的某个像素点的颜色(IRGB)。4 个位平面中的每个字节表示 8 个相邻的水平像素的一个颜色分量。所以,在屏幕上要画出一个像素点,就要将像素的 4 位颜色值分别写入显示缓冲区的 4 个位平面。

如果屏幕上像素的位置为 (X,Y),则该像素在显存位平面中字节地址的计算公式为:字节地址＝A0000H＋Y×(640/8)＋X MOD 8(屏幕有 640 列,每字节是 8 位)。

确定了像素的字节地址后,还需确定该像素在字节中的位。例如,某像素的坐标为 $(20,40)$,X 除以 8 余 4,这个 4 就是这个像素在字节中的位号。

使用 INT 10H 绘制像素点和线,需要经过许多的"中间步骤",在一定程度上会影响程序的执行速度。如果我们将图形数据直接送到显示缓冲区,在显卡相关电路的作用下,这些内容会立即显示在屏幕上,达到最快的图形输出速度。这种方法称为直接写屏。

图形方式下的直接写屏较之文本方式下的直接写屏要复杂一些,在使用 MOV 指令将像素信息写入显存之前,需要首先设置 VGA 接口内的图形控制寄存器。而且,写入像素新值和读出像素值送显示器的操作都要访问显示存储器,为了避免写入操作影响显示器的正常输出,直接写屏的操作应该在显示器回扫的时候进行。有兴趣的读者可以进一步查阅有关书籍。

7.3.4 动画程序设计

屏幕上的动画能够产生生动的效果,因而受到普遍的欢迎。所谓动画,就是在不同的时间坐标上,显示不相同、但是其内容又具有连续性的画面(称为帧)。

制作动画,首先需要制作一幅画的原稿,将这幅画显示在屏幕上,然后对这幅画进行移动、旋转和变换。例如,在连续递增的 X 坐标上不断重画图像,就得到屏幕上的物体从左向右水平地移动的效果。显示动画的一般过程如下。

(1) 在打算显示图像的区域上,进行"读像素"的操作,保存原图像信息。

(2) 在这个区域上,通过"写像素"操作,画出需要显示的图像。

(3) 延时。

(4) 通过"写像素"操作,重画保存的原图像信息(恢复)。

(5) 修改将要显示图像的区域的坐标值。

按照一定的规则重复上面的操作,就可以产生"动画"的效果。

【例 7-11】 下面是一辆小车在屏幕上水平开过的程序,小车的图形由字符组成。在图形方式下显示字符,也能产生一定的图形效果。

```
;EX711.ASM
.MODEL      SMALL
INCLUDE     YLIB.H
.DATA
CHAR_CNT  LABEL   WORD              ;重复定义变量名
CAR       DW  7                     ;小车图形由 7 个字符组成
          DB  0,0,52H,7 ,0,1,0B1H,7 ;每个字符的信息需要 4B 空间
          DB  0,1,0DBH,7 ,0,1,0DBH,7 ;第一、二字节为字符坐标位移量
          DB  1,0,4FH,12 ,0,-2,4FH,12;第三、四字节为字符 ASC 码和属性
          DB  -2,0,2,7
ROW       DB  ?                     ;小车起始行坐标
COLUMN    DB  ?                     ;小车起始列坐标
MODE      DB  ?                     ;DRAW 子程序工作模式,等于 0 时擦除
.CODE
START:    MOV     AX,@DATA          ;装载 DS
          MOV     DS,AX
          MOV     ROW,5             ;设置小车开始位置:第 5 行,第 0 列
          MOV     COLUMN,0
          CALL    MOVE_SHAPE        ;显示小车动画
          SETMODE 2                 ;恢复屏幕文本显示方式
          MOV     AX,4C00H
          INT     21H
;
MOVE_SHAPE        PROC  NEAR
          SETMODE 0DH               ;设置显示方式:320×200,256色,同时清屏
PLOT:
          MOV     MODE,1            ;设置 DRAW 子程序工作模式
          CALL    DRAW              ;画出这辆小车
          CALL    DELAY             ;延时
          CMP     COLUMN,75         ;下一个位置还能画小车?
```

```
              JA        EXIT                  ;不能再画,返回
              MOV       MODE,0                ;设置 DRAW 子程序工作模式:擦除
              CALL      DRAW                  ;重新"画"这辆小车(擦除)
              INC       COLUMN                ;小车显示完毕,修改起始位置
              JMP       PLOT                  ;在新的位置上画出小车
EXIT:         RET
MOVE_SHAPE ENDP
;
;子程序 DRAW,画小车(MODE=1),或者擦除小车(MODE=0)
;小车起始位置在 ROW(行)和 COLUMN(列)内
DRAW          PROC      NEAR
              MOV       DH,ROW                ;开始画小车,小车起始位置坐标装入 DH,DL
              MOV       DL,COLUMN
              MOV       CX,CHAR_CNT           ;小车图形使用的字符个数
              LEA       DI,CAR+2              ;小车图形使用的字符信息区指针
ONE:          ADD       DH,[DI+0]             ;上一字符位置加上本字符"偏移量"
              ADD       DL,[DI+1]             ;得到下一字符显示位置
              MOV       AH,2
              INT       10H                   ;设置光标位置
              MOV       AL,[DI+2]             ;取字符 ASC 代码
              MOV       BL,[DI+3]             ;取字符属性
              CMP       MODE,0                ;判模式:是显示还是擦除?
              JNE       SKIP                  ;模式非 0,正常显示
              MOV       BL,0                  ;模式为 0,设字符为黑底黑字,擦除该字符
SKIP:         PUSH      CX                    ;字符个数计数器入栈保护
              MOV       CX,1
              MOV       AH,09H                ;在光标位置显示字符,重复 1 次
              INT       10H
              POP       CX                    ;恢复字符个数计数器
              ADD       DI,4                  ;修改指针,指向下一个字符
              LOOP      ONE                   ;显示下一个字符
              RET
DRAW          ENDP

DELAY         PROC      NEAR                  ;延时子程序
              MOV       DX,1000H
DL1:          MOV       CX,0
              LOOP      $
              DEC       DX
              JNZ       DL1
              RET
DELAY         ENDP
              END       START
```

上面程序中,擦除操作通过重新显示代码相同,但是属性为黑底黑字的字符实现。如

果该区域原来有背景图案,这样做会同时擦除这个背景,所以并不是一个值得推荐的最好办法,它的实际效果与清屏相似。

【例 7-12】 设计一只小狗在屏幕上奔跑的动画程序。在这个程序中,绘图通过调用 BIOS 的读写像素的功能完成。工作过程:

(1) 读出一帧图形位置上的背景像素,存放到缓冲区中。

(2) 写一帧图形的像素。

(3) 延时。

(4) 把背景像素写回屏幕。

重复过程(1)~(4)。

```
.MODEL SMALL
.386
.DATA
BACK        DD   42   DUP(?)                    ;背景像素缓存区
;以下是小狗的 5 个动作的图形数据
DOG1        DD 18000000H,1C000000H,0C000000H,0E000000H,06001FFEH
            DD 03001FFEH,039007FEH,03C01FF8H,01FFFFE0H,01FFFF80H
            DD 00FFFF80H,00FFFF80H,0FFBFF80H,01F43F00H,01D83F80H
            DD 039C3B80H,071C5140H,070C01C0H,0C0A01E0H,040700B0H
            DD 04060040H
DOG2        DD 18000000H,0C000000H,060003C0H,060007FEH,030007FEH
            DD 03000F1CH,01801FFCH,01FFFFF0H,01FFFF80H,00FFFF80H
            DD 007FFF00H,037FFF00H,03FC3F00H,07FC3F00H,041C1700H
            DD 00380700H,00380600H,00700C00H,00F00E00H,00700000H
            DD 0
DOG3        DD 18000000H,0C000080H,0C0007EDH,060007FEH,06000FFCH
            DD 030007FCH,028E7FF8H,017FFFC0H,01FFFF80H,00FFFF00H
            DD 007FFF00H,013C3F00H,01FC1F00H,03F03F00H,02E03C00H
            DD 00E03800H,00C03000H,01C03000H,01C03000H,00C03800H
            DD 00E01800H
DOG4        DD 18000000H,0C000000H,060003E0H,060007FFH,030007FFH
            DD 038003FEH,018003FEH,01C03FFCH,01FFFFC0H,00FFFF80H
            DD 007FFFC0H,007FFFE0H,00FF3FC0H,01FF1D80H,0E106000H
            DD 0C00C000H,08008000H,0,0,0,0
DOG5        DD 06000000H,30000000H,18000100H,180007E0H,0C000FFFH
            DD 0C001FFFH,060007FEH,0321FFFCH,03FFFFF0H,03FFFFC0H
            DD 01FFFF80H,04FFFF00H,06F03E00H,0FF07F00H,0DB85B00H
            DD 05380300H,001803E0H,001F0140H,000C0080H,00080000H,0
X           DW   50                           ;起始坐标为(50,0)
Y           DW   0
COUNT1      DW   32                           ;图形每行有 32 点像素
COUNT2      DW   21                           ;图形有 21 行
```

```
COUNT3     DB    5                    ;图形共有 5 帧
COUNT4     DW    20                   ;背景由 20 组黑白相间的竖条组成
COUNT5     DW    200                  ;整个屏幕由 200 行像素组成
COUNT6     DW    2                    ;小狗图像的每个像素重复显示 2 次,横向拉伸图形
OLDMODE    DB    ?                    ;原来的显示模式
; ------------------------------------------------------------------
.CODE
START:     MOV  AX,@DATA
           MOV  DS,AX
           MOV  AH,0FH
           INT  10H                   ;读出原显示模式
           MOV  OLDMODE,AL            ;保存原来的显示模式
           MOV  AH,0
           MOV  AL,6H
           INT  10H                   ;设置图形显示模式,同时清屏
           CALL DRAWL                 ;画初始"背景"(20 组黑白相间的竖条)
           CALL GETBACK               ;读背景像素
           LEA  DI,DOG1               ;设置图形数据指针
FRAME:     CALL DRAWDOG               ;画 1 帧小狗图形
           CALL DELAY                 ;延时
           MOV  AH,1
           INT  16H                   ;读键盘输入
           JNZ  EXIT                  ;按任意键退出
           PUSH DI                    ;保存小狗数据指针
           LEA  DI,BACK               ;BACK 存储了背景图像数据
           CALL DRAWBACK              ;写回背景图像
           ADD  Y,4                   ;列坐标加 4(向右运动)
           CALL GETBACK               ;读下一块背景像素
           POP  DI                    ;恢复小狗数据指针
           DEC  COUNT3                ;小狗图形帧计数
           JNZ  FRAME                 ;5 帧未结束,继续显示下一帧
           MOV  COUNT3,5              ;5 帧结束,恢复计数器
           LEA  DI,DOG1               ;5 帧结束,恢复数据指针
           JMP  FRAME
EXIT:      MOV  AL,OLDMODE            ;恢复原来的显示模式
           MOV  AH,0
           INT  10H
           MOV  AX,4C00H             ;返回 DOS
           INT  21H
; ------------------------------------------------------------------
DRAWL      PROC NEAR                  ;画屏幕背景(20 组黑白相间的竖条)
           MOV  BL,16                 ;每条宽 16 个像素
           MOV  BH,0                  ;第 0 页
```

```
            MOV DX,0                    ;起始坐标为(0,0)
            MOV CX,0
DRL:        MOV AL,0                    ;写像素 BIOS 调用
            MOV AH,0CH
            INT 10H
            INC CX                      ;列坐标加 1
            DEC BL                      ;判 16 个点是否画完?
            JNE DRL                     ;未完,继续
            MOV BL,16                   ;16 点画完,重新置计数值
DRL1:       MOV AL,1                    ;改变像素值,准备画下一条竖条纹
            INT 10H
            INC CX                      ;列坐标加 1
            DEC BL
            JNE DRL1
            DEC COUNT4                  ;20 对黑白条画完否?
            MOV BL,16
            JNE DRL                     ;未完,继续
            MOV COUNT4,20               ;完,重新置计数值
            MOV CX,0                    ;列坐标清零,重新从第 0 列开始画
            INC DX                      ;行坐标加 1
            DEC COUNT5                  ;200 行画完否?
            JNE DRL                     ;未完,继续
            RET                         ;完成,返回
DRAWL       ENDP
; ------------------------------------------------------------
GETBACK  PROC NEAR
            PUSH AX
            PUSH BX
            PUSH CX
            PUSH DX
            PUSH SI
            PUSH COUNT1
            PUSH COUNT2
            PUSH COUNT6
            LEA  SI,BACK
GETB:       MOV BH,0
            MOV CX,Y
            MOV DX,X
GETB1:      MOV AH,0DH                  ;读像素
            INT 10H
            SHR AX,1                    ;AL 的最低位为像素值,右移入 CF
GETB2:      RCL DWORD PTR[SI],1         ;CF 左移移入像素双字单元
            INC CX                      ;列坐标加 1
```

```
        DEC  COUNT1              ;判断是否已经读了一行像素值
        JNE  GETB1               ;否,继续
        MOV  COUNT1,32           ;重置计数器
        ADD  SI,4                ;修改像素指针
        DEC  COUNT6              ;每行 2 个 32 位像素显示完否?
        JNZ  GETB1               ;没有,继续
        MOV  COUNT6,2            ;重置计数器
        MOV  CX,Y                ;列坐标回到起始处
        INC  DX                  ;行坐标加 1
        DEC  COUNT2              ;判一帧像素读完否?
        JNE  GETB1               ;否,继续
        POP  COUNT6              ;恢复现场
        POP  COUNT2
        POP  COUNT1
        POP  SI
        POP  DX
        POP  CX
        POP  BX
        POP  AX
        RET                      ;返回主程序
GETBACK ENDP
; - - - - - - - - - - - - - - - - - - - - - - - - - - - - - - - - - - - - - -
DRAWBACK PROC NEAR              ;恢复背景子程序,背景区大小 64×21
        PUSH CX                  ;保护现场
        PUSH COUNT1
        PUSH COUNT2
        PUSH COUNT6
        MOV  BH,0                ;页号
        MOV  CX,Y                ;Y 坐标
        MOV  DX,X                ;X 坐标
        LEA  DI,BACK             ;背景数据缓冲区首地址
DRAWB:  MOV  ESI,[DI]           ;取出一个背景数据(32 位)
DRAWB1: MOV  AL,0               ;像素初值 0
        ROL  ESI,1              ;分离出一位像素值
        ADC  AL,0              ;形成一个像素的值
DRAWB2: MOV  AH,0CH            ;写像素
        INT  10H
        INC  CX                 ;修改列坐标
        DEC  COUNT1             ;列数减 1
        JNZ  DRAWB1             ;一行没完成,继续
        MOV  COUNT1,32          ;重新置列数计数器
        ADD  DI,4               ;修改背景数据指针
        DEC  COUNT6             ;每行有 2 个 32 位像素,即 64 个点
```

```
        JNZ  DRAWB
        MOV  COUNT6,2
        MOV  CX,Y                    ;列坐标回到起始处
        INC  DX                      ;行坐标加 1
        DEC  COUNT2                  ;完成一帧图像否?
        JNE  DRAWB                   ;未完成,继续
        POP  COUNT6                  ;恢复现场
        POP  COUNT2
        POP  COUNT1
        POP  CX
        RET
DRAWBACK  ENDP
; - - - - - - - - - - - - - - - - - - - - - - - - - - - - - - - - - - - - - - - - - - - - - - - - -
DRAWDOG   PROC NEAR
        PUSH CX                      ;保护现场
        PUSH DX
        PUSH COUNT1
        PUSH COUNT2
        MOV  BH,0
        MOV  CX,Y                    ;设置像素坐标
        MOV  DX,X
DRAWD:  MOV  ESI,[DI]                ;取小狗图像数据(32 位)
DRAWD1: MOV  AL,0
        ROL  ESI,1                   ;取一位像素值
        ADC  AL,0                    ;形成一个点像素值
DRAWD3: MOV  AH,0CH                  ;写像素
        INT  10H
        INC  CX
        INT  10H                     ;一个像素值显示 2 点
        INC  CX                      ;修改列坐标
        DEC  COUNT1                  ;列数减 1
        JNZ  DRAWD1                  ;一行没完成,继续
        MOV  COUNT1,32               ;重新置列数计数器
        MOV  CX,Y                    ;列坐标回到起始处
        INC  DX                      ;行坐标加 1
        ADD  DI,4                    ;修改指针
        DEC  COUNT2                  ;完成一帧图像否?
        JNZ  DRAWD                   ;未完成,继续
        POP  COUNT2                  ;恢复现场
        POP  COUNT1
        POP  DX
        POP  CX
        RET
```

```
DRAWDOG  ENDP
;------------------------------------------------------------
DELAY    PROC NEAR                    ;延时子程序
         PUSH CX
         PUSH DX
         MOV  DX,800H
DLY:     MOV  CX,0
         LOOP $
         DEC  DX
         JNZ  DLY
         POP  DX
         POP  CX
         RET
DELAY    ENDP
;------------------------------------------------------------
         END  START
```

习题七

7.1 宏指令与子程序有什么不同之处?

7.2 设有一个宏定义如下:

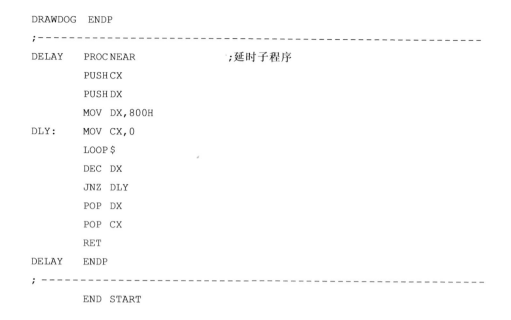

```
DISP    MACRO  STRING
   LEA  DX,STRING
   MOV  AH,09H
   INT  21H
   ENDM
```

该宏的功能是什么? 参数 STRING 应是什么类型数据?

7.3 下面是一个软件延时 DELAY 的宏定义,请判断宏是否正确,如果不正确,请改正。

```
DELAY  MACRO  TIMER
       PUSHA
       MOV  DX,TIMER
D1:    MOV  CX,0
       LOOP $
       DEC  DX
       JNZ  D1
       POPA
       ENDM
```

7.4 使用一个宏,将一个'0'~'F'的 ASCII 码转换成十六进制数,并利用这个宏,将内存中 BUF 开始的 10 个十六进制数字的 ASCII 码转换为对应的十六进制数存回 BUF 原来位置。

7.5　在 25×80 的文本显示方式下,屏幕上第 8 行第 20 列字符所对应的显存地址是多少?

7.6　在屏幕中央建立一个 30×40 的窗口,以蓝色为背景,在窗口显示"GOOD DONE!"。

7.7　INT 10H 的哪个功能能在屏幕上显示一个像素点?

7.8　在使用 INT 10H 绘制像素点时,在 AL,BH,CX 和 DX 寄存器中需要放置什么值?

7.9　写汇编语言程序,将显示模式设置为模式 12H。

7.10　在屏幕上用 BIOS 调用,以图形方式画一个正方形,4 条边的颜色不一样。

第8章

输入输出与中断

本章介绍 CPU 与外部设备之间数据传输(输入输出)的实施方法。

外部设备的一次输入操作分为两个阶段 。

(1) 数据准备阶段:输入设备完成一次输入操作,得到一个数据(代码)。

(2) 数据传输阶段:执行输入指令,把输入得到的数据(代码)送入 CPU。

显然,数据准备由输入设备独自完成,而数据传输由 CPU 与输入设备协同完成。

对于输出操作,首先进行主机与输出设备的数据传输,而后把主机传送过来的数据转换成设备使用的信号,通过机械或电子的方式输出这项信息。

本章介绍微型计算机内常用的几种输入输出的方式及其程序设计方法:无条件传送方式、查询方式、中断方式。另一种常用的 DMA 传送涉及到较多的硬件知识,在计算机接口课程内讨论。

8.1 外部设备与输入输出

8.1.1 外部设备和接口

计算机与外部设备的信息交换是通过**接口**(interface)电路间接实现的。计算机与接口之间通过**总线**(bus)连接,接口与外设之间通过设备专用电缆连接,如图 8-1 所示。使用接口进行信息间接传送的原因主要如下:

(1) 对输入输出的信息进行缓冲,协调外部设备与 CPU 的速度差异;

(2) 进行信号电平、信号格式的转换,满足两方面对信号的要求。

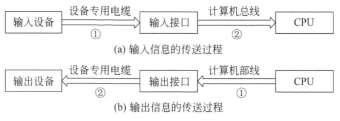

图 8-1 输入输出信息的传送

1. CPU 与接口之间的信号

CPU 与接口之间传送 3 种类型的信号。

(1) 数据信号。数据信号就是外部设备所输入输出的信息,是 I/O 端口与 CPU 之间传送的主要信息。对于输入设备,数据从输入设备送入接口,再由接口送往 CPU。对于输出设备,数据从 CPU 送往接口,再由接口送往输出设备。图 8-1 展示了相关的过程。

(2) 状态信号。状态信号反映外部设备或接口当前的工作状态。CPU 通过读取接口内存储的状态信号来判断接口或外设的工作状态,如输入设备的数据是否准备好,输出设备是否空闲等。因此,CPU 能否与外设进行数据交换常常取决于状态信号。状态信号总是从接口送往 CPU 的。

(3) 控制信号。控制信号用来控制输入输出的进行,如设置外部设备或接口的工作方式,控制接口或外部设备的启动、停止等。控制信号总是从 CPU 送往接口。

2. 端口

接口电路内部有一组寄存器,用于暂存 CPU 与外部设备之间传递的信息。为了使 CPU 能对这些寄存器进行读写,这些寄存器都分配到一个专用的地址,CPU 可以用**输入输出指令**对这些寄存器进行访问,这种分配了地址的寄存器称为**端口**(port)。

根据端口(寄存器)内存放信息的种类,有以下 4 种端口。

(1) **数据输入端口**。存放输入设备输入的数据信息,如键盘输入的字符代码。

(2) **数据输出端口**。存放送往输出设备,准备输出的数据信息,如送往打印机的字符代码。

(3) **状态端口**(输入)。存放外部设备/接口的状态信号,供 CPU 读取。

(4) **控制端口**(输出)。存放 CPU 发往外部设备或接口的命令或控制信息。

端口内的信息有时候统称为**数据**。

在计算机系统中,I/O 端口地址的分配有两种方式。

(1) I/O 端口与内存统一编址。从内存地址空间里划分出一部分,供 I/O 端口使用,CPU 对端口的操作就如同使用内存单元一样。

(2) I/O 端口与内存独立编址。为 I/O 端口另外设置一套地址,端口不占用内存的地址空间,CPU 对端口与对内存单元使用不同的操作指令。

80x86 微型计算机中采用 I/O 端口与内存独立编址方式,用 16 位二进制表示一个端口的地址,最多可以有 65536 个不同的端口。

8.1.2 输入输出指令

输入输出指令用于外部设备接口与 CPU 之间的数据传送。在 8086/8088 系统中,用于输入输出的指令只有 IN 和 OUT 两条,80286 以上的微型计算机增加了串输入输出指令,提高了输入输出的执行效率。

1. IN/OUT(输入输出)指令

IN 和 OUT 指令的共同特点是：必须使用累加器(accumulator,Acc) AL、AX 或 EAX 进行数据的传送。输入时,IN 指令把端口的数据/状态信息读入 AL(8 位)、AX(16 位)或 EAX(32 位)中。输出时,要输出的数据/命令先放入 AL(8 位)、AX(16 位)或 EAX(32 位)中,然后执行 OUT 指令,将 AL、AX 或 EAX 中信息向端口输出。

IN/OUT 指令有两种寻址方式。端口地址为 0～255,可以用 8 位二进制数表示时,可以使用直接地址,端口地址以立即数的形式出现在指令中。端口地址大于 255 时,必须把地址事先送入 DX 寄存器,通过该寄存器进行间接寻址。

(1) 输入指令。

指令格式:

```
IN   ACC,PORT
IN   ACC,DX
```

操作:

```
AL/AX/EAX←(PORT);
AL/AX/EAX←(DX)。
```

功能：把指定端口中的数据读入 AL、AX 或 EAX 中。

端口地址在 0～255 之间:

```
IN   AL,35H          ;将地址为 35H 的端口数据送 AL,35H 是 8 位端口地址
IN   AX,0A8H         ;将地址为 0A8H 的端口数据送 AX,0A8H 是 16 位端口地址
```

端口地址在 0～65535 之间:

```
MOV  DX,21H          ;端口地址放入 DX
IN   AL,DX           ;把地址为 21H 的端口数据(8 位)送 AL 中
MOV  DX,312H         ;端口地址放入 DX
IN   EAX,DX          ;把地址为 312H 的端口数据(32 位)送 EAX 中
```

(2) 输出指令。

指令格式:

```
OUT  PORT,ACC
OUT  DX,ACC
```

操作:

```
(PORT)←AL/AX/EAX
(DX)←AL/AX/EAX
```

功能：把 AL、AX 或 EAX 中的数据向指定端口输出。

端口地址为 0～255:

```
OUT  60H,AL              ;将 AL 中数据送到地址为 60H 的 8 位端口中
```

```
OUT   30H,AX              ;将 AX 中数据送到地址为 30H 的 16 位端口中
```

端口地址为 0～65535

```
MOV   DX,21H
OUT   DX,AL               ;将 AL 中数据向 DX 所指定的 8 位端口输出
MOV   DX,310H
OUT   DX,EAX              ;将 EAX 中数据向 DX 所指定的 32 位端口输出
```

2. 串输入输出指令

串输入输出指令的源操作数和目的操作数都是隐含的。串输入指令把 DX 指定的端口数据送入 ES：DI 所指向的存储单元,自动修改 DI 以指向下一个存储单元。串输出指令把 DS：SI 所指向的存储单元的数据向 DX 指定的端口输出,自动修改 SI 以指向下一个存储单元。

(1) 串输入指令 INS。

指令格式：

```
INSB/INSW/INSD
```

操作：

```
ES:[DI]←(DX);            修改 DI 值以指向下一个数据单元
```

INSB、INSW、INSD 分别表示从端口读入一个字节、字或双字,存入 ES：DI 所指向的存储单元。如果方向标志 DF＝0,指令执行后,DI 分别增加 1、2 或 4,如果 DF＝1,则 DI 分别减少 1、2 或 4。

(2) 串输出指令 OUTS

指令格式：

```
OUTSB/OUTSW/OUTSD
```

操作：

```
(DX)←DS:[SI];            修改 SI 值以指向下一个数据单元
```

OUTSB、OUTSW、OUTSD 分别表示把 DS：SI 所指向的一个字节、字或双字数据向 DX 指定的端口输出,同时根据 DF 的值,将 SI 增加或减少 1、2 或 4。

为了提高传输速度,有的接口电路设置了用于存放输入输出数据的缓冲区。例如,PC 串行通信接口使用的 16550 芯片可以存储 16B 的输入输出数据。在 16550 芯片的输出缓冲区为空时,可以用 REP OUTSB 指令一次向该芯片输出多个字节。然后由该芯片逐个字符输出。用于输入时,在输入数据将要填满缓冲区之前,通过执行 REP INSB 指令将这些数据一并取出。

带有 REP 前缀时,INS、OUTS 指令输入输出的次数由 CX 的值指定。

8.1.3 程序控制输入输出

编写输入输出程序,必须要根据外部设备的工作特点,采取适当的方式实现CPU与I/O设备的同步,也就是要根据外部设备的工作方式来决定输入输出采用的方式。本节介绍无条件输入输出和查询式输入输出,中断方式单独作为一节介绍。

1. 无条件方式输入输出

这种输入输出传送方式主要用于简单的电子设备。对于 LED 数码管,CPU 将显示代码传送给它,就会立即显示相应数据。对于一组开关,CPU 可随时读取它们的状态,无须考虑开关是否拨好。总之,如果外部设备始终处于就绪状态,CPU 在需要时可随时与外部设备交换数据,而无须知道外部设备所处的状态,就可以使用无条件输入输出方式进行数据的传输。

IBM-PC 微型计算机中,配置有一个小扬声器,用于发出一些提示性的信息。扬声器驱动电路如图 8-2 所示。其中 61H 端口是计算机母板上的一个输出端口,Timer2 是一个定时器/计数器电路,用作定时器时,可以对 CLK2 引脚输入的 $f = 1.19$MHz 信号进行分频,产生频率为 f/N 的周期信号,从 OUT2 引脚输出。GATE2 引脚用于控制 Timer2 的工作,GATE2=1,定时器工作,OUT2 输出周期信号;GATE2=0,定时器不工作,OUT2 固定输出高电平"1"。可以看出,有两种方法使扬声器发声:

(1) 将 61H 端口 D_0 置为"0",关闭 Timer2,D_1 交替置为"1"/"0",使扬声器发声;

(2) 将 61H 端口 D_0、D_1 均置为"1",使 Timer2 工作,产生固定频率的信号,使扬声器发声。

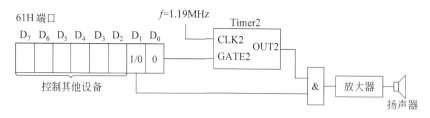

图 8-2 扬声器接口电路

下面的子程序使用第一种方法使扬声器发声,声音频率由 DX 寄存器的值决定,声音的延续时间由 BX 寄存器内的值决定。

```
SOUND   PROC
  PUSH  AX                        ;保护现场
  PUSH  CX
  IN    AL,61H                    ;读 61H 端口当前值
  AND   AL,11111110B
  OUT   61H,AL                    ;使 D0=0,关闭 Timer2
TRIG:
  IN    AL,61H                    ;读 61H 端口当前值
```

```
        XOR     AL,2
        OUT     61H,AL                  ;D₁取反后输出,产生周期性信号
        MOV     CX,DX
        LOOP    $                       ;延时,控制 I/O 输出时间,控制发声频率
        DEC     BX
        JNZ     TRIG                    ;延时,控制发声的总时间
        POP     CX                      ;恢复现场
        POP     AX
        RET
SOUND   ENDP
```

上述程序中,IN AL,61H 读入 61H 端口的当前值,用 XOR 指令将 D_1 取反,再向 61H 端口输出,在 D_1 位上产生 0/1 交替的周期信号,使扬声器发声。61H 是一个输出端口,但由于它又是一个可编程的端口,所以允许从这个输出端口读回之前输出的当前值。这样做不影响 61H 端口其他位的输出,避免对其他设备的工作产生影响。

2. 查询方式输入输出

大多数外部设备需要一段时间进行数据准备操作。CPU 必须通过读外部设备的状态端口,了解外部设备的当前状态,确定能否进行数据传输。

(1) 查询式输入。查询式输入的接口电路中,除了有一个数据输入端口,还必须有一个用于反映外部设备状态的状态端口。状态端口的每一位反映设备的一种状态,例如,用 $D_7=1$ 表示输入设备已经完成了数据准备,可以传输数据,$D_7=0$ 则表示尚未完成数据准备,不能进行数据传输。这一位常常被称为 **READY**。

假设输入接口内数据端口地址为 DATA_PORT,状态端口地址为 STATUS_ PORT,其中 D_7 为 READY 位。一个数据的查询式输入过程如下:

```
IN_TEST: IN    AL,STATUS_PORT          ;读状态端口
         TEST AL,80H                    ;检查数据准备是否就绪(D₇=1?)
         JZ    IN_TEST                  ;未就绪,重新读状态端口
         IN    AL,DATA_PORT             ;已就绪,读取数据
```

(2) 查询式输出。采用查询方式进行输出的接口电路中,有一个数据输出端口,同样也应该有一个用于反映外设状态的端口。对于输出设备,典型的状态位称作 BUSY,BUSY=1 表示设备正处于数据准备阶段(忙),如打印机正在打印一个字符,不能进行数据传输;BUSY=0 表示设备已经完成数据准备(空闲),可以进入数据传输。CPU 每次输出数据前,都要先读出状态端口内容,并检测外设是否空闲。只有检测到外部设备设空闲时,CPU 才执行输出指令向外部设备输出数据。

PC 打印机接口内有 3 个端口:数据输出端口地址 378H,状态端口地址 379H,控制端口地址 37AH,控制/状态端口各位的含义如图 8-3。采用查询方式打印时,程序首先读状态端口,测试打印机是否处于空闲状态。打印机空闲时,CPU 把一个字符的 ASCII 代码送往数据端口,并在控制端口发送一个打印机需要的选通脉冲,使数据端口的字符代码进入打印机并启动打印。

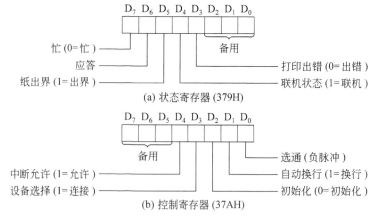

图 8-3 打印机接口内的状态端口和控制端口

【例 8-1】 查询方式打印机输出程序。

```
    . MODEL   SMALL
. DATA
    OUT_DATA    DB      0AH,0DH,'This is an example.',0DH,0AH
    COUNT       EQU     $-OUT_DATA
. CODE
    START:  MOV    AX,@DATA
            MOV    DS,AX              ;装载 DS
            LEA    SI,OUT_DATA        ;装载输出缓冲区指针
            MOV    CX,COUNT           ;装载计数器初值
    AGAIN:  MOV    DX,379H
            IN     AL,DX              ;读状态端口
            TEST   AL,80H             ;测试 D7 位("忙"位)
            JZ     AGAIN              ;打印机"忙"则等待
            MOV    DX,378H            ;数据端口地址装入 DX
            MOV    AL,[SI]            ;取待输出字符代码
            OUT    DX,AL              ;字符代码向数据端口输出
            MOV    DX,37AH            ;命令端口地址送 DX
            MOV    AL,0DH             ;打印机命令字:"选通"位置"1"
            OUT    DX,AL              ;将"选通"位置"1"
            NOP                       ;延时
            MOV    AL,0CH             ;打印机命令字:"选通"位置"0"
            OUT    DX,AL              ;将"选通"位置"0"
            INC    SI                 ;修改输出缓冲区指针
            LOOP   AGAIN              ;循环控制
    OVER:   MOV    AX,4C00H
            INT    21H
            END    START
```

程序中,打印机命令字首先设置为 0DH,将"选通"位置为"1(高电平)",随后又将打

印机命令字设置为0CH,将"选通"位置为"0(低电平)",通过这两条命令,在送往打印机的"选通"信号线上产生一个由高变低的"下降沿"信号。这个信号一方面要求打印机接收从接口数据端口送来的字符代码,另一方面启动打印。这个程序充分体现了汇编语言程序设计面向硬件的鲜明特色。

使用查询方式进行输入输出操作时,如果系统中有多个 I/O 设备需要处理,可采用轮流查询的方式逐个读取各设备的状态端口并判断,先查询到的先处理。

查询方式输入输出的优点是接口电路简单,程序简单,数据传送可靠。但是,这种工作方式需要 CPU 不断地查询外部设备工作状态并判断,CPU 不便同时做其他的工作,降低了 CPU 的工作效率。

8.2 中断

查询方式下,外部设备处于数据准备状态时,CPU 不断读取外部设备状态并判断,处于等待状态,CPU 与外部设备串行工作,工作效率很低。中断方式下,外部设备处于数据准备状态时,CPU 可以从事其他的工作,一旦外设数据准备就绪,向 CPU 发出中断请求信号,CPU 才与外部设备进行数据传输。这样做,把 CPU 从反复的查询中解放出来,能够快速地响应 I/O 传送的请求,从而提高了 CPU 的效率和计算机系统处理各种事件的实时性。

8.2.1 中断的概念

1. 中断与中断源

由于某种事件的发生,使 CPU 中断(暂时停止)正在执行的程序而转去执行该事件的处理程序,为该事件服务结束后,继续执行原来被中断的程序,这个过程称为**中断**,引起中断的事件称为**中断源**。中断源有多种,它们可以是来自外设的 I/O 请求,也可以是计算机的一些异常事故或内部原因。由于中断,将要执行但尚未执行的指令地址称为**断点**,包括 16 位段基址和 16 位偏移地址,也就是中断发生时 CS 和 IP 寄存器的内容。

2. 中断分类

按照中断源的所在位置,中断可以划分为外部中断和内部中断两大类。80x86 的中断源如图 8-4 所示,归纳起来分类如下。

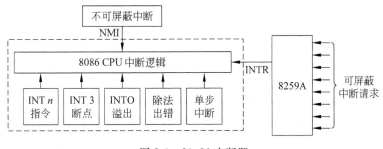

图 8-4 80x86 中断源

（1）内部中断。

① 中断指令 INT 引起的中断（软件中断）。

② 由于 CPU 的某些错误引起的中断，如除法出错中断、溢出中断（异常中断）。

③ 为调试程序设置的中断（陷阱中断）。

（2）外部中断。

① **不可屏蔽中断**（NMI），通常代表 CPU 外部的故障，例如存储器校验错。

② 外设完成数据准备，请求进行数据传输引起的**可屏蔽中断**。这一类中断由 8259A 可编程中断控制器管理。

3. 中断类型

为了区分不同的中断源，80x86 给每一个中断源一个编号，称为**中断类型**，取值 0～255。除法溢出、单步中断、NMI 中断、断点中断、溢出中断的中断类型分别为 0、1、2、3、4，其余的分配给外部硬件中断和软件中断。

4. 中断向量表

每种类型的中断都有一个相应的**中断服务程序**来进行处理，中断服务程序的入口地址称为**中断向量**。为了便于管理，80x86 微型计算机系统中把 256 个中断向量按照它们中断类型的顺序组织成一张表，存放在内存地址 00000H～003FFH 的 1KB 中，这张表称为**中断向量表**，如图 8-5 所示。

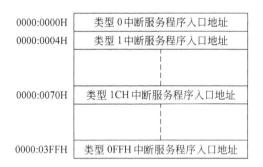

图 8-5　中断向量表

中断向量表中每四个字节存放一个中断向量，高地址的 2B 空间存放中断处理程序入口的段基址（16 位），低地址 2B 空间存放中断处理程序入口的偏移地址（16 位）。这样，256 个中断向量占用 1KB 的地址空间，对应 256 个中断类型。每个中断向量在中断向量表中的存放位置可由中断类型号乘以 4 算出。例如，系统定时中断的中断类型为 1CH，它的中断向量存放在 1CH×4=70H 开始的位置上，即 0000:0070H、0000:0071H 两字节存放入口的偏移地址；0000:0072H、0000:0073H 两字节存放入口的段基址。需要进入 1CH 中断服务程序时，CPU 从 00070H、00071H 取出偏移地址放入 IP，从 00072H、00073H 取出段地址放入 CS，就可以转入定时中断的中断处理程序。

5. 中断处理过程

中断发生时,计算机中断机构自动完成如下操作以响应中断:

(1) 取中断类型号 N;

(2) 标志寄存器(FLAGS)内容入栈;

(3) 当前代码段寄存器(CS)内容入栈;

(4) 当前指令计数器(IP)内容入栈;

(5) 禁止外部中断和单步中断(TF=0,IF=0);

(6) 从中断向量表中取地址 $4 \times N$ 的 2B 内容送 IP,取地址 $4 \times N+2$ 的 2B 内容送 CS;

(7) 进入中断处理程序。

为了中断服务程序执行结束后能继续执行原来被中断的程序,CPU 把 FLAGS、CS、IP 顺序压入堆栈保存。中断服务程序结束时,执行 IRET 指令,把保存在堆栈中的 FLAGS、CS、IP 原来值弹出送回原来的寄存器。由于在响应中断期间已经将 TF,IF 清零,进入中断服务程序后,不再响应新的中断。如果需要在执行中断服务程序过程中响应更高级别的中断,可以用 STI 指令开放中断。

6. 中断优先级和中断嵌套

在 80x86 系统中,有内部中断、外部中断等多个中断源。多个中断源同时向 CPU 请求中断时,CPU 如何处理呢? 为此,给各个中断源安排一个中断响应的先后次序,即中断优先级。多个中断源同时申请中断时,CPU 比较它们的优先级,按从高到低的次序依次响应各个中断请求。

80x86 规定,中断的优先次序从高到低如下:

* 软件中断(内部中断);

* 不可屏蔽中断(NMI);

* 可屏蔽中断(INTR);

* 单步中断。

外部设备的中断属于上面的可屏蔽中断,它们由可编程中断控制器 8259A 管理,优先级由 8259A 确定。

中断服务程序执行过程中,被优先级更高的中断请求所中断,称为**中断嵌套**。

8.2.2 中断服务程序

使用中断方式进行输入输出时,用户需要编制两个程序模块。首先要编制主程序模块,它的主要任务如下。

(1) 在输入输出进行之前,为进入中断服务程序进行各种准备。

(2) 在输入输出完成后进行结束处理。

其次要编写一个中断服务程序,中断发生时由 CPU 执行该程序,进行所需要的输入输出处理。

1. 主程序

（1）设置中断向量。设置中断向量就是把中断服务程序的入口地址放入中断向量表中。

设置中断向量有两种可选的方法。

① 使用 MOV 指令将中断向量直接写入中断向量表中，称为直接写入法；

② 使用 DOS 功能调用，设置中断向量。

【例 8-2】 使用直接写入法设置中断向量。假设中断类型为 N，中断服务程序入口标号为 INTERRUPT。

```
PUSH   DS                                  ;保护 DS 寄存器内容
MOV    AX,0
MOV    DS,AX                               ;数据段指向中断向量表
MOV    BX,4*N                              ;中断向量安放位置(偏移地址)送 BX
MOV    WORD PTR [BX],OFFSET INTERRUPT      ;写入偏移地址
MOV    WORD PTR [BX+2],SEG INTERRUPT       ;写入段基址
POP    DS                                  ;恢复 DS 寄存器
```

DOS 功能调用 25H 用来设置中断向量，入口参数为：

```
AH=25H
AL=中断类型号
DS:DX=中断向量
```

DOS 功能调用 35H 用来读中断向量，入口参数为：

```
AH=35H
AL=中断类型号
```

出口参数为：

```
ES:BX=中断向量
```

【例 8-3】 使用 DOS 功能调用设置中断向量。

```
PUSH   DS
MOV    AX,SEG INTERRUPT
MOV    DS,AX
LEA    DX,INTERRUPT
MOV    AL,N
MOV    AH,25H
INT    21H
POP    DS
```

（2）设置设备的中断屏蔽位。外部设备的中断请求由中断控制器 8259A 统一管理。在 8259A 内部，有一个中断屏蔽寄存器，端口地址 21H。该寄存器的 8 位二进制对应于 8259A 的 8 个中断请求输入，寄存器某一位设置为"1"时，对应引脚上的中断请求不能被

传送到 CPU,该中断因此无法得到相应。对中断请求的这种管理方法称为**中断屏蔽**。为了实现中断方式的输入输出,应该在主程序中把该请求对应的中断屏蔽寄存器中相应位清零。假设某外部设备使用中断方式进行输入输出,它的中断请求连接在 8259A 的 IR2 引脚。清除屏蔽位的指令序列如下:

```
IN   AL,21H              ;取出中断屏蔽寄存器当前值
AND AL,11111011B        ;将 D₂ 位清零
OUT 21H,AL              ;写回中断屏蔽寄存器
```

使用上述方法可以避免对其他中断屏蔽位的影响。在中断方式输入输出完成之后,可以用以下的指令序列关闭该中断:

```
IN   AL,21H              ;取出中断屏蔽寄存器当前值
OR  AL,00000100B        ;将 D₂ 位置"1"
OUT 21H,AL              ;写回中断屏蔽寄存器
```

(3) 设置中断允许位 IF,开放中断。STI 指令可以将中断允许位 IF 置"1",开放中断。只有中断开放时,CPU 才会响应从 INTR 引脚输入的,也就是从 8259A 发来的可屏蔽中断请求。

(4) 除了上述操作之外,主程序还应该为中断服务程序使用的指针、计数器等设置初值。在中断方式输入输出结束后,进行必要的结束处理。

2. 中断服务程序

中断服务程序的编写方法和子程序类似,下面是中断服务程序的主要操作步骤。

(1) 保护寄存器内容。把中断服务程序中要用到、会改变值的寄存器压入堆栈,保存这些寄存器在进入中断前的内容,以便在返回原来被中断的程序时恢复它们。

(2) 开放中断。进入中断处理程序前,硬件中断机构已经自动把 IF 和 TF 清除,这样在执行中断处理程序的过程中,将不再响应其他外部设备的中断请求。如果这个中断处理程序允许其他更高级别的中断请求,则需用 STI 指令把 IF 位置"1"。

(3) 中断服务。中断服务程序主体,处理中断源提出请求所要完成的事务。对于外部设备的输入输出中断,此处应使用 IN/OUT 指令进行数据传输操作,保存输入数据,修改地址指针、计数器等。注意:如果需要用中断方式输入 10 个数据,在一次中断服务中只输入一个数据。10 个数据的输入需要请求 10 次中断,10 次进入中断服务程序。同样原则也适用于中断方式输出。另一个需要注意的问题是,中断服务程序所使用的指针、计数器等均应保存在内存单元,而不是寄存器中。中断服务在系统中以"后台"方式运行,不能固定地占用 CPU 资源——寄存器。

(4) 关中断:在中断返回过程中,禁止响应新的中断。

(5) 发送中断结束命令:为了进行中断优先级管理,中断控制器内部的"中断服务寄存器(ISR)"记录了已经被 CPU 响应的中断请求,用来阻止级别较低的中断请求。在中断处理结束之前,应通知 8259A,本级中断已经结束。8259A 收到这一信息之后,清除相关记录,以便响应其他中断。发给 8259A 的这个命令称为**中断结束命令(EOI)**,该命令可

以由以下两条指令实现：

```
        MOV    AL,20H                    ;20H 是中断结束命令的编码
        OUT    20H,AL                    ;中断结束命令送 8259A 操作命令寄存器
```

（6）恢复寄存器内容：恢复进入时保存的寄存器内容。

（7）中断返回：中断服务程序使用 IRET 指令返回，它除了从堆栈中弹出原 IP,CS 寄存器的内容（断点地址）外，还恢复中断发生前 FLAGS 寄存器内容。因此，不能用子程序返回指令 RET 来代替 IRET。

8.2.3 定时中断

在实际应用中，经常要用到定时：

（1）定时启动某个操作：例如，定时采集温度、压力等数据。

（2）确定某个操作所需要的时间：例如，测量电机的转速。

PC 内部有一个定时器，每 55ms(1/18.2s)产生一个"时间到"信号，向 8259A 申请中断。该中断类型号为 08H，主要用于操作系统的定时操作。为了满足用户的定时需要，另设了一个 1CH 中断，每次进入 08H 中断后，由该中断服务程序通过执行指令 INT 1CH 进入 1CH 中断，执行用户的定时任务。因此，1CH 中断实际上是一个软件中断。用户的定时任务在该中断服务程序中构成一个任务队列。向该队列增加定时任务的方法如下：

（1）保存原 1CH 中断向量；

（2）把新的 1CH 中断服务程序入口地址填入中断向量表；

（3）编制新的 1CH 中断服务程序：首先执行新增加的定时任务，完成后进入原中断服务程序，执行其他的定时任务。

【例 8-4】 下面的程序在屏幕上显示一个实时时钟，限于篇幅，只显示时钟的秒值。程序中，COUNT 单元以毫秒为单位记录时间，每中断一次，COUNT 单元加 55。计数满 1000 毫秒后，将秒单元 SECOND 加 1，并将"1 秒时间到"的标记 SINGAL 置 1，由主程序显示这个秒值。主程序同时检测键盘输入，如果键盘输入字符'Q'，则程序结束。退出前，恢复系统原来的时钟中断向量。

```
;EX804.ASM                          定时中断,显示实时时钟(秒值)
INCLUDE  YLIB.H                      ;头文件,包含外部函数与宏的定义
;**************************************************************************
CODE   SEGMENT
         ASSUME      CS: CODE
      SECOND   DB      0                              ;秒值
      SIGNAL   DB      0                              ;1s 时间到标记
      COUNT    DW      0                              ;毫秒值
      OLDINT1CH DD     ?                              ;原来 1CH 中断向量

      START:   MOV     AL,1CH                         ;取原来 1CH 中断向量
```

```
                MOV      AH,35H
                INT      21H
                MOV      WORD PTR OLDINT1CH+2,ES    ;保存原来中断向量
                MOV      WORD PTR OLDINT1CH,BX
;********************************************************************
                LEA      DX,MYINT1CH                ;取新的1CH中断向量偏移地址
                MOV      AX,SEG MYINT1CH            ;取新的1CH中断向量段地址
                MOV      DS,AX
                MOV      AL,1CH
                MOV      AH,25H
                INT      21H                        ;设置新的1CH中断向量
;********************************************************************
                STI                                 ;开放可屏蔽中断
                CLS                                 ;清屏宏指令
        AGAIN:  MOV      AH,1                        ;读键盘缓冲区的字符
                INT      16H
                JZ       TEST_S                     ;键盘缓冲区空,转TEST_S
                CMP      AL,'Q'                      ;键盘字符是'Q'?
                JZ       EXIT                        ;是'Q',退出主程序
        TEST_S: CMP      SIGNAL,1                   ;1s到了吗?
                JNE      AGAIN                       ;未到转AGAIN
                MOV      SIGNAL,0                   ;1s到,标记清零
                INC      SECOND                      ;秒加1
                CMP      SECOND,60                  ;到60s?
                JNE      DISP                        ;秒值未到60,显示
                MOV      SECOND,0                   ;秒值到60,恢复为0
        DISP:   SETCUSOR 0,4,39                     ;设置光标位置宏指令
                MOV      AL,SECOND
                MOV      AH,0                        ;(AX)=秒值
                MOV      DX,0FFFFH                   ;(DX)=0FFFFH
                CALL     WRITEDEC                   ;显示秒值
                JMP      AGAIN                       ;转AGAIN,重复上述过程
        EXIT:   MOV      DX,WORD PTR OLDINT1CH
                MOV      AX,WORD PTR OLDINT1CH+2
                MOV      DS,AX
                MOV      AH,25H
                MOV      AL,1CH
                INT      21H                        ;程序退出前,恢复原来1CH中断向量
                MOV      AX,4C00H                   ;返回操作系统
                INT      21H
;********************************************************************
MYINT1CH        PROC     FAR                        ;新的1CH中断服务程序
                PUSH     AX                          ;保护现场
                STI                                 ;开中断,允许响应更高级别中断
```

```
                ADD       COUNT,55                      ;COUNT 单元加 55
                CMP       COUNT,1000                    ;COUNT 单元的数大于 1000 吗?
                JB        BACK                          ;小于 1000,退出中断程序
                SUB       COUNT,1000                    ;大于 1000,1s 到,毫秒数减 1000
                MOV       SIGNAL,01H                    ;"1s 到"标记置 1,由主程序计秒
        BACK:   CLI
                POP       AX                            ;恢复现场
                PUSHF                                   ;模仿进入中断服务程序的条件
                CALL      CS:OLDINT1CH                  ;进入原 1CH 中断服务程序
                IRET
        MYINT1CH ENDP
        CODE    ENDS
                END       START
```

8.2.4 驻留程序

1. 什么是程序驻留

前面所讲到的用户程序,执行结束后,都采用 AH＝4CH 的 DOS 功能调用返回操作系统。这意味着把对计算机的控制权交还 DOS,同时也把所占用的内存空间交还 DOS,可以重新分配给其他的应用程序。至此,可以认为一个程序执行结束,程序在内存中不复存在。如果需要再次运行这个程序,就必须重新把它装入内存。

在计算机系统中,有一类特殊的程序与上述程序不同。它们常驻内存,所占用的内存空间受到 DOS 的保护,不会被后来装入的程序覆盖。它们平时处于"待命"状态,使用者感觉不到它的存在,一旦某个条件被满足,这个程序被激活,进入"运行"状态,这样的程序称为**驻留程序**(简称 TSR 程序)。驻留程序的这种运行方式称为**后台**运行方式。计算机系统中有许多输入输出程序都是常驻内存的。用户也可以根据需要设计自己的驻留程序。

大多数的驻留程序就是某个中断的中断服务程序,它们的入口地址登记在中断向量表中。一旦对应的中断请求被 CPU 响应,这个程序就被 CPU 启动运行,运行完毕,再次把控制权交还给原运行程序。

驻留程序使计算机具有了同时运行多个程序的能力,其中一个作为前台程序,其他的程序作为后台程序运行。

2. 怎样实现程序驻留

使用 AH＝31H 的 DOS 功能调用可以实现程序的驻留。

入口参数:AH＝31H;

     DX＝驻留程序的大小(以节为单位,1 节等于 16B)。

设置好入口参数,执行 INT 21H 指令,控制权交还 DOS,同时,指定的内存区域处于 DOS 的保护之下。

3. 驻留程序的基本结构

驻留程序由两部分组成：驻留程序部分，初始化及驻留控制部分。由于 DOS 保护的内存区域从低地址开始向高地址端延伸，所以应把驻留程序写在程序的头部，初始化及驻留控制程序写在程序的尾部。驻留程序的一般格式如下：

```
CODE    SEGMENT    PARA                    ;段从"节"边界开始,起始偏移地址为 0
        ASSUME    CS:CODE,DS:CODE
        ;驻留程序数据区
        ⋮
        ;待驻留的程序
        ⋮
MAIN: …                                    ;准备工作,如装载中断向量表
        LEA     DX,MAIN                     ;取驻留程序字节数
        MOV     CL,4
        SHR     DX,CL                       ;转换成"节"数
        MOV     AH,31H                      ;驻留退出功能号
        INT     21H                         ;驻留并退出
        CODE    ENDS
        END     MAIN
```

该程序调入内存后，从 MAIN 开始执行。在 MAIN 程序中，首先对驻留程序进行初始化准备，如装载中断向量等，然后执行 INT 21H 使程序驻留并返回操作系统。标号 MAIN 以上的部分被驻留在内存之中，MAIN 以下的部分可以被后来装入的其他程序覆盖。

操作系统为了保证驻留内存的安全，在用户要求的内存之外，额外增加了 800B。下面的程序测试实际保留的内存大小。

```
INCLUDE  YLIB.H
CODE  SEGMENT
      ASSUME    CS:CODE
MESS   DB    0DH,0AH,'CURRENT PSP SEG ADDRESS IS : $'
START: MOV    AX,DS                                   ;保留 PSP 段基址
       MOV    BX,CODE
       MOV    DS,BX
       LEA    DX,MESS
       CALL   WRITEHEX                                ;显示 PSP 段基址
       CALL   CRLF
       MOV    DX,20H                                  ;申请驻留 20H 节内存
       MOV    AH,31H                                  ;驻留退出
       INT    21H
CODE   ENDS
       END    START
```

运行这个程序,显示操作系统分配给这个程序的内存起始段基址(PSP 的起始段基址)。多次运行这个程序,起始段基址每次增加 52H,其中,20H 节由用户申请,32H 节(800 字节)由操作系统额外补充。改变 DX 的值,段基址的增加值也会相应增加。

4. 激活驻留程序

我们知道,大多数驻留程序由一个或几个中断服务程序组成的,通常有以下几种激活驻留程序的方法:

(1) 执行软中断指令 INT n。

被激活的驻留程序的入口地址事先写入中断类型号 n 的中断向量表中。相关程序通过执行 INT n 指令激活驻留程序。

(2) 时钟中断激活。

利用定时中断来激活驻留程序。驻留程序的入口地址应写入中断类型为 1CH 的中断向量表中,也可以改写原 1CH 中断服务程序,在进入 1CH 中断服务程序后激活驻留程序。

(3) 热键激活。

热键激活是驻留程序最常用的激活方式。可以选择一个不常使用的键组合作为热键,然后修改中断类型 09H 的键盘中断服务程序。接收到该键后,在修改后的键盘中断服务程序里,用 INT 指令启动驻留程序。如果接收到其他键,交由原来的键盘中断服务程序处理。

(4) 由其他的外部中断激活。

5. 驻留程序应用举例

【例 8-5】 将一个定时显示当前时间的程序驻留在内存中。这个程序在屏幕的右上角显示当前时间,限于篇幅,只显示时间的"秒"值。

```
;EX805.ASM 驻留程序例,驻留程序以"后台"方式显示当前"秒"值
INCLUDE YLIB.H
GETPS MACRO                              ;读出光标位置宏指令
    MOV   AH,3
    MOV   BH,0
    INT   10H
    MOV   CURSOR,DX
ENDM
CODE   SEGMENT
    ASSUME  CS:CODE
    SECOND  DB   0                       ;秒值
    COUNT   DW   0                       ;毫秒值
    CURSOR  DW   ?                       ;原光标位置
MYINT1CH  PROC    FAR                    ;1CH定时中断处理程序
          PUSH    AX                     ;保护现场
```

```
        PUSH     BX
        PUSH     CX
        PUSH     DX
        PUSH     CS              ;装载 DS
        POP      DS
        STI
        ADD      COUNT,55        ;毫秒计时,加 55
        CMP      COUNT,1000      ;到 1s?
        JB       BACK            ;未到 1s,结束中断服务
        SUB      COUNT,1000      ;1s 到,毫秒数减 1000
        MOV      AL,SECOND
        ADD      AL,1            ;秒值加 1
        DAA
        MOV      SECOND,AL       ;保存秒值
        CMP      AL,60H          ;秒值到 60?
        JNE      DISP            ;未到 60s,转显示
        MOV      SECOND,0        ;秒值到 60,恢复为 0
DISP:   GETPS                   ;取原光标位置并保存
        SETCUSOR 0,0,77         ;把光标设置在 0 行 77 列
        MOV      BL,SECOND       ;秒值放入 BL
        CALL     DISPLY          ;显示秒值
        MOV      DX,CURSOR
        SETCUSOR 0,DH,DL        ;恢复原光标位置
BACK:   CLI
        POP      DX              ;恢复现场
        POP      CX
        POP      BX
        POP      AX
        IRET
MYINT1CH ENDP
DISPLY: MOV      AL,BL           ;秒值送 AL
        MOV      CL,4
        ROL      AL,CL
        AND      AL,0FH          ;把秒针值十位上的数分离出来
        ADD      AL,30H          ;转换成字符码
        MOV      BH,0
        MOV      CX,1
        MOV      AH,0EH          ;显示秒值十位数
        INT      10H
        MOV      AL,BL
        AND      AL,0FH          ;把秒针值个位上的数分离出来
        ADD      AL,30H
        MOV      BH,0
```

```
                MOV         CX,1
                MOV         AH,0EH                    ;显示秒值个位数
                INT         10H
                RET
;**********************************************************************主程序
START:
                LEA         DX,MYINT1CH
                MOV         AX,SEG MYINT1CH
                MOV         DS,AX
                MOV         AL,1CH
                MOV         AH,25H
                INT         21H                       ;设置新的 1CH 中断向量
                STI
                LEA         DX,START                  ;取驻留程序的字节数
                MOV         CL,4
                SHR         DX,CL                     ;以节为单位的驻留程序长度
                MOV         AH,31H                    ;用功能号 31H 的 DOS 调用实现驻留
                INT         21H
CODE            ENDS
                END         START
```

读者可以将它与例 8-4 进行比较,得到中断服务程序两种不同的工作方式。例 8-4 的中断服务程序通过一个内存变量 SINGNAL 与主程序进行通信,将输入输出等较耗时的工作交给主程序完成,使得中断服务程序短小精悍,执行时间很短。例 8-5 由于主程序被覆盖,所有工作只能由中断服务程序独立完成。由于驻留程序后台运行方式的特点,进行显示只能使用 BIOS 调用而不能使用 DOS 功能调用,每次调用首先要保留原光标位置,重新设置驻留程序使用的光标位置,显示完毕恢复原光标位置,以便不影响前台任务的执行。

8.3 .COM 文件

8.3.1 .COM 文件和.EXE 文件

汇编语言编写的程序经过汇编、连接后,可生成扩展名为.EXE 或.COM 的可执行程序文件,这两种文件都可以在 DOS 下运行。

无论是.EXE 文件还是.COM 文件,程序在装入内存时,DOS 把当前可用内存的最低地址作为程序装入的起始地址,为程序建立大小为 256B 的程序段前缀(PSP),然后才装入程序本身。

.EXE 文件可以有独立的代码段、数据段和堆栈段,且可以有多个代码段、数据段,程序占用的存储空间可以超过 64KB。.COM 文件只有一个段,它的程序段前缀、代码段、数据段和堆栈段都放在同一个物理段内,其长度不超过 64KB。

8.3.2 .COM 文件

1 ..COM 文件的特点

如前所述,.COM 文件装入内存时,PSP、数据、程序、堆栈共用一个大小固定为 64K-2B 的一个段。在这个段内,偏移地址 0000H 开始的 256B 存放程序段前缀 PSP,偏移地址 100H 开始的内存存放.COM 程序和数据,堆栈则从这个段的底部开始向低地址方向延伸,如图 8-6 所示。进入.COM 程序后各寄存器的设置情况如下。

(1) CS,DS,ES 和 SS 共同指向这个共用段的段基址。

(2) SP=0FFFEH,表示堆栈的实际位置从偏移地址 0FFFDH 开始向上。

(3) IP 寄存器置为 100H,这意味着,.COM 程序必须从偏移地址 100H 开始执行,它的入口地址不能由用户选择。而且,写在程序第一行的第一条指令就是这个程序将要执行的第一条指令。

所以,进入.COM 程序后,无须装载任何段寄存器,也无须设置堆栈指针。在.COM 文件的源程序中,所有的过程调用都是 NEAR 型,使用 INT 20H 退出程序返回 DOS。

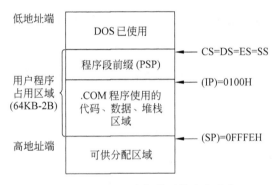

图 8-6 .COM 程序加载后的内存映像

2 ..COM 文件源程序形式

.COM 文件的源程序基本形式如下:

```
CODE      SEGMENT
   ASSUME    CS: CODE,DS: CODE,ES: CODE
   ORG    100H                    ;指定起始偏移地址为 100H,之前为 PSP
START:
        ;程序部分
           ⋮
        INT    20H
           ;返回操作系统
           ;数据定义部分
           ⋮
```

```
CODE    ENDS
        END  START
```

【例 8-6】 .COM 程序举例。下面的程序运行时输出一个字符串。

```
CODE    SEGMENT
        ASSUME  CS：CODE,DS：CODE
        ORG  100H
START：LEA  DX,MESS
        MOV  AH,09H
        INT  21H
        INT  20H
MESS    DB   0AH,0DH,"A Sample For .COM Format Program. ",0AH,0DH,'$'
CODE    ENDS
        END  START
```

将上面文件汇编成目标文件：

```
D:\TASM5>TASM EX806
```

使用 TLINK 将它连接成为“.COM”文件,命令后面加上“/t”选项：

```
D:\TASM5>TLINK/t EX806
```

查看文件目录,发现 EX806.COM 已经生成。执行这个程序：

```
D:\TASM5>EX806
```

在显示器上输出：

```
A Sample For .COM Format Program.
```

习题八

8.1 什么是接口? 它在 CPU 与外部设备之间起什么作用?

8.2 CPU 与 I/O 端口之间传送的信号有哪几种? 它们各自的作用是什么?

8.3 CPU 与外部设备之间输入输出方式一般有几种? 它们各自的优缺点是什么?

8.4 有哪几种类型的 I/O 端口? 它们的作用是什么?

8.5 什么是中断,中断源? 简单叙述采用中断方式输出数据的全过程。

8.6 8086/8088 的中断源分为几类? 什么是可屏蔽中断和不可屏蔽中断?

8.7 什么是中断向量及中断向量表? 如何设置中断向量表?

8.8 8086/8088 系统中,如何确定中断类型 N 的中断服务程序入口地址?

8.9 某输出设备接口内的数据输出端口地址 210H,状态端口地址为 212H。状态端口的 D_7 位代表外部设备的工作状态,$D_7=1$ 表示外设忙,$D_7=0$ 表示外部设备空闲。编写一个查询式输出的程序,把数据段中 LIST 开始的 100B 数据向该设备输出(假设该设备不需要"选通"脉冲)。

8.10 中断类型号为 17H 的中断处理程序的入口地址为 1000H：0760H,写出该中断向量在中断向量表中的存放位置及存放情况。

8.11 中断类型为 1CH 的中断服务程序的入口标号为 INT_SERVE,编写程序把该中断服务程序的入口地址写入对应的中断向量表中。

8.12 8086 微型计算机系统中,从外部中断请求到中断处理,哪些寄存器由系统自动保护? 哪些寄存器必须由用户在中断服务程序中保护? 80x86 的中断返回指令 IRET 与子程序返回指令 RET 有什么不同?

8.13 打印机接口内数据端口地址为 Data_Port,状态端口地址为 Stat_Port。打印机收到一个数据后,状态端口 D_7 位变高,阻止送入新的数据。一个数据打印完后,状态端口 D_7 位自动变低,CPU 可以送下一个数据。

(1) 编写一个程序,用查询方式将内存中从 STRING 开始的一个字符串输出到打印机,字符串以 $ 为结束标志。

(2) 如果把状态口的 D_7 位作为中断请求信号（经反相后送 8259A）,中断类型为 80H,编写采用中断方式输出上述字符串的程序（包括主程序和中断服务程序）。

8.14 编写程序,利用系统提供的 55 ms 的定时中断(类型号 1CH),在显示器的右上角显示当前时间的时：分：秒值。

8.15 什么是驻留程序? 如何实现程序驻留? 驻留程序的基本结构如何?

8.16 用 .COM 格式编写程序,从键盘输入若干个无符号字数据,求出其中的最大值并输出。输入数据 0 表示输入结束。

标准 ASCII 码字符表

ASCII 码	字符	ASCII 码	字符	ASCII 码	字符	ASCII 码	字符
00H	NUL	16H	SYN	2CH	,	42H	B
01H	SOH	17H	ETB	2DH	—	43H	C
02H	STX	18H	CAN	2EH	.	44H	D
03H	ETX	19H	EM	2FH	/	45H	E
04H	EOT	1AH	SUB	30H	0	46H	F
05H	ENQ	1BH	ESC	31H	1	47H	G
06H	ACK	1CH	FS	32H	2	48H	H
07H	BEL	1DH	GS	33H	3	49H	I
08H	BS	1EH	RS	34H	4	4AH	J
09H	HT	1FH	US	35H	5	4BH	K
0AH	LF	20H	SP	36H	6	4CH	L
0BH	VT	21H	!	37H	7	4DH	M
0CH	FF	22H	"	38H	8	4EH	N
0DH	CR	23H	#	39H	9	4FH	O
0EH	SO	24H	$	3AH	:	50H	P
0FH	SI	25H	%	3BH	;	51H	Q
10H	DLE	26H	&	3CH	<	52H	R
11H	DC1	27H	'	3DH	=	53H	S
12H	DC2	28H	(	3EH	>	54H	T
13H	DC3	29H	)	3FH	?	55H	U
14H	DC4	2AH	*	40H	@	56H	V
15H	NAK	2BH	+	41H	A	57H	W

ASCII 码	字符	ASCII 码	字符	ASCII 码	字符	ASCII 码	字符
58H	X	62H	b	6CH	l	76H	v
59H	Y	63H	c	6DH	m	77H	w
5AH	Z	64H	d	6EH	n	78H	x
5BH	[	65H	e	6FH	o	79H	y
5CH	\	66H	f	70H	p	7AH	z
5DH	]	67H	g	71H	q	7BH	{
5EH	ˆ	68H	h	72H	r	7CH	|
5FH	_	69H	i	73H	s	7DH	}
60H	`	6AH	j	74H	t	7EH	~
61H	a	6BH	k	75H	u	7FH	DEL

附录B

键盘扫描码表

键	接通扫描码	断开扫描码	键	接通扫描码	断开扫描码	键	接通扫描码	断开扫描码
ESC	01	81	9 (	0A	8A	S	1F	9F
F1	3B	BB	0)	0B	8B	D	20	A0
F2	3C	BC	— _	0C	8C	F	21	A1
F3	3D	BD	= +	0D	8D	G	22	A2
F4	3E	BE	\ |	2B	AB	H	23	A3
F5	3F	BF	Back Space	0E	8E	J	24	A4
F6	40	C0	Tab	0F	8F	K	25	A5
F7	41	C1	Q	10	90	L	26	A6
F8	42	C2	W	11	91	; :	27	A7
F9	43	C3	E	12	92	" ´	28	A8
F10	44	C4	R	13	93	左 Shift	2A	AA
F11	57	D7	T	14	94	Z	2C	AC
F12	58	D8	Y	15	95	X	2D	AD
` ~	29	A9	U	16	96	C	2E	AE
1 !	02	82	I	17	97	V	2F	AF
2 @	03	83	O	18	98	B	30	B0
3 #	04	84	P	19	99	N	31	B1
4 $	05	85	[{	1A	9A	M	32	B2
5 %	06	86	] }	1B	9B	, <	33	B3
6 ˆ	07	87	Enter	1C	9C	. >	34	B4
7 &	08	88	Caps Lock	3A	BA	/ ?	35	B5
8 *	09	89	A	1E	9E	右 Shift	36	B6

键	接通扫描码	断开扫描码	键	接通扫描码	断开扫描码	键	接通扫描码	断开扫描码
左 Ctrl	1D	9D	Home	E0 47	E0 C7	Home 7	47	C7
左 Windows	E0 5B	E0 DB	Page Up	E0 49	E0 C9	↑ 8	48	C8
左 Alt	38	B8	Delete	E0 53	E0 D3	PgUp 9	49	C9
Space	39	B9	End	E0 4F	E0 CF	← 4	4B	CB
右 Alt	E0 38	E0 B8	Page Down	E0 51	E0 D1	5	4C	CC
右 Windows	E0 5C	E0 DC	↑	E0 48	E0 C8	→ 6	4D	CD
Application	E0 5D	E0 DD	←	E0 4B	E0 CB	+	4E	CE
右 Ctrl	E0 1D	E0 9D	↓	E0 50	E0 D0	End 1	4F	CF
Print ScreenSys Rq	E0 37	E0 B7	→	E0 4D	E0 CD	↓ 2	50	D0
Scroll Lock	46	C6	Num Lock	45	C5	PgDn 3	51	D1
Pause Break	E11D 45 E1 9D C5	—	÷ (/)	E0 35	E0 B5	Ins 0	52	D2
			× (*)	37	B7	Del .	53	D3
Insert	E0 52	E0 D2	-	4A	CA	Enter(数字键盘)	E0 1C	E0 9C

汇编语言课程设计——文本阅读器

C.1 课程设计的目的

本课程设计是"80x86 汇编语言程序设计"课程的后继教学环节,其宗旨是使学生通过对一个较大型的、综合性的应用程序进行阅读、修改、添加功能等工作,对汇编语言程序设计有更进一步的认识,提高编程技巧和阅读理解复杂程序的能力。

C.2 课程设计的任务

根据所给的 Reader.asm 应用程序框架,在此基础上修改和添加功能。

基本任务:

(1) 认真阅读"Reader.asm"源程序,理解程序每一条指令在程序中的作用(回答质疑);

(2) 用→、←键在窗口内左右移动文本;

(3) 用 PgDn,PgUp 键上下快速移动文本(每次移半帧);

(4) 设计专用键放大、缩小窗口,改变窗口位置。

扩展任务:

(1) 对文本内的 Tab 字符(ASCII 码 09H)进行处理:遇到 Tab 键,下一个字符显示在下一个表站开始处(每个 6 个字符一个表站);

(2) 设置状态行,显示当前文件名、文本位置(仿垂直滚动条)。

其他任务:

(1) 使用鼠标对窗口位置进行拖动;

(2) 自行设计。

C.3 课程设计报告要求与内容

(1) 分析原 Reader.asm 程序结构:每个模块说明,较大模块程序流程图;

(2) 对你已经实现的功能做详细的说明,并附上流程图及程序清单;

（3）自己对该"文件阅读器"的进一步设想；

（4）对于有设想但最终未实现的功能的大致编程思路的阐述；

（5）论述在设计过程中遇到的并且对你具有启发性的问题。

C.4 汇编语言源程序清单

```
;Title:  Assemble Program"Reader.asm"
;Read a file from disk,display it's contents on screen
;Move the content on screen by up/down arrow keys
;=================================================
MYDAT       SEGMENT
MAXLEN      DW   1000                     ;最大行数
INDEX       DW   1000 DUP(?)              ;行索引
LENCT       DW   0                        ;实际行数
CURLINE     DW   0                        ;当前页第一行行数
CCOUNT      DW   ?                        ;文件总字符数

TOP         DB   5                        ;窗口左上角行数
LEFT        DB   5                        ;窗口左上角列数
WS          DW   60                       ;窗口宽度
HS          DW   15                       ;窗口高度
FG          DB   17H                      ;文字属性
FGB         DB   1FH                      ;窗口边框属性

MSG1        DB   'File:$'                 ;输入文件名提示
MSG2        DB   'File open error!$'      ;打开文件出错时提示
MSG3        DB   'File read error!$'      ;读文件出错时提示
FILENA      DB   80,?,80 DUP(?)           ;输入文件名缓冲区

;定义功能键和相应的处理程序
;每个功能定义两个数据:扫描码,处理程序入口地址
;该数据由 DOSUB 子程序使用

KEYSUB      DW 48H,SUB1,50H,SUB2,0

MYDAT       ENDS
;=================================================
BUFFER      SEGMENT  PARA
            DB 65535 DUP(?)               ;文件缓冲区,文件最大为 64K
BUFFER      ENDS
;=================================================
SSEG        SEGMENT   STACK  'STACK'      ;堆栈段
            DW        100 DUP(?)
```

```
SSEG            ENDS
;=======================================================
;宏定义 DISPINIT:设置显示器显示方式
DISPINIT    MACRO
            MOV     AX,0003H                    ;文本方式 25x80
            INT     10H
ENDM
;-------------------------------------------------------
;宏定义 PROMPT:显示字符串
PROMPT      MACRO   OUTMSG
            LEA     DX,OUTMSG
            MOV     AH,09H                      ;
            INT     21H                         ;
ENDM
;-------------------------------------------------------
;宏定义 KEYIN:从键盘读入一个字符
KEYIN       MACRO
            MOV     AH,0                        ;读键
            INT     16H                         ;AH 中为扫描码
            ENDM
;=======================================================
;代码段开始
CODE        SEGMENT
            ASSUME CS:CODE,DS:MYDAT,ES:BUFFER,SS:SSEG

START:      MOV     AX,MYDAT                    ;装载 DS,ES
            MOV     DS,AX
            MOV     AX,BUFFER
            MOV     ES,AX

            DISPINIT                            ;显示方式初始化

            CALL    READFILE                    ;读入文件
            JC      DONE

            CALL    CLIST                       ;初始化索引行
            CALL    CLSCREEN                    ;清屏
            CALL    CREWIN                      ;创建窗口
            CALL    SHOWCUR                     ;显示当前页

NEXT:       KEYIN                               ;进入主程序:读键盘
            CALL    COMMAND                     ;命令分析与处理
            JNC     NEXT                        ;非 x 键继续循环
```

```
DONE:          CALL      CLSCREEN                    ;清屏

               MOV       AX,4C00H
               INT       21H                         ;退出
; ------------------------------------------------------------
;子程序 READFILE: 提示并读入文件名,将文件读入缓冲区
READFILE       PROC
               PROMPT    MSG1                         ;
               CALL      SIN                          ;读入文件名
               MOV       AX,3D00H
               MOV       DX,OFFSET FILENA+ 2
               INT       21H                          ;打开文件(读)
               JC        GETERR1                      ;打开文件出错转 GETERR1
               PUSH      DS
               PUSH      ES
               POP       DS                           ;将 DS 指向文件缓冲区段
               MOV       BX,AX;                        ;BX=文件号
               MOV       AH,3FH                       ;读文件
               MOV       CX,0FFFFH                    ;读入最多 64K-1
               MOV       DX,0                         ;DS: DX 指向文件缓冲区
               INT       21H
               POP       DS
               JC        GETERR2                      ;读入文件出错转 GETERR2
               MOV       CCOUNT,AX                    ;实际读入字符数存入 CCOUNT 中
               CLC
               JMP       GETFILEXIT

GETERR1:       PROMPT    MSG2                         ;读入文件出错处理
               KEYIN
               STC
               JMP       GETFILEXIT                   ;

GETERR2:       PROMPT    MSG3                         ;打开文件出错处理
               KEYIN
               STC

GETFILEXIT RET

READFILE       ENDP
; ------------------------------------------------------------
;输入文件名子程序
SIN            PROC
               MOV       AH,0AH
               MOV       DX,OFFSET FILENA
```

```
           INT        21H                        ;输入文件名
           XOR        CH,CH
           MOV        CL,FILENA+1                 ;取文件名长度
           LEA        BX,FILENA+2
           ADD        BX,CX                       ;计算字符串结尾地址
           MOV        BYTE PTR [BX],0             ;在字符串尾部加 0
           RET
SIN        ENDP
;------------------------------------------------------------
;索引行初始化子程序
CLIST      PROC
           MOV        CX,CCOUNT
           JCXZ       CSTX                        ;文件为空结束

           MOV        SI,0                        ;文件缓冲区字符指针
           MOV        DI,0                        ;索引行指针
           MOV        DX,0                        ;行数计数
           MOV        INDEX[DI],0
           INC        DX                          ;假设文件至少有一行
CST1:      CMP        WORD PTR ES:[SI],0A0DH      ;判断是否为回车换行符
           JNZ        CST2                        ;不是行结束,转 CST2
           INC        DX                          ;行数加 1
           ADD        SI,2                        ;跳过回车换行符
           ADD        DI,2                        ;索引行指针加 1
           MOV        INDEX[DI],SI                ;指向本行开始地址
           CMP        DX,MAXLEN
           JNC        CST4                        ;是否超过最大行,超过转 CST4,结束
           JMP        CST3                        ;
CST2:      INC        SI                          ;文件缓冲区字符指针指向下一字符
CST3:      LOOP       CST1                        ;
CST4:      MOV        LENCT,DX                    ;保存行数到 LENCT 中
CSTX:      RET
CLIST      ENDP
;------------------------------------------------------------
;清屏子程序
CLSCREEN   PROC
           MOV        AX,0600H                    ;清屏
           MOV        CX,0
           MOV        DH,50
           MOV        DL,79
           MOV        BH,07H
           INT        10H
           RET
CLSCREEN   ENDP
```

```
;------------------------------------------------------
;显示当前页子程序
SHOWCUR     PROC
            MOV     DH,0                    ;窗口最顶行
            MOV     SI,CURLINE              ;取当前页第一行行数

            MOV     CX,HS                   ;窗口的第一行和最后一行为边框,
            SUB     CX,2                    ;所以能够显示内容的高度为窗口高度减2
SC1:
            CALL    SHOWLINE                ;显示一行

            INC     DH                      ;窗口下一行
            INC     SI                      ;文件下一行
            MOV     AX,LENCT                ;
            CMP     SI,AX                   ;文件是否显示完
            JNC     SC2                     ;显示完则转 SC2
            LOOP    SC1
            JMP     SC1X
SC2:        JCXZ    SC1X                    ;该页显示满则结束

;该页没有显示满,则用空行填满该页
SC3:        PUSH    CX
            PUSH    DX
            CALL    SHOWSPLINE              ;显示空行
            POP     DX
            POP     CX
            INC     DH
            LOOP    SC3
SC1X:
            RET
SHOWCUR     ENDP
;------------------------------------------------------
;显示一行子程序
;输入:SI=显示行行号
;       DH=窗口中的行号
SHOWLINE    PROC
            PUSH    CX
            PUSH    SI
            PUSH    DX
            PUSH    AX

            ADD     DH,TOP                  ;
            INC     DH                      ;实际行数=窗口左上角行数+DI+1
            MOV     DL,LEFT                 ;
```

```
              INC      DL                         ;实际列数=窗口左上角列数+1
              CALL     VADD                       ;

              MOV      CX,WS                      ;窗口的第一列和最后一列是边框,
              SUB      CX,2                       ;所以能够显示内容的宽度为窗口宽度减2
              SHL      SI,1                       ;行索引为字类型,所以乘2
              MOV      SI,INDEX[SI]               ;取该行第一个字符在文件缓冲区的地址
              PUSH     DS
              MOV      AX,0B800H
              MOV      DS,AX                      ;DS 指向显示缓冲区段地址
SL1:          MOV      AX,ES:[SI]
              CMP      AX,0A0DH
              JZ       SL2                        ;如果是回车换行,则该行结束
              MOV      DS:[DI],AL                 ;显示一个字符
              ADD      DI,2                       ;
              INC      SI                         ;取下一个字符
              LOOP     SL1                        ;
              JCXZ     SLX                        ;该行正好显示完,则结束,否则用空格填满

SL2:          MOV      BYTE PTR DS:[DI],' '       ;该行没有显示满,则用空格填满
              ADD      DI,2
              LOOP     SL2

SLX:          POP      DS

              POP      AX
              POP      DX
              POP      SI
              POP      CX

              RET
SHOWLINE      ENDP
; ---------------------------------------------------------------
;显示空行子程序
;输入:DI=窗口中的行号
SHOWSPLINE    PROC                                ;

              MOV      AX,HS                      ;
              SUB      AX,2                       ;
              CMP      DH,AL                      ;显示的空行是否超出最低行
              JNC      SSLX                       ;如果是,则转 SSLX
              ADD      DH,TOP                     ;
              INC      DH                         ;实际行数=窗口左上角行数+DI+1
              MOV      DL,LEFT                    ;
```

```
            INC      DL                          ;实际列数=窗口左上角列数+1
            CALL     VADD                        ;

            MOV      CX,WS                        ;窗口的第一列和最后一列是边框,
            SUB      CX,2                              所以能够显示内容的宽度为窗口宽度减2
            PUSH     DS
            MOV      AX,0B800H
            MOV      DS,AX
SSL1:       MOV      BYTE PTR DS:[DI],' '
            ADD      DI,2
            LOOP     SSL1
            POP      DS
SSLX:       RET
SHOWSPLINE  ENDP
; ----------------------------------------------------
;创建窗口子程序
CREWIN      PROC
            PUSH     ES
            MOV      AX,0B800H                    ;显示缓冲区地址为 B800:0
            MOV      ES,AX                        ;

            MOV      DH,TOP
            MOV      DL,LEFT                      ;窗口左上角行列数

            MOV      CX,HS                        ;窗口高度(行数)
CW1:        PUSH     DX                           ;
            CALL     VADD                         ;计算地址

            PUSH     CX                           ;
            MOV      CX,WS                        ;窗口宽度(列数)
            MOV      AL,FG                        ;取属性
CW2:        MOV      BYTE PTR ES:[DI],' '         ;送空白字符
            INC      DI                           ;
            MOV      BYTE PTR ES:[DI],AL          ;送属性
            INC      DI                           ;
            LOOP     CW2                          ;

            POP      CX
            POP      DX
            INC      DH                           ;行数加 1
            LOOP     CW1

            CALL     DRAWB                        ;画边框
            POP      ES
```

```
                RET
CREWIN          ENDP
;---------------------------------------------------------------
;画边框子程序
DRAWB           PROC
                PUSH    DX
                PUSH    CX
                PUSH    BX
                PUSH    AX
                MOV     BL,FGB                          ;取边框属性
                MOV     DH,TOP
                MOV     DL,LEFT                         ;窗口左上角行列数
                CALL    VADD                            ;计算地址

                ;画左上角角框
                MOV     BYTE PTR ES:[DI],0C9H           ;角框┌
                INC     DI
                MOV     BYTE PTR ES:[DI],BL
                INC     DI

                ;画第一行边框
                MOV     CX,WS
                SUB     CX,2                            ;因为去掉了左右角框,所以宽度减2
DB1:            MOV     BYTE PTR ES:[DI],0CDH           ;上下边框═
                INC     DI
                MOV     BYTE PTR ES:[DI],BL
                INC     DI
                LOOP    DB1

                ;画右上角角框
                MOV     BYTE PTR ES:[DI],0BBH           ;角框┐
                INC     DI
                MOV     BYTE PTR ES:[DI],BL

                ;画第二行到倒数二行左右边框
                MOV     DH,TOP
                MOV     DL,LEFT
                INC     DH                              ;从第二行开始
                MOV     CX,HS                           ;第一行和最后一行没有左右边框,
                SUB     CX,2                            ;所以高度减2
DB2:            PUSH    DX                              ;
                CALL    VADD                            ;计算左边框地址
                MOV     BYTE PTR ES:[DI],0BAH           ;左右边框┃
                INC     DI
```

```
        MOV     BYTE PTR ES:[DI],BL
        DEC     DI
        MOV     AX,WS                   ;
        DEC     AX                      ;
        SHL     AX,1                    ;
        ADD     DI,AX                   ;计算右边框地址
        MOV     BYTE PTR ES:[DI],0BAH   ;
        INC     DI
        MOV     BYTE PTR ES:[DI],BL
        POP     DX
        INC     DH                      ;下一行
        LOOP    DB2                     ;

;画左下角角框
        MOV     DH,TOP                  ;
        MOV     DL,LEFT                 ;
        MOV     AX,HS                   ;
        DEC     AX                      ;
        ADD     DH,AL                   ;左下角行数=右上角行数+ 窗口高度-1
        CALL    VADD
        MOV     BYTE PTR ES:[DI],0C8H   ;角框 ∟
        INC     DI
        MOV     BYTE PTR ES:[DI],BL
        INC     DI

;画最底边框
        MOV     CX,WS                   ;
        SUB     CX,2                    ;因为去掉了左右角框,所以宽度减2
DB3:    MOV     BYTE PTR ES:[DI],0CDH   ;上下边框═
        INC     DI
        MOV     BYTE PTR ES:[DI],BL
        INC     DI
        LOOP    DB3

;画右下角角框
        MOV     BYTE PTR ES:[DI],0BCH   ;角框┛
        INC     DI
        MOV     BYTE PTR ES:[DI],BL

        POP     AX
        POP     BX
        POP     CX
        POP     DX
```

```
                    RET
DRAWB       ENDP
;------------------------------------------------------------
;计算窗口内某行列位置对应显存地址
;输入:DH=行 DL=列
;输出:DI 为显存地址
VADD        PROC
            MOV     AL,80                   ;
            MUL     DH                      ;
            XOR     DH,DH                   ;
            ADD     AX,DX                   ;行数×80+列数
            SHL     AX,1                    ;乘 2,因为每个字符占 2B
            MOV     DI,AX
            RET
VADD        ENDP
;------------------------------------------------------------
;命令分析子程序
COMMAND     PROC
            CMP     AH,2DH                  ;2DH 为 x 键的扫描码
            JNZ     COM1                    ;不是 x 键,转 COM1
            STC                             ;值 x 键标志
            RET
COM1:       CALL    DOSUB                   ;转命令散转子程序
            CLC
            RET
COMMAND     ENDP
;------------------------------------------------------------
;命令散转子程序
DOSUB       PROC
            MOV     AL,AH
            MOV     AH,0                    ;将键扫描码放入 AX 中
            MOV     BX,OFFSET KEYSUB        ;BX 指向 KEYSUB
DOSUB1:     CMP     WORD PTR [BX],0
            JZ      DOSUBX                  ;KEYSUB 表查完,即没有找到转 DOSUBX
            CMP     AX,[BX]
            JZ      DOSUB2                  ;找到扫描码转 DOSUB2
            ADD     BX,4
            JMP     DOSUB1                  ;
DOSUB2:     ADD     BX,2
            MOV     BX,[BX]                 ;取处理程序入口地址
            JMP     BX                      ;转处理程序
DOSUBX:     RET

;SUB1 和 SUB2 均为功能键处理程序
```

;处理完后应使用 JMP DOSSUBX 结束

;上箭头键处理程序
SUB1:

```
            CMP        CURLINE,0
            JZ         SUB1X                   ;已到第一行,结束
            DEC        CURLINE                 ;向上一行
            CALL       SHOWCUR                 ;显示当前页
SUB1X:      JMP        DOSUBX
```

;下箭头键处理程序
SUB2:

```
            MOV        AX,LENCT
            DEC        AX
            DEC        AX                      ;至少显示一行
            CMP        AX,CURLINE              ;已到最后一行
            JZ         SUB2X
            INC        CURLINE                 ;向下一行
            CALL       SHOWCUR                 ;显示当前页
SUB2X:      JMP        DOSUBX

DOSUB       ENDP
;-----------------------------------------------------------

CODE        ENDS

;===========================================================
END         START
```

附录 D

80x86 指令系统

D.1　指令符号说明

符　　号	说　　明
r8/r16/r32	一个通用 8 位/16 位/32 位寄存器
reg	通用寄存器
seg	段寄存器
mm	整数 MMX 寄存器:MMX0～MMX7
xmm	128 位的浮点 SIMD 寄存器:XMM0～XMM7
ac	AL/AX/EAX 累加寄存器
m8/m16/m32/m64/m128	一个 8 位/16 位/32 位/64 位/128 位存储器操作数
mem	一个 m8 或 m16 或 m32 存储器操作数
I8/I16/I32	一个 8 位/16 位/32 位立即操作数
imm	一个 I8 或 I16 或 I32 立即操作数
dst	目的操作数
src	源操作数
label	标号
m16&32	16 位段限和 32 位段基地址
d8/d16/d32	8 位/16 位/32 位偏移地址
EA	指令内产生的有效地址

D.2　16/32 位 80x86 基本指令

助　记　符	功　　能	备　注
AAA	把 AL 中的和调整为非压缩的 BCD 格式	
AAD	把 AX 中的非压缩 BCD 码扩展成二进制数	
AAM	把 AX 中的积调整为非压缩的 BCD 码	
AAS	把 AL 中的差调整为非压缩的 BCD 码	

助 记 符	功　　能	备　注
ADC　reg,mem/imm/reg 　　　mem,reg/imm 　　　ac,imm	(dst)←(src)＋(dst)＋CF	
ADD　reg,mem/imm/reg 　　　mem,reg/imm 　　　ac,imm	(dst)←(src)＋(dst)	
AND　reg,mem/imm/reg 　　　mem,reg/imm 　　　ac,imm	(dst)←(src)∧(dst)	
ARPL　dst,src	调整选择器的 RPL 字段	286 起, 系统指令
BOUND　reg,mem	测数组下标(reg)是否在指定的上下界(mem)之内,在内,则 往下执行; 不在内,产生 INT 5	286 起
BSF　r16,r16/m16 　　　r32,r32/m32	自右向左扫描(src),遇第一个为 1 的位,则 ZF←0,该位位置 装入 reg ; 如 (src)＝0,则 ZF←1	386 起
BSR　r16,r16/m16 　　　r32,r32/m32	自左向右扫描(src),遇第一个为 1 的位,则 ZF←0,该位位置 装入 reg; 如(src)＝0,则 ZF←1	386 起
BSWAP　r32	(r32)字节次序变反	486 起
BT　reg,reg/i8 　　mem,reg/i8	把由(src)指定的(dst)中的位内容送 CF	386 起
BTC　reg,reg/i8 　　mem,reg/i8	把由(src)指定的(dst)中的位内容送 CF,并把该位取反	386 起
BTR　reg,reg/i8 　　mem,reg/i8	把由(src)指定的(dst)中的位内容送 CF,并把该位置 0	386 起
BTS　reg,reg/i8 　　mem,reg/i8	把由(src)指定的(dst)中的位内容送 CF,并把该位置 1	386 起
CALL　reg/mem	段内直接：push(IP 或 EIP),(IP)←(IP)＋d16 或(EIP)← (EIP)＋d32 段内间接：push(IP 或 EIP),(IP 或 EIP)←(EA)/reg 段间直接：push CS,push(IP 或 EIP),(CS)←dst 指定的段地 址,(IP 或 EIP)←dst 指定的偏移地址 段间间接：push CS,push(IP 或 EIP), (IP 或 EIP)←(EA),(CS)←(EA＋2)或(EA＋4)	
CBW	(AL)符号扩展到(AH)	
CDQ	(EAX)符号扩展到(EDX)	386 起
CLC	CF←0	

助　记　符	功　　能	备　注
CLD	DF←0	
CLI	IF←0	
CLTS	清除 CR0 中的任务切换标志	386 起，系统指令
CMC	进位位变反	
CMP　　reg,reg/mem/imm 　　　　mem,reg/imm	(dst)－(src),结果影响标志位	
CMPSB	[SI 或 ESI]－[DI 或 EDI],SI 或 ESI,DI 或 EDI 加 1 或减 1	
CMPSW	[SI 或 ESI]－[DI 或 EDI],SI 或 ESI,DI 或 EDI 加 2 或减 2	
CMPSD	[SI 或 ESI]－[DI 或 EDI],SI 或 ESI,DI 或 EDI 加 4 或减 4	
CMPXCHG reg/mem,reg	(ac)－(dst),相等:ZF←1,(dst)←(src), 不相等:ZF←0,(ac)←(src)	486 起
CMPXCHG8B dst	(EDX,EAX)－(dst), 相等:ZF←1,(dst)←(ECX,EBX), 不相等:ZF←0,(EDX,EAX)←(dst)	586 起
CPUID	(EAX)←CPU 识别信息	586 起
CWD	(AX)符号扩展到(DX、AX)	
CWDE	(AX)符号扩展到(EAX)	386 起
DAA	把 AL 中的和调整为压缩的 BCD 格式	
DAS	把 AL 中的差调整为压缩的 BCD 格式	
DEC　　reg/mem	(dst)←(dst)－1	
DIV　　r8/m8 　　　　r16/m16 　　　　r32/m32	(AL)←(AX)/(src)的商,(AH)←(AX)/(src)的余数 (AX)←(DX,AX)/(src)的商,(DX)←(DX,AX)/(src)的余数 (EAX)←(EDX,EAX)/(src)的商,(EDX)←(EDX,EAX)/ (src)的余数	386 起
ENTER　　I16,I8	建立堆栈帧,I16 为堆栈帧字节数,I8 为堆栈帧层数	386 起
HLT	停机	
IDIV　　r8/m8 　　　　r16/m16 　　　　r32/m32	(AL)←(AX)/(src)的商,(AH)←(AX)/(src)的余数 (AX)←(DX,AX)/(src)的商,(DX)←(DX,AX)/(src)的余数 (EAX)←(EDX,EAX)/(src)的商,(EDX)←(EDX,EAX)/ (src)的余数	386 起
IMUL　　r8/m8 　　　　r16/m16 　　　　r32/m32	(AX)←(AL) * (src) (EAX)←(AX) * (src) (EDX,EAX)←(EAX) * (src)	386 起
IMUL r16/r32,reg/mem	(r16)←(r16) * (src) 或(r32)←(r32) * (src)	286 起
IMUL reg,reg/mem,imm	(r16)←(reg/mem) * imm 或(r32)←(reg/mem) * imm	286 起

助 记 符	功　　能	备　注
IN　ac,I8/DX	(ac)←((I8))或(DX)	
INC　reg/mem	(dst)←(dst)+1	
INSB INSW INSD	((DI 或 EDI))←((DX)),(DI 或 EDI)←(DI 或 EDI)±1 ((DI 或 EDI))←((DX)),(DI 或 EDI)←(DI 或 EDI)±2 ((DI 或 EDI))←((DX)),(DI 或 EDI)←(DI 或 EDI)±4	286 起
INT　I8 INTO	push(FLAGS),push(CS),push(IP),(IP)←(I8 * 4),(CS)←(I8 * 4+2) 若 OF=1,则 push(FLAGS),push(CS),push(IP),(IP)←(10H),(CS)←(12H)	
INVD	使高速缓存无效	486 起,系统指令
IRET	(IP)←POP(),(CS)←POP(),(FLAGS)←POP()	
IRETD	(EIP)←POP(),(CS)←POP(),(EFLAGS)←POP()	386 起
JZ/JE　d8/d16/d32 JNZ/JNE　d8/d16/d32 JS　d8/d16/d32 JNS　d8/d16/d32 JO　d8/d16/d32 JNO　d8/d16/d32 JP/JPE　d8/d16/d32 JNP/JPO　d8/d16/d32 JC/JB/JNAE　d8/d16/d32 JNC/JNB/JAE d8/d16/d32 JBE/JNA　d8/d16/d32 JNBE/JA　d8/d16/d32 JL/JNGE　d8/d16/d32 JNL/JGE　d8/d16/d32 JLE/JNG　d8/d16/d32 JNLE/JG　d8/d16/d32	如果 ZF=1,则(IP)←(IP)+d8 或(EIP)←(EIP)+d16/d32 如果 ZF=0,则(IP)←(IP)+d8 或(EIP)←(EIP)+d16/d32 如果 SF=1,则(IP)←(IP)+d8 或(EIP)←(EIP)+d16/d32 如果 SF=0,则(IP)←(IP)+d8 或(EIP)←(EIP)+d16/d32 如果 OF=1,则(IP)←(IP)+d8 或(EIP)←(EIP)+d16/d32 如果 OF=0,则(IP)←(IP)+d8 或(EIP)←(EIP)+d16/d32 如果 PF=1,则(IP)←(IP)+d8 或(EIP)←(EIP)+d16/d32 如果 PF=0,则(IP)←(IP)+d8 或(EIP)←(EIP)+d16/d32 如果 CF=1,则(IP)←(IP)+d8 或(EIP)←(EIP)+d16/d32 如果 CF=0,则(IP)←(IP)+d8 或(EIP)←(EIP)+d16/d32 如果,ZF∨CF=1则(IP)←(IP)+d8 或(EIP)←(EIP)+d16/d32 如果 ZF∨CF=0,则(IP)←(IP)+d8 或(EIP)←(EIP)+d16/d32 如果 SF⊕OF=1,则(IP)←(IP)+d8 或(EIP)←(EIP)+d16/d32 如果 SF⊕OF=0,则(IP)←(IP)+d8 或(EIP)←(EIP)+d16/d32 如果(SF⊕OF)∨ZF=1,则(IP)←(IP)+d8 或(EIP)←(EIP)+d16/d32 如果(SF⊕OF)∨ZF=0,则(IP)←(IP)+d8 或(EIP)←(EIP)+d16/d32	d16/d32 从 386 起
JCXZ d8 JECXZ d8/d16/d32	如果(CX)=0,则(IP)←(IP)+d8 如果(ECX)=0,则(EIP)←(EIP)+d8/d16/d32	386 起
JMP label JMP mem/reg JMP label JMP mem/reg	段内直接转移,(IP)←(IP)+d8/d16,或(EIP)←(EIP)+d8/d32 段内间接转移,(EIP/IP)←(EA) 段间直接转移,(EIP/IP)←EA,CS←label 决定的段基址 段间间接转移,(EIP/IP)←(EA),CS←(EA+2/4)	
LAHF	(AH)←(FLAGS 的低字节)	
LAR reg,mem/reg	取访问权字节	286 起,系统指令
LDS reg,mem	(reg)←(mem),(DS)←(mem+2 或 4)	
LEA reg,mem	(reg)←EA	
LEAVE	释放堆栈帧	286 起

助 记 符	功 能	备 注
LES reg,mem	(reg)←(mem),(ES)←(mem+2 或 4)	
LFS reg,mem	(reg)←(mem),(FS)←(mem+2 或 4)	386 起
LGDT mem	装入全局描述符表寄存器:(GDTR)←(mem)	286 起,系统指令
LGS reg,mem	(reg)←(mem),(GS)←(mem+2 或 4)	386 起
LIDT mem	装人中断描述符表寄存器:(IDTR)←(mem)	286 起,系统指令
LLDT reg/mem	装入局部描述符表寄存器:(LDTR)←(reg/mem)	286 起,系统指令
LMSW reg/mem	装入机器状态字(在 CR0 寄存器中):(MSW)←(reg/mem)	286 起,系统指令
LOCK	插入 LOCK♯信号前缀	
LODSB LODSW LODSD	(AL)←((SI 或 ESI)),(SI 或 ESI)←(SI 或 ESI)±1 (AX)←((SI 或 ESI)),(SI 或 ESI)←(SI 或 ESI)±2 (EAX)←((SI 或 ESI)),(SI 或 ESI)←(SI 或 ESI)±4	ESI 自 386 起 自 386 起
LOOP label LOOPZ/LOOPE label LOOPNZ/LOOPNE label	(ECX/CX)←(ECX/CX)−1,(ECX/CX)≠0 则循环 (ECX/CX)←(ECX/CX)−1,(ECX/CX)≠0 且 ZF=1 则循环 (ECX/CX)←(ECX/CX)−1,(ECX/CX)≠0 且 ZF=0 则循环	ECX 自 386 起
LSL reg,reg/mem	取段界限	286 起,系统指令
LSS reg,mem	(reg)←(mem),(SS)←(mem + 2 或 4)	386 起
LTR reg/mem	装入任务寄存器	286 起,系统指令

MOV reg,,reg/mem/imm
  mem,reg/imm
  reg,CR0-CR3
  CR0−CR3,reg
  reg,DR
  DR,reg
  reg,SR
  SR,reg
	(reg)←(reg/mem/imm)
	(mem)←(reg/imm)
	(reg)←(CR0−CR3)
	(CR0−CR3)←(reg)
	(reg)←(调试寄存器 DR)
	(DR)←(reg)
	(reg)←(段寄存器 SR)
	(SR)←(reg)
		386 起,系统指令

MOVSB MOVSW MOVSD	((DI 或 EDI))←((SI 或 ESI)),(SI 或 ESI)←(SI 或 ESI)±1,(DI 或 EDI)←(DI 或 EDI)±1 ((DI 或 EDI))←((SI 或 ESI)),(SI 或 ESI)←(SI 或 ESI)±2,(DI 或 EDI)←(DI 或 EDI)±2 ((DI 或 EDI))←((SI 或 ESI)),(SI 或 ESI)←(SI 或 ESI)±4,(DI 或 EDI)←(DI 或 EDI)±4	386 起
MOVSX reg,reg/mem MOVZX reg,reg/mem	reg ←(reg/mem 符号扩展) reg ←(reg/mem 零扩展)	386 起

助 记 符	功 能	备 注
MUL reg/mem	(AX)←(AL) * (r8/m8) (DX,AX)←(AX) * (r16/m16) (EDX,EAX)←(EAX) * (r32/m32)	386 起
NEG reg/mem	(reg/mem)←(reg/mem)	
NOP	无操作	
NOT reg/mem	(reg/mem)←(reg/mem 按位取反)	
OR reg,reg/mem/imm mem,reg/imm	(reg)← (reg) ∨ (reg/mem/imm) (mem)← (mem) ∨ (reg/imm)	
OUT I8,ac DX,ac	(I8 端口)←(ac) ((DX))←(ac)	
OUTSB OUTSW OUTSD	((DX))←((SI 或 ESI)),(SI 或 ESI)←(SI 或 ESI)±1 ((DX))←((SI 或 ESI)),(SI 或 ESI)←(SI 或 ESI)±2 ((DX))←((SI 或 ESI)),(SI 或 ESI)←(SI 或 ESI)±4	386 起
POP reg/mem/SR POPA POPAD POPF POPFD	(reg/mem/SR)←((SP 或 ESP)),(SP 或 ESP)←(SP 或 ESP)+2 或 4 出栈送 16 位通用寄存器 出栈送 32 位通用寄存器 出栈送 FLAGS 出栈送 EFLAGS	286 起 386 起 386 起
PUSH reg/mem/SR/imm PUSHA PUSHAD PUSHF PUSHFD	((SP 或 ESP))←(SP 或 ESP)－2 或 4,((SP 或 ESP))←(reg/mem/SR/imm) 16 位通用寄存器进栈 32 位通用寄存器进栈 FLAGS 进栈 EFLAGS 进栈	imm 自 386 起 286 起 386 起 386 起
RCL reg/mem,1/CL/I8	带进位循环左移	I8 自 386 起
RCR reg/mem,1/CL/I8	带进位循环右移	I8 自 386 起
RDMSR	读模型专用寄存器：(EDX,EAX)←MSR[ECX]	586 起
REP REPE/REPZ REPNE/REPNZ	(CX 或 ECX)←(CX 或 ECX)－1,当(CX 或 ECX)≠0,重复执行后面的指令； (CX 或 ECX)←(CX 或 ECX)－1,(CX 或 ECX)≠0 且 ZF＝1,重复执行后面的指令； (CX 或 ECX)←(CX 或 ECX)－1,(CX 或 ECX)≠0 且 ZF＝0,重复执行后面的指令；	
RET RET d16	段内：(IP)←POP(),段间：(IP)←POP(),(CS)←POP() 段内：(IP)←POP(),(SP 或 ESP)←(SP 或 ESP)+d16 段间：(IP)←POP(),(CS)←POP(),(SP 或 ESP)←(SP 或 ESP)+d16	

助 记 符	功 能	备 注
ROL reg/mem,1/CL/I8	循环左移	I8 自 386 起
ROR reg/mem,1/CL/I8	循环右移	I8 自 386 起
RSM	从系统管理方式恢复	586 起,系统指令
SAHF	(FLAGS 的低字节)←(AH)	
SAL reg/mem,1/CL/I8	算术左移	I8 自 386 起
SAR reg/mem,/CL/I8	算术右移	I8 自 386 起
SBB reg,reg/mem/imm mem,reg/imm	(dst)←(dst)−(src)−CF	
SCASB SCASW SCASD	(AL)−((DI 或 EDI)),(DI 或 EDI)−(DI 或 EDI)±1 (AX)−((DI 或 EDI)),(DI 或 EDI)−(DI 或 EDI)±2 (EAX)−((DI 或 EDI)),(DI 或 EDI)−(DI 或 EDI)±4	386 起
SETcc r8/m8	条件设置:指定条件 cc 满足则(r8/m8)送 1,否则送 0	386 起
SGDT mem	保存全局描述符表寄存器：(mem)←(GDTR)	386 起,系统指令
SHL reg/mem,1/cl/i8	逻辑左移	i8 自 386 起
SHLD reg/mem,reg,i8/CL	双精度左移	386 起
SHR reg/mem,1/cl/i8	逻辑右移	i8 自 386 起
SHRD reg/mem, reg, i8/CL	双精度右移	386 起
SIDT mem	保存中断描述符表：(mem)←(IDTR)	286 起,系统指令
SLDT reg/mem	保存局部描述符表：(reg/mem)←(LDTR)	286 起,系统指令
SMSW reg/mem	保存机器状态字：(reg/mem)←(MSW)	286 起,系统指令
STC STD STI	进位位置"1" 方向标志置"1" 中断标志置"1"	
lSTOSB STOSW STOSD	((DI 或 EDI))←(ac),(DI 或 EDI)←(DI 或 EDI)±1 ((DI 或 EDI))←(ac),(DI 或 EDI)←(DI 或 EDI)±2 ((DI 或 EDI))←(ac),(DI 或 EDI)←(DI 或 EDI)±4	386 起

助 记 符	功 能	备 注
STR reg/mem	保存任务寄存器：(reg/mem)←(TR)	286 起，系统指令
SUB reg,mem/imm/reg mem,reg/imm ac,imm	(dst)←(dst)−(src)	
TEST reg,mem/imm/reg mem,reg/imm ac,imm	(dst)∧(src)，结果影响标志位	
VERR reg/mem VERW reg/mem	检验 reg/mem 中的选择器所表示的段是否可读 检验 reg/mem 中的选择器所表示的段是否可写	286 起，系统指令
WAIT	等待	
WBINVD	写回并使高速缓存无效	486 起，系统指令
WRMSR	写入模型专用寄存器：MSR(ECX)←(EDX,EAX)	586 起，系统指令
XADD reg/mem,reg	TEMP←(src)+(dst),(src)←(dst),(dst)←TEMP	486 起
XCHG reg/ac/mem,reg	(dst)←→(src)	
XLAT	(AL)←((BX 或 EBX)+(AL))	
XOR reg,mem/imm/reg mem,reg/imm ac,imm	(dst)←(dst)⊕(src)	

D.3 MMX 指令

指令类型	助 记 符	功 能
算术运算	PADD[B,W,D] mm,mm/m64 PADDS[B,W] mm,mm/m64 PADDUS[B,W] mm,mm/m64 PSUB[B,W,D] mm,mm/m64 PSUBS[B,W] mm,mm/m64 PSUBUS[B,W] mm,mm/m64 PMULHW mm,mm/m64 PMULLW mm,mm/m64 PMADDWD mm,mm/m64	环绕加[字节,字,双字] 有符号饱和加[字节,字] 无符号饱和加[字节,字] 环绕减[字节,字,双字] 有符号饱和减 [字节,字] 无符号饱和减[字节,字] 紧缩字乘后取高位 紧缩字乘后取低位 紧缩字乘，积相加
比较	PCMPEQ[B,W,D] mm,mm/m64 PCMPGT[B,W,D] mm,mm/m64	紧缩比较是否相等[字节,字,双字] 紧缩比较是否大于[字节,字,双字]

指令类型	助 记 符	功 能
类型转换	PACKUSWB mm,mm/m64 PACKSS[WB,DW] mm,mm/m64 PUNPCKH[BW,WD,DQ] mm,mm/m64 PUNPCKL[BW,WD,DQ] mm,mm/m64	按无符号饱和压缩[字压缩成字节] 按有符号饱和压缩[字/双字压缩成字节/字] 扩展高位[字节/字/双字扩展成字/双字/4字] 扩展低位[字节/字/双字扩展成字/双字/4字]
逻辑运算	PAND mm,mm/m64 PANDN mm,mm/m64 POR mm,mm/m64 PXOR mm,mm/m64	紧缩逻辑与 紧缩逻辑与非 紧缩逻辑或 紧缩逻辑异或
移位	PSLL[W,D,Q] mm,m64/mm/i8 PSRL[W,D,Q] mm,m64/mm/i8 PSRA[W,D] mm,m64/mm/i8	紧缩逻辑左移[字,双字,4字] 紧缩逻辑右移[字,双字,4字] 紧缩算术右移[字,双字]

数据传送	MOVD mm,r32/m32
	MOVD r32/m32,mm
	MOVQ m64/mm,mm
	MOVQ mm,m64/mm
		将 r32/m32 送 MMX 寄存器低 32 位,高 32 位清零
		将 MMX 寄存器低 32 位送 r32/m32
		(m64/mm)←(mm)
		(mm)←(m64/mm)

状态清除	EMMS	清除 MMX 状态(浮点数据寄存器清空)

D.4 SSE 指令

指令类型	指令助记符	功 能
转换指令	CVTPI2PS xmm,mm/m64 CVTPS2PI mm,xmm/m64 CVTPI2SS xmm,r32/m32 CVTSS2PI r32,xmm/m32	紧缩整数转换为浮点数:将 mm/m64 中两个 32 位有符号 整数转换为浮点数存入 xmm 低 64 位,高 64 位不变 紧缩浮点数转换为整数:将 xmm 低 64 位或 m64 中两个 32 位浮点数转换为两个 32 位有符号整数存入 mmx 寄存器 标量整数转换为浮点数:将 r32/m32 中 32 位有符号整数 转换为浮点数存入 xmm 低 32 位,高 96 位不变 标量浮点数转换为整数:将 xmm 低 32 位或 m32 中 32 位浮点数转换为 32 位有符号整数存入 r32

浮点数据
传送
	MOVAPS xmm,xmm/m128
	MOVAPS xmm/m128,xmm
	MOVUPS xmm,xmm/m128
	MOVUPS xmm/m128,xmm
	MOVHPS xmm,m64
	MOVHPS m64,xmm
	MOVLPS xmm,m64
	MOVLPS m64,xmm
	MOVHLPS xmm,xmm
	MOVLHPS xmm,xmm
	MOVMSKPS r32,xmm
	
	MOVSS xmm,m32
	MOVSS xmm/m32,xmm
		对齐数据传送:(xmm)←(xmm/m128)
		对齐数据传送:(xmm/m128)←(xmm)
		不对齐数据传送:(xmm)←(xmm/m128)
		不对齐数据传送:(xmm/m128)←(xmm)
		高 64 位传送:xmm 高 64 位←(m64)
		高 64 位传送:m64←(xmm 高 64 位)
		低 64 位传送:xmm 低 64 位←(m64)
		低 64 位传送:m64←(xmm 低 64 位)
		64 位高送低:(xmm 低 64 位)←(xmm 高 64 位)
		64 位低送高:(xmm 高 64 位)←(xmm 低 64 位)
		屏蔽位传送:将 xmm 中四个单精度浮点数符号位送 r32
		低四位,其余位清零
		标量数据传送:m32 送 xmm 低 32 位,其余 96 位清零
		标量数据传送:xmm 低 32 位送 m32/xmm 低 32 位,其余
		96 位不变

指令类型	指令助记符	功　　能
组合指令	SHUFPS xmm,xmm/m128,I8	紧缩浮点数组合:将目的 xmm 四个单精度浮点数组合到目的 xmm 低两个浮点数位置,源操作数四个单精度浮点数进行组合送目的 xmm 高两个浮点数位置,组合方法由 I8 决定
	UNPCKHPS xmm,xmm/m128	高交叉组合:将 xmm/m128 和 xmm 的高两个浮点数交叉组合到 xmm
	UNPCKHPS xmm,xmm/m128	低交叉组合:将 xmm/m128 和 xmm 的低两个浮点数交叉组合到 xmm
浮点比较运算	CMPPS xmm,xmm/m128,I8	紧缩浮点数比较:xmm 和 xmm/m128 中四对浮点数比较,如果满足 I8 或 dd 要求,xmm 置全"1",否则置全"0"
	CMPddPS xmm,xmm/m128	dd 为:EQ,LT,LE,UNORD,NEQ,NLT,NLE,ORD 对应 I8 为:0~7
	CMPSS xmm,xmm/m128,I8	标量浮点数比较:xmm 和 xmm/m128 中最低一对浮点数比较,如果满足 I8 要求,xmm 置全"1",否则置全"0"
	COMISS xmm,xmm/m32	设置整数标志有序标量浮点数比较:比较 xmm 和 m32 或 xmm 中最低一对浮点数,设置 EFLAGS 寄存器。源操作数是 SnaN 或 QnaN 时产生无效数值异常。
	UCOMISS xmm,xmm/m32	设置整数标志无序标量浮点数比较:比较 xmm 和 m32 或 xmm 中最低一对浮点数,设置 EFLAGS 寄存器。源操作数是 SnaN 时产生无效数值异常。
浮点算术运算	ADDPS xmm,xmm/m128	紧缩浮点数加:xmm 和 xmm/m128 中四对浮点数加
	ADDSS xmm,xmm/m32	标量浮点数加:xmm 和 xmm/m32 中最低一对浮点数加
	SUBPS xmm,xmm/m128	紧缩浮点数减:xmm 和 xmm/m128 中四对浮点数减
	SUBSS xmm,xmm/m32	标量浮点数减:xmm 和 xmm/m32 中最低一对浮点数减
	MULPS xmm,xmm/m128	紧缩浮点数乘:xmm 和 xmm/m128 中四对浮点数乘
	MULSS xmm,xmm/m32	标量浮点数乘:xmm 和 xmm/m32 中最低一对浮点数乘
	DIVPS xmm,xmm/m128	紧缩浮点数除:xmm 和 xmm/m128 中四对浮点数除
	DIVSS xmm,xmm/m32	标量浮点数除:xmm 和 xmm/m32 中最低一对浮点数除
	SQRTPS xmm,xmm/m128	紧缩浮点数平方根:求 xmm/m128 中四对浮点数平方根,存入 xmm
	SQRTPS xmm,xmm/m32	标量浮点数平方根:求 xmm/m32 中最低一对浮点数平方根,存入 xmm 低 32 位,高 96 位不变
	MAXPS xmm,xmm/m128	紧缩浮点数最大值:求 xmm/m128 和 xmm 中四对浮点数最大值,存入 xmm
	MAXSS xmm,xmm/m32	标量浮点数最大值:求 xmm/m32 和 xmm 中最低一对浮点数最大值,存入 xmm 低 32 位,高 96 位不变
	MINPS xmm,xmm/m128	紧缩浮点数最小值:求 xmm/m128 和 xmm 中四对浮点数最小值,存入 xmm
	MINSS xmm,xmm/m32	标量浮点数最小值:求 xmm/m32 和 xmm 中最低一对浮点数最小值,存入 xmm 低 32 位,高 96 位不变
逻辑运算指令	ANDPS xmm,xmm/m128	逻辑与:实现两个 128 位操作数按位逻辑与
	ANDNPS xmm,xmm/m128	逻辑非与:对 128 位目的操作数求反,然后与源操作数按位逻辑与
	ORPS xmm,xmm/m128	逻辑或:实现两个 128 位操作数按位逻辑或
	XORPS xmm,xmm/m128	逻辑异或:实现两个 128 位操作数按位逻辑异或

指令类型	指令助记符	功　　能
整数指令	PAVG[B,W] mm,mm/m64	紧缩整数求平均值:按字节/字求对应两个无符号数平均值
	PEXTRW r32,mm,I8	取出字:将 mm 中 I8 低二位指定的 16 位字送 r32 低 16 位,高位清零
	PINSRW mm,r32/m16,I8	插入字:将 m16 或 r32 中低 16 位字送 mm 中由 I8 指定的 16 位字
	PMAXUB mm,mm/m64	紧缩整数求最大值:按字节求对应 8 对无符号数最大值存入 mm
	PMAXSW mm,mm/m64	紧缩整数求最大值:按字求对应 4 对有符号数最大值存入 mm
	PMINUB mm,mm/m64	紧缩整数求最小值:按字节求对应 8 对无符号数最小值存入 mm
	PMINSW mm,mm/m64	紧缩整数求最小值:按字求对应 4 对有符号数最小值存入 mm
	PMOVMSKB r32,mm	屏蔽位传送:将 mm 寄存器每个字节最高位送 r32 最低 8 位,高位清零
	PMULHUW mm,mm/m64	无符号高乘:进行 4 对无符号整数乘法,积的高 16 位送 mm 寄存器
	PSADBW mm,mm/m64	绝对差求和:求 8 对有符号数差的绝对值,它们的和送 mm 低 16 位
	PSHUFW mm,mm/m64,I8	紧缩整数组合:按照 I8 给出的方式,把两个紧缩字整数组合到 mm 中
状态管理指令	STMXCSR m32	保存 SIMD 控制/状态寄存器:将 SIMD 控制/状态寄存器内容装入 m32
	LDMXCSR m32	恢复 SIMD 控制/状态寄存器:将 m32 内容装入 SIMD 控制/状态寄存器
	FXSAVE m512	保存所有状态:将 FPU,MMX 和 SIMD 所有状态装入 m512
	FXRSTOR m512	恢复所有状态:从 m512 恢复 FPU,MMX 和 SIMD 所有状态
高速缓存优化处理指令	MASKMOVQ mm,mm	字节屏蔽写入:将目的 mm 寄存器内容按源 mm 寄存器 8 字节最高位屏蔽后(＝1,数据不变;＝0,数据清零)送 DS:DI/EDI 指定的存储单元。数据不经过 Cache
	MOVNTQ m64,mm	64 位传送:将 mm 寄存器内容不经过 Cache 写入 m64 存储器
	MOVNTPS m128,xmm	紧缩浮点数传送:将 xmm 寄存器内容不经过 Cache 写入 m128 存储器
	PREFETCH [T0, T1, T2, NTA] m8	预取:将 m8 指定的 Cache 行组内容预取进入由 T0,T1,T2,NTA 规定的各级 Cache: T0— 预取数据进入各级 Cache T1— 预取数据进入除第一级以外的各级 Cache T2— 预取数据进入除第一级、第二级以外的各级 Cache NTA— 仅将预取数据进入第一级 Cache
	SFENCE	存储隔离:保证在执行本指令之前的写入指令对本指令后的写入指令可见,避免预取指令的副作用

附录 E

汇编程序伪指令和操作符

E.1 伪指令

伪指令类型	伪指令
变量定义	DB/BYTE/SBYTE，DW/WORD/SWORD，DD/DWORD/SDWORD/REAL4，FWORD/DF，QWORD/DQ/REAL8，TBYTE/DT/REAL10
定位	EVEN，ALIGN，ORG
符号定义	RADIX，＝，EQU，TEXT，EQU，LABEL
简化段定义	.MODEL，.STARTUP，.EXIT，.CODE，.STACK，.DATA，.DATA?，.CONST，.FARDATA，.FARDATA?
完整段定义	SEGMENT，ENDS，GROUP，ASSUME，END，.DOSSEG/.ALPHA/.SEQ
复杂数据类型	STRUCT/STRUC，UNION，RECORD，TYPEDEF，ENDS
流程控制	.IF，.ELSE，.ELSEIF，.ENDIF，.WHILE，.ENDW，.REPEAT，.UNTIL，.BREAK，.CONTINUE
过程定义	PROC，ENDP，PROTO，INVOKE
宏汇编	MACRO，ENDM，PURGE，LOCAL，PUSHCONTEXT，POPCONTEXT，EXITM，GOTO
重复汇编	REPEAT/REPT，WHILE，FOR/IRP，FORC/IRPC
条件汇编	IF，IFE，IFB，IFNB，IFDEF，IFNDEF，IFDIF，IFIDN，ELSE，ELSEIF，ENDIF
模块化	PUBLIC，EXETEN/EXTERN，COMM，INCLUDE，INCLUDELIB
条件错误	.ERR，.ERRE，.ERRB，.ERRNB，.ERRDEF，.ERRNDEF，.ERRDIF，.ERRIDN
列表控制	TITLE，SUBTITLE，PAGE，.LIST，.LISTALL，.LISTMACRO，.LISTMACROALL，.LISTIF，.NOLIST，.TFCOND，.CREF，.NOCREF，COMMENT，ECHO
处理器选择	.8086，.186，.286，.286P，.386，.386P，.486，.486P，.8087，.287，.387，.NO87
字符串处理	CATSTR，INSTR，SIZESTR，SUBSTR

E.2 操作符

操作符类型	操 作 符
算术运算符	$+,-,*,/,$MOD
逻辑运算符	AND,OR,XOR,NOT
移位运算符	SHL,SHR
关系运算符	EQ,NE,GT,LT,GE,LE
高低分离符	HIGH,LOW,HIGHWORD,LOWWORD
地址操作符	[ ],$,;,OFFSET,SEG
类型操作符	PTR,THIS,SHORT,TYPE,SIZEOF/SIZE,LENGTHOF/LENGTH
复杂数据操作符	(),< >,.,MASK,WIDTH,?,DUP,"/"
宏操作符	&,< >,!,%,;;
流程条件操作符	$==,!=,>,>=,<,<=,$&&,||,!,& ,CARRY?,OVERFLOW?, PARITY?,SIGN,ZERO?

附录 F

DOS 功能调用

AH	功 能	调 用 参 数	返 回 参 数
00	程序终止(同 INT 21H)	CS=程序段前缀 PSP	
01	键盘输入并回显		AL=输入字符
02	显示输出	DL=输出字符	
03	辅助设备(COM1)输入		AL=输入数据
04	辅助设备(COM1)输出	DL=输出字符	
05	打印机输出	DL=输出字符	
06	直接控制台 I/O	DL=FF(输入) DL=字符(输出)	用于输入时,ZF=1,没有新字符 输入,AL=0 ZF=0,有新输入字 符,AL=输入字符
07	键盘输入(无回显)		AL=输入字符
08	键盘输入(无回显) 检测 Ctrl-Break 或 Ctrl-C		AL=输入字符
09	显示字符串	DS:DX=串地址(字符串以 '$'结尾)	
0A	键盘输入到缓冲区	DS:DX=缓冲区首址 (DS:DX)=缓冲区最大字符数	(DS:DX+1)=实际输入的字符数
0B	检验键盘状态		AL=00 有输入 AL=FF 无输入
0C	清除缓冲区并请求 指定的输入功能	AL=输入功能号(1,6,7,8)	AL=输入字符
0D	磁盘复位		清除文件缓冲区
0E	指定当前默认的磁盘驱 动器	DL=驱动器号(0=A,1=B, …)	AL=系统中驱动器数
0F	打开文件(FCB)	DS:DX=FCB 首地址	AL=00 文件找到 AL=FF 文件未找到

AH	功　能	调　用　参　数	返　回　参　数
10	关闭文件(FCB)	DS:DX＝FCB 首地址	AL＝00 目录修改成功 AL＝FF 目录中未找到文件
11	查找第一个目录项(FCB)	DS:DX＝FCB 首地址	AL＝00 找到匹配的目录项 AL＝FF 未找到匹配的目录项
12	查找下一个目录项(FCB)	DS:DX＝FCB 首地址 使用通配符进行目录项查找	AL＝00 找到匹配的目录项 AL＝FF 未找到匹配的目录项
13	删除文件 (FCB)	DS:DX＝FCB 首地址	AL＝00 删除成功 AL＝FF 文件未删除
14	顺序读文件(FCB)	DS:DX＝FCB 首地址	AL＝00 读成功 ＝01 文件结束,未读到数据 ＝02 DTA 边界错误 ＝03 文件结束,记录不完整
15	顺序写文件(FCB)	DS:DX＝FCB 首地址	AL＝00 写成功 ＝01 磁盘满或是只读文件 ＝02 DTA 边界错误
16	建文件 (FCB)	DS:DX＝FCB 首地址	AL＝00 建文件成功 ＝FF 磁盘操作有错
17	文件改名 (FCB)	DS:DX＝FCB 首地址	AL＝00 文件被改名 ＝FF 文件未改名
19	取当前默认磁盘驱动器		AL＝默认的驱动器号 0＝A,1＝B,2＝C,…
1A	设置 DTA 地址	DS:DX＝DTA 地址	
1B	取默认驱动器 FAT 信息		AL＝每簇的扇区数 DS:BX＝指向介质说明的指针 CX＝物理扇区的字节数 DX＝每磁盘簇数
1C	取指定驱动器 FAT 信息	DL＝驱动器号	同上
1F	取默认磁盘参数块		AL＝00 无错 ＝FF 出错 DS:BX＝磁盘参数块地址
21	随机读文件(FCB)	DS:DX＝FCB 首地址	AL＝00 读成功 ＝01 文件结束 ＝02 DTA 边界错误 ＝03 读部分记录
22	随机写文件 (FCB)	DS:DX＝FCB 首地址	AL＝00 写成功 ＝01 磁盘满或是只读文件 ＝02 DTA 边界错误
23	测定文件大小(FCB)	DS:DX＝FCB 首地址	AL＝00 成功,记录数填入 FCB ＝FF 未找到匹配的文件
24	设置随机记录号	DS:DX＝FCB 首地址	

AH	功　能	调　用　参　数	返　回　参　数
25	设置中断向量	DS:DX=中断向量 AL=中断类型号	
26	建立程序段前缀 PSP	DX=新 PSP 段地址	
27	随机分块读(FCB)	DS:DX=FCB 首地址 CX=记录数	AL=00 读成功 　　=01 文件结束 　　=02 DTA 边界错误 　　=03 读部分记录 CX=读取的记录数
28	随机分块写(FCB)	DS:DX=FCB 首地址 CX=记录数	AL=00 写成功 　　=01 磁盘满或是只读文件 　　=02 DTA 边界错误
29	分析文件名字符串(FCB)	ES:DI=FCB 首址 DS:SI=ASCIZ 串 AL=分析控制标志	AL=00 标准文件 　　=01 多义文件 　　=FF 驱动器说明无效
2A	取系统日期		CX=年(1980—2099) DH=月(1～12) DL=日(1～31) AL=星期(0～6)
2B	置系统日期	CX=年(1980—2099) DH=月(1～12) DL=日(1～31)	AL=00 成功 　　=FF 无效
2C	取系统时间		CH:CL=时:分 DH:DL=秒:1/100 秒
2D	置系统时间	CH:CL=时:分 DH:DL=秒:1/100 秒	AL=00 成功 　　=FF 无效
2E	设置磁盘检验标志	AL=00 关闭检验 　　=FF 打开检验	
2F	取 DTA 地址		ES:BX=DTA 首地址
30	取 DOS 版本号		AL=版本号 AH=发行号 BH=DOS 版本标志 BL:CX=序号(24 位)
31	结束并驻留	AL=返回码 DX=驻留区大小	
32	取驱动器参数块	DL=驱动器号	AL=FF 驱动器无效 DS:BX=驱动器参数块地址
33	Ctrl-Break 检测	AL=00 取标志状态	DL=00 关闭 Ctrl-Break 检测 　　=01 打开 Ctrl-Break 检测
35	取中断向量	AL=中断类型	ES:BX=中断向量

AH	功　能	调　用　参　数	返　回　参　数
36	取空闲磁盘空间	DL＝驱动器号 　0＝默认,1＝A,2＝B,…	成功:AX＝每簇扇区数 　　　BX＝可用簇数 　　　CX＝每扇区字节数 　　　DX＝磁盘总簇数
38	置/取国别信息	AL＝00 取当前国别信息 　＝FF 国别代码放在 BX 中 DS:DX＝信息区首地址 DX＝FFFF 设置国别代码	BX＝国别代码 (国际电话前缀码) DS:DX＝返回的信息区首址 AX＝错误代码
39	建立子目录	DS:DX＝ASCIZ 串地址	AX＝错误码
3A	删除子目录	DS:DX＝ASCIZ 串地址	AX＝错误码
3B	设置当前目录	DS:DX＝ASCIZ 串地址	AX＝错误码
3C	建立文件(handle)	DS:DX＝ASCIZ 串地址 CX＝文件属性	成功:AX＝文件代号(CF＝0) 失败:AX＝错误码(CF＝1)
3D	打开文件(handle)	DS:DX＝ASCIZ 串地址 AL＝访问和文件共享方式 0＝读,1＝写,2＝读写	成功:AX＝文件代号(CF＝0) 失败:AX＝错误码(CF＝1)
3E	关闭文件 (handle)	BX＝文件代号	失败:AX＝错误码(CF＝1)
3F	读文件或设备 (handle)	DS:DX＝ASCIZ 串地址 BX＝文件代号 CX＝读取的字节数	成功:AX＝实际读入的字节数 　(CF＝0) 　AX＝0 已到文件尾 失败:AX＝错误码(CF＝1)
40	写文件或设备(handle)	DS:DX＝ASCIZ 串地址 BX＝文件代号 CX＝写入的字节数	成功:AX＝实际写入的字节数 失败:AX＝错误码(CF＝1)
41	删除文件	DS:DX＝ASCIZ 串地址	成功:AX＝00 失败:AX＝错误码(CF＝1)
42	移动文件指针	BX＝文件代号 CX:DX＝位移量 AL＝移动方式	成功:DX:AX＝新指针位置 失败:AX＝错误码(CF＝1)
43	置/取文件属性	DS:DX＝ASCIZ 串地址 AL＝00 取文件属性 AL＝01 置文件属性 CX＝文件属性	成功:CX＝文件属性 失败:AX＝错误码(CF＝1)
44	设备驱动程序控制	BX＝文件代号 AL＝设备子功能代码(0～11H) 0 取设备信息　1 置设备信息 2 读字符设备　3 写字符设备 4 读块设备　　5 写块设备 6 取输入状态　7 取输出状态 BL＝驱动器代码 CX＝读写的字节数	成功:DX＝设备信息 　　　AX＝传送的字节数 失败:AX＝错误码(CF＝1)

AH	功 能	调 用 参 数	返 回 参 数
45	复制文件代号	BX＝文件代号 1	成功：AX＝文件代号 2 失败：AX＝错误码(CF＝1)
46	强行复制文件代号	BX＝文件代号 1 CX＝文件代号 2	失败：AX＝错误码（CF＝1）
47	取当前目录路径名	DL＝驱动器号 DS：SI＝ASCIZ 串地址 （从根目录开始的路径名）	成功： DS：SI＝当前 ASCIZ 串地址 失败：AX＝错误码(CF＝1)

48	分配内存空间	BX＝申请内存数	成功：AX＝分配内存的初始段
			           地址
			失败：AX＝错误码（CF＝1）
			      BX＝最大可用空间

49	释放已分配内存	ES＝内存起始段地址	失败：AX＝错误码(CF＝1)
4A	修改内存分配	ES＝原内存起始段地址 BX＝新申请内存字节数	失败：AX＝错误码（CF＝1） BX＝最大可用空间
4B	装入/执行程序	DS：DX＝ASCIZ 串地址 ES：BX＝参数区首地址 A ＝00 装入并执行程序 ＝03 装入程序,但不执行	失败：AX＝错误码
4C	带返回码终止	AL＝返回码	

4D	取返回代码		AL＝子出口代码
			AH＝返回代码
			  00＝正常终止
			  01＝用 Ctrl+C 终止
			  02＝严重设备错误终止
			  03＝用功能调用 31H 终止

4E	查找第一个匹配文件	DS：DX＝ASCIZ 串地址 CX＝属性	失败：AX＝错误码（CF＝1）
4F	查找下一个匹配文件	DTA 保留 4EH 的原始信息	失败：AX＝错误码（CF＝1）
50	置 PSP 段地址	BX＝新 PSP 段地址	
51	取 PSP 段地址		BX＝当前运行进程的 PSP
52	取磁盘参数块		ES：BX＝参数块链表指针
53	把 BIOS 参数块(BPB)转换为 DOS 的驱动器参数块(DPB)	DS：SI＝BPB 的指针 ES：BP＝DPB 的指针	
54	取写盘后读盘的检验标志		AL ＝00 检验关闭 ＝01 检验打开
55	建立 PSP	DX＝建立 PSP 的段地址	
56	文件改名	DS：DX＝当前 ASCIZ 串地址 ES：DI＝新 ASCIZ 串地址	失败：AX＝错误码（CF＝1）

AH	功　能	调　用　参　数	返　回　参　数
57	置/取文件日期和时间	BX=文件代号 AL=00 读取日期和时间 AL=01 设置日期和时间 (DX:CX)=日期,时间	失败：AX=错误码（CF=1）
58	取/置内存分配策略	AL=00 取策略代码 AL=01 置策略代码 BX=策略代码	成功：AX=策略代码 失败：AX=错误码（CF=1）
59	取扩充错误码	BX=00	AX=扩充错误码 BH=错误类型 BL=建议的操作 CH=出错设备代码
5A	建立临时文件	CX=文件属性 DS:DX=ASCIZ 串（以\结束） 地址	成功：AX=文件代号 DS:DX=ASCIZ 串地址 失败：AX=错误代码（CF=1）
5B	建立新文件	CX=文件属性 DS:DX=ASCIZ 串地址	成功：AX=文件代号 失败：AX=错误代码（CF=1）
5C	锁定文件存取	AL=00 锁定文件指定的区域 =01 开锁 BX=文件代号 CX:DX=文件区域偏移值 SI:DI=文件区域的长度	失败：AX=错误代码（CF=1）
5D	取/置严重错误标志的地址	AL=06 取严重错误标志地址 AL=0A 置 ERROR 结构指针	DS:SI=严重错误标志的地址
60	扩展为全路径名	DS:SI=ASCIZ 串的地址 ES:DI=工作缓冲区地址	失败：AX=错误代码（CF=1）
62	取程序段前缀地址		BX=PSP 地址
68	刷新缓冲区数据到磁盘	AL=文件代号	失败：AX=错误代码（CF=1）
6C	扩充的文件打开/建立	AL=访问权限 BX=打开方式 CX=文件属性 DS:SI=ASCIZ 串地址	成功：AX=文件代号 CX=采取的动作 失败：AX=错误代码（CF=1）

附录 G

BIOS 功能调用

INT	AH	功 能	调 用 参 数	返 回 参 数
10	0	设置显示方式	AL＝00 40×25 黑白文本,16 级灰度 ＝01 40×25 16 色文本 ＝02 80×25 黑白文本,16 级灰度 ＝03 80×25 16 色文本 ＝04 320×200 4 色图形 ＝05 320×200 黑白图形,4 级灰度 ＝06 640×200 黑白图形 ＝07 80×25 黑白文本 ＝08 160×200 16 色图形(MCGA) ＝09 320×200 16 色图形(MCGA) ＝0A 640×200 4 色图形(MCGA) ＝0D 320×200 16 色图形(EGA/VGA) ＝0E 640×200 16 色图形(EGA/VGA) ＝0F 640×350 单色图形(EGA/VGA) ＝10 640×350 16 色图形(EGA/VGA) ＝11 640×480 黑白图形(VGA) ＝12 640×480 16 色图形(VGA) ＝13 320×200 256 色图形(VGA)	
10	1	置光标类型	(CH)₀₋₃＝光标起始行 (CL)₀₋₃＝光标结束行	
10	2	置光标位置	BH＝页号 DH/DL＝行/列	
10	3	读光标位置	BH＝页号	CH＝光标起始行 CL＝光标结束行 DH/DL＝行/列
10	4	读光笔位置		AX＝0 光笔未触发 ＝1 光笔触发 CH/BX＝像素行/列 DH/DL＝字符行/列
10	5	置当前显示页	AL＝页号	

INT	AH	功　能	调　用　参　数	返　回　参　数
10	6	屏幕初始化或上卷	AL＝0 初始化窗口 AL＝上卷行数 BH＝卷入行属性 CH/CL＝左上角行/列号 DH/DL＝右下角行/列号	
10	7	屏幕初始化或下卷	AL＝0 初始化窗口 AL＝下卷行数 BH＝卷入行属性 CH/CL＝左上角行/列号 DH/DL＝右下角行/列号	
10	8	读光标位置的字符和属性	BH＝显示页	AH/AL＝属性/字符
10	9	在光标位置显示字符和属性	BH＝显示页 AL/BL＝字符/属性 CX＝字符重复次数	
10	A	在光标位置显示字符	BH＝显示页 AL＝字符 CX＝字符重复次数	
10	B	置彩色调色板	BH＝彩色调色板 ID BL＝和 ID 配套使用的颜色	
10	C	写像素	AL＝颜色值 BH＝页号 DX/CX＝像素行/列	
10	D	读像素	BH＝页号 DX/CX＝像素行/列	AL＝像素的颜色值
10	E	显示字符 （光标前移）	AL＝字符 BH＝页号 BL＝前景色	
10	F	取当前显示方式		BH＝页号 AH＝字符列数 AL＝显示方式
10	10	置调色板寄存器 （EGA/VGA）	AL＝0,BL＝调色板号,BH＝颜色值	
10	11	装入字符发生器 （EGA/VGA）	AL＝0～4 全部或部分装入字符点阵集 AL＝20～24 置图形方式显示字符集 AL＝30 读当前字符集信息	ES:BP＝字符集位置
10	12	返回当前适配器设置的信息 （EGA/VGA）	BL＝10H（子功能）	BH ＝0 单色方式 　　 ＝1 彩色方式 BL＝VRAM 容量 （0＝64K,1＝128K,…） CH＝特征位设置 CL＝EGA 的开关设置

INT	AH	功　能	调　用　参　数	返　回　参　数
10	13	显示字符串	ES:BP=字符串地址 AL=写方式(0~3) CX=字符串长度 DH/DL=起始行/列 BH/BL=页号/属性	
11		取系统设备信息		AX=返回值(位映像) 0=对应设备未安装 1=对应设备已安装
12		取内存容量		AX=内存容量(单位 KB)
13	0	磁盘复位	DL=驱动器号 (00,01 为软盘,80h,81h,…为硬盘)	失败:AH=错误码
13	1	读磁盘驱动器状态		AH=状态字节
13	2	读磁盘扇区	AL=扇区数 $(CL)_{6,7}(CH)_{0-7}$=磁道号 $(CL)_{0-5}$=扇区号 DH/DL=磁头号/驱动器号 ES:BX=数据缓冲区地址	读成功: 　AH=0 　AL=读取的扇区数 读失败: 　AH=错误码
13	3	写磁盘扇区	同上	写成功: 　AH=0 　AL=写入的扇区数 写失败:AH=错误码
13	4	检验磁盘扇区	AL=扇区数 $(CL)_{6,7}(CH)_{0-7}$=磁道号 $(CL)_{0-5}$=扇区号 DH/DL=磁头号/驱动器号	成功: 　AH=0 　AL=检验的扇区数 失败:AH=错误码
13	5	格式化磁盘磁道	AL=扇区数 $(CL)_{6,7}(CH)_{0-7}$=磁道号 $(CL)_{0-5}$=扇区号 DH/DL=磁头号/驱动器号 ES:BX=格式化参数表指针	成功:AH=0 失败:AH=错误码
14	0	初始化串行口	AL=初始化参数 DX=串行口号	AH=通信口状态 AL=调制解调器状态
14	1	向通信口写字符	AL=字符 DX=通信口号	写成功:$(AH)_7=0$ 写失败:$(AH)_7=1$ $(AH)_{0-6}$=通信口状态
14	2	从通信口读字符	DX=通信口号	读成功: 　$(AH)_7=0$, 　$(AH)_{6\sim0}$=字符 读失败:$(AH)_7=1$

INT	AH	功　能	调　用　参　数	返　回　参　数
14	3	取通信口状态	DX＝通信口号	AH＝通信口状态 AL＝调制解调器状态
14	4	初始化扩展 COM		
14	5	扩展 COM 控制		
15	0	启动盒式磁带机		
15	1	停止盒式磁带机		
15	2	磁带分块读	ES:BX＝数据传输区地址 CX＝字节数	AH＝状态字节 　＝00 读成功 　＝01 冗余检验错 　＝02 无数据传输 　＝04 无引导 　＝80 非法命令
15	3	磁带分块写	DS:BX＝数据传输区地址 CX＝字节数	AH＝状态字节 （格式同上）
16	0	从键盘读字符		AL＝字符码 AH＝扫描码
16	1	取键盘缓冲区状态		ZF＝0 AL＝字符码 　　　AH＝扫描码 ZF＝1 缓冲区无按键， 　等待
16	2	取键盘标志字节		AL＝键盘标志字节
17	0	打印字符,回送状态字节	AL＝字符 DX＝打印机号	AH＝打印机状态字节
17	1	初始化打印机,回送状态字节	DX＝打印机号	AH＝打印机状态字节
17	2	取打印机状态	DX＝打印机号	AH＝打印机状态字节
18		ROM BASIC 语言		
19		引导装入程序		
1A	0	读时钟		CH:CL＝时:分 DH:DL＝秒:1/100 秒
1A	1	置时钟	CH:CL＝时:分 DH:DL＝秒:1/100 秒	
1A	6	置报警时间	CH:CL＝时:分（BCD） DH:DL＝秒:1/100 秒（BCD）	
1A	7	清除报警		
33	00	鼠标复位	AL＝00	BX＝鼠标的键数
33	00	显示鼠标光标	AL＝01	显示鼠标光标

INT	AH	功　能	调　用　参　数	返　回　参　数
33	00	隐藏鼠标光标	AL＝02	隐藏鼠标光标
33	00	读鼠标状态	AL＝03	BX＝键状态 CX/DX＝鼠标水平/垂直位置
33	00	设置鼠标位置	AL＝04 CX/DX＝鼠标水平/垂直位置	
33	00	设置图形光标	AL＝09 BX/CX＝鼠标水平/垂直中心 ES:DX＝16×16 光标映像地址	安装了新的图形光标
33	00	设置文本光标	AL＝0A BX＝光标类型 CX＝像素位掩码或起始的扫描线 DX＝光标掩码或结束的扫描线	设置的文本光标
33	00	读移动计数器	AL＝0B	CX/DX＝鼠标水平/垂直距离
33	00	设置中断子程序	AL＝0C CX＝中断掩码 ES:DX＝中断服务程序的地址	

参 考 文 献

[1] ABEL P. IBM PC Assembly Language and Programming[M]. 4th ed. [S. l.]:Prentice Hall,Inc. USA. 1998.

[2] IRVINE K R. Intel 汇编语言程序设计[M]. 4 版. 温玉杰,等译. 北京:电子工业出版社,2004.

[3] 王成耀. 80x86 汇编语言程序设计[M]. 北京:人民邮电出版社,2002.

[4] 沈美明,温冬蝉. IBM-PC 汇编语言程序设计[M]. 2 版. 北京:清华大学出版社,2001.

[5] 朱玉龙,等,汇编语言程序设计[M]. 北京:清华大学出版社,2003.

[6] 杨文显. 现代微型计算机原理与接口技术教程[M]. 北京:清华大学出版社,2007.

[7] BREY B. Programming the 80286,80386,80486, and Pentium-Based Personal Computer[M]. [S. l.]:Prentice Hall,Inc. USA,1996.

[8] Pentium Family User's Manual[M]. [S. l.]:Intel Corporation,1992.

[9] 中村和夫,井出裕已. 8086 Intel 微处理器应用入门[M]. 陆玉库,译. 北京:电子工业出版社,1983.

[10] SUTTY G,BLAIR S. EGA/VGA 程序员手册[M]. 董士海,等译. 北京:北京大学出版社,1991.

读者意见反馈

亲爱的读者：

感谢您一直以来对清华版计算机教材的支持和爱护。为了今后为您提供更优秀的教材，请您抽出宝贵的时间来填写下面的意见反馈表，以便我们更好地对本教材做进一步改进。同时如果您在使用本教材的过程中遇到了什么问题，或者有什么好的建议，也请您来信告诉我们。

地址：北京市海淀区双清路学研大厦 A 座 602 室 计算机与信息分社营销室 收

邮编：100084　　　　　　　　　电子邮件：jsjjc@tup.tsinghua.edu.cn

电话：010-62770175-4608/4409　　　邮购电话：010-62786544

教材名称：新编汇编语言程序设计

ISBN：978-7-302-22048-0

个人资料

姓名：_____　　年龄：_____　所在院校/专业：_____

文化程度：_____　通信地址：_____

联系电话：_____　电子信箱：_____

您使用本书是作为： □指定教材 □选用教材 □辅导教材 □自学教材

您对本书封面设计的满意度：

□很满意 □满意 □一般 □不满意　改进建议_____

您对本书印刷质量的满意度：

□很满意 □满意 □一般 □不满意　改进建议_____

您对本书的总体满意度：

从语言质量角度看 □很满意 □满意 □一般 □不满意

从科技含量角度看 □很满意 □满意 □一般 □不满意

本书最令您满意的是：

□指导明确 □内容充实 □讲解详尽 □实例丰富

您认为本书在哪些地方应进行修改？（可附页）

_____

_____

您希望本书在哪些方面应进行改进？（可附页）

_____

_____

电子教案支持

敬爱的教师：

为了配合本课程的教学需要，本教材配有配套的电子教案（素材），有需求的教师可以与我们联系，我们将向使用本教材进行教学的教师免费赠送电子教案（素材），希望有助于教学活动的开展。相关信息请拨打电话 010-62776969 或发送电子邮件至 jsjjc@tup.tsinghua.edu.cn 咨询，也可以到清华大学出版社主页（http://www.tup.com.cn 或 http://www.tup.tsinghua.edu.cn）上查询。

高等院校计算机应用技术规划教材书目

基础教材系列

计算机基础知识与基本操作（第 3 版）
实用文书写作（第 2 版）
最新常用软件的使用——Office 2000
计算机办公软件实用教程——Office XP 中文版
计算机英语

应用型教材系列

QBASIC 语言程序设计
QBASIC 语言程序设计题解与上机指导
C 语言程序设计（第 2 版）
C 语言程序设计（第 2 版）学习辅导
C++程序设计
C++程序设计例题解析与项目实践
Visual Basic 程序设计（第 2 版）
Visual Basic 程序设计学习辅导（第 2 版）
Visual Basic 程序设计例题汇编
Java 语言程序设计（第 3 版）
Java 语言程序设计题解与上机指导（第 2 版）
Visual FoxPro 使用与开发技术（第 2 版）
Visual FoxPro 实验指导与习题集
Access 数据库技术与应用
Internet 应用教程（第 3 版）
计算机网络技术与应用
网络互连设备实用技术教程
网络管理基础（第 2 版）
电子商务概论（第 2 版）
电子商务实验
商务网站规划设计与管理
网络营销
电子商务应用基础与实训
网页编程技术（第 2 版）
网页制作技术（第 2 版）
实用数据结构
多媒体技术及应用
计算机辅助设计与应用
3ds max 动画制作技术（第 2 版）
计算机安全技术
计算机组成原理
计算机组成原理例题分析与习题解答
计算机组成原理实验指导

微机原理与接口技术
MCS—51 单片机应用教程
应用软件开发技术
Web 数据库设计与开发
平面广告设计（第 2 版）
现代广告创意设计
网页设计与制作
图形图像制作技术
三维图形设计与制作

实训教材系列

常用办公软件综合实训教程（第 2 版）
C 程序设计实训教程
Visual Basic 程序设计实训教程
Access 数据库技术实训教程
SQL Server 2000 数据库实训教程
Windows 2000 网络系统实训教程
网页设计实训教程（第 2 版）
小型网站建设实训教程
网络技术实训教程
Web 应用系统设计与开发实训教程
图形图像制作实训教程

实用技术教材系列

Internet 技术与应用（第 2 版）
C 语言程序设计实用教程
C++程序设计实用教程
Visual Basic 程序设计实用教程
Visual Basic.NET 程序设计实用教程
Java 语言实用教程
应用软件开发技术实用教程
数据结构实用教程
Access 数据库技术实用教程
网站编程技术实用教程（第 2 版）
网络管理基础实用教程
Internet 应用技术实用教程
多媒体应用技术实用教程
软件课程群组建设——毕业设计实例教程
软件工程实用教程
三维图形制作实用教程